Georges Buffon

Naturgeschichte der Vögel

Erster Band

Georges Buffon

Naturgeschichte der Vögel
Erster Band

ISBN/EAN: 9783743461659

Hergestellt in Europa, USA, Kanada, Australien, Japan

Cover: Foto ©berggeist007 / pixelio.de

Manufactured and distributed by brebook publishing software (www.brebook.com)

Georges Buffon

Naturgeschichte der Vögel

Herrn von Buffons

Naturgeschichte

der Vögel.

Erster Band.

Brünn,

gedruckt bei Joseph Georg Traßler, und im
Verlage der Kompagnie.

1 7 8 6.

Naturgeschichte

der Vögel.

Entwurf

des ganzen Werkes.

Wir sind nicht gesonnen, die Naturgeschichte der Vögel so weitläuftig und
vollständig, als die Geschichte der vierfüßigen Thiere zu liefern. Bei diesem ersten
Versuch, so ausgebreitet und mühsam er auch
immer seyn möchte, war die Ausführlichkeit
wenigstens eher möglich, weil sich die Anzahl der vierfüßigen Thiere nicht über zwei-
hundert Gattungen erstrecket, wovon mehr

A 2 als

4

als ein dritter Theil in unsern und in den
angrenzenden Gegenden anzutreffen ist. Es
war daher leicht, erst alle inländische Thiere
dieser Art nach eigenen Beobachtungen zu be=
schreiben. Unter den auswärtigen waren die
mehresten schon aufmerksamen Reisenden so
bekannt geworden, daß man es gar wohl
wagen konnte, ihre Geschichte nach den Be=
richten so bewährter Männer zu liefern. Ui=
berdies konnten wir hoffen, bei hinlänglicher
Sorgfalt mit der Zeit alle diese Thiere zu
einer genauen Untersuchung selbst zu bekom=
men. Man wird auch wohl einsehen, daß
wir uns mit dieser Hoffnung nicht umsonst
geschmeichelt haben, weil wir im Stande ge=
wesen, alle vierfüßige Thiere bis auf eine
geringe Zahl derselben zu beschreiben, von
denen wir, da sie uns nachher noch zu
Theil geworden, in einem Nachtrag das Nö=
thigste sagen werden. Dieses Werk ist ei=
gentlich die Frucht beinahe zwanzigjähriger
Bemühungen und Nachforschungen. Ob wir
aber gleich dieser langen Zeit keine Gele=
genheit verabsäumet, uns mit der Geschichte
der Vögel bekannter zu machen, und alle
die seltensten Arten derselben herbeizuschaf=
fen; ob es uns gleich in so weit geglücket
hat, diesen Theil des königlichen Kabinets
zahlreicher und vollständiger zu machen, als

es

es irgend eine Sammlung dieser Art in ganz
Europa geben mag; so müssen wir doch be=
kennen, daß uns zur Vollständigkeit noch ei=
ne beträchtliche Menge von gefiederten Thie=
ren fehlet. Indessen ist es gewiß, daß man
die bei uns fehlende Gattungen in allen
Sammlungen vergeblich suchen würde. Die
Gewißheit, daß wir, unerachtet wir schon
sieben bis achthundert Gattungen zusammen
haben, doch noch weit von der Vollständig=
keit entfernet sind, nehmen wir daher, weil
wir oft Vögel bekommen, wovon wir nir=
gends eine Beschreibung finden, und weil
wir auch viele von denjenigen Vögeln, de=
ren unsere neuere Schriftsteller gedenken,
weder besitzen, noch herbeizuschaffen vermö=
gend gewesen. Es mag wohl überhaupt funf=
zehnhundert bis zweitausend Gattungen von
Vögeln geben; dürfen wir also wohl hoffen,
sie jemals alle nebeneinander in einer Samm=
lung zu sehen? Inzwischen ist dieses noch ei=
ne der geringsten Schwierigkeiten, die sich
mit der Zeit noch wohl heben ließen. Es
liegen aber noch viele andere Hindernisse im
Wege, davon wir zwar einige glücklich über=
wunden, die andern aber für ganz unüber=
steigbar halten. Man wird mir erlauben,
mich hier in eine umständliche Schilderung al=
ler dieser Schwierigkeiten einzulassen. Die

A 3   Ei=

Erzählung derselben ist um so viel nothwen=
diger, weil man sonst weder die Gründe des
Entwurfs, noch die Ursachen der Form bei
meinem Werke zu beurtheilen im Stande
wäre.

Es giebt unter den Vögeln nicht allein ei=
ne weit größere Menge von Gattungen, als
unter den vierfüßigen Thieren, sondern
diese Gattungen sind auch weit mehrerer Ab=
änderungen fähig. Diese gehören unter die
nothwendigen Folgen des Gesetzes der Zu=
sammenfügungen, wobei die Anzahl der durch
dieselbe herauskommenden Wesen ungleich
stärker zunimmt, als die Anzahl der Ele=
mente. Die Natur selbst scheint auch diese
Regel desto genauer zu beobachten, je stär=
ker sie diese Gattungen gewisser Geschlechter
vervielfältigen will; denn die Geschlechter
großer Thiere, welche nur selten werfen,
und nur wenige Jungen hervorbringen,
bestehen auch nur aus wenigen verwandten
Gattungen, und haben unter sich gar keine
merkliche Abänderungen. Die kleinen Thiere
hingegen scheinen mit vielen andern Familien
verwandt, und jede Gattung derselben un=
gemein vieler Abänderungen fähig zu seyn.
Unter den Vögeln wird man eine noch weit
größere Menge solcher Abänderungen, als
un=

unter den vierfüßigen kleinen Thieren, ge=
wahr, weil die Vögel, überhaupt betrach=
tet, viel zahlreicher, kleiner und fruchtbarer
sind, oder sich ungleich stärker, als jene,
vermehren 1). Außer dieser allgemeinen Ur=
sache giebt es noch einige besondere, worauf
sich die vielerlei Abänderungen unterschiede=
ner Vögelgeschlechter gründen. Bei den vier=
füßigen Thieren kann man eben keinen merkli=

A 4 chen

1) Meines Erachtens richtet sich die Natur in
Ansehung der sparsamen oder zahlreichen Gat=
tungen im ganzen Thierreiche nach einerlei
Gesetzen. Unter den Vögeln giebt es, wie un=
ter den vierfüßigen Thieren, große und kleine
Geschlechter, die sich im ganzen Thierreiche
desto sparsamer oder häufiger vermehren, je
größer oder kleiner sie sind: Was in diesem
Fall von Elephanten, Nasenhörnern, Kamee=
len u. s. w. gesagt werden kann, läßt sich
auch vom Strauß, vom Kasuar, vom Kra=
nich u. s. w. behaupten, und was von den
kleinern Vögeln in Ansehung ihrer Abände=
rungen und Menge wahr ist, gilt auch von
den kleinen Geschlechtern der vierfüßigen Thie=
re. Wir dürfen z. B. nur die Menge ver=
schiedener Finken, Lerchen, Schwalben c.
gegen die vielerlei Abänderungen von Eich=
hörnchen, Mäusen, Eidechsen u. s. w. hal=
ten, um uns zu überzeugen, daß nicht blos
die kleinen Vögel, sondern alle kleine Ge=
schlechter von Thieren sich vorzüglich vermeh=
ren, und uns die zahlreichesten Abänderungen
vor Augen stellen.

M.

chen Unterschied, unter männlichen und weibli=
chen Thieren wahrnehmen, bei den Vögeln
aber ist er schon weit größer, und fällt sehr
deutlich in die Augen. Es giebt weibliche
Vögel, welche in Ansehung der Größe und
der Farben so weit von ihren Männchen ab=
weichen, daß man sie beide für ganz unter=
schiedene Gattungen halten sollte. Hierdurch
ist, sogar unter den geschicktesten Beobach=
tern der Natur, schon mancher verleitet wor=
den, das Männchen und Weibchen einer
einzigen Gattung als zwo besondere von einan=
der völlig unterschiedene Gattungen zu beschrei=
ben. Die Bestimmung also der Aehnlichkeit oder
des Unterschiedes, welcher zwischen einem
männlichen Vogel und seinem Weibchen zu be=
merken ist, muß in der Beschreibung eines Vo=
gels allemal den ersten Hauptzug ausmachen.

Wenn man demnach alle Vögel genau
kennen lernen will, so ist es nothwendig,
von jeder Gattung das Männchen und Weib=
chen, und wo möglich, auch einige Jungen
zu haben, und mit einander vergleichen zu
können, weil auch diese von den völlig er=
wachsenen und alten oft sehr unterschieden
sind. Nähmen wir nun wirklich zweitausend
Gattungen von Vögeln an, so gehörten zu ihrer
deutlichen Kenntniß wenigstens 8000 einzelne
Vö=

Vögel, die man in einer vollständigen Sammlung vereinigen müßte 2). Läßt sich aber eine so große Sammlung von Vögeln als möglich denken? welche überdies mehr als noch einmal so zahlreich werden müßte, wenn man die Abänderungen jeder Gattung hinzufügen

A 5

fügen

2) Wider die Unentbehrlichkeit einer so großen Menge von Vögeln für einen genauen Kenner derselben ließen sich noch wohl mancherlei Einwendungen machen:

1) Ist es noch zweifelhaft, ob wir in der That zweitausend wirkliche Gattungen von Vögeln haben.

2) Läßt sich nicht von allen der große Unterschied zwischen Männchen und Weibchen behaupten, so wenig, als man von allen Gattungen sagen kann:

3) Daß alle Jungen, wenn sie völlig befiedert sind, im Ansehen so merklich von ihren Aeltern abweichen. Ich will zum Beispiel nur einige bekannte Vögel, als Schwalben, Lerchen, Sperlinge, Nachtigallen, Kanarienvögel, Wachteln und dergleichen anführen. Sollte nicht jedes gesunde Auge bei diesen und vielen andern Gattungen sowohl an den völlig befiederten Jungen, als an den Männchen oder Weibchen, sogleich den Sperling, die Schwalbe, die Nachtigall u. s. f. erkennen, ohne die Jungen, die Männchen, die Weibchen und ihre Abänderungen bei einander zu haben?

M.

fügen wollte, deren einige, wie z. B. die
Hühner und Tauben, sich dermaßen verviel-
fältigt haben, daß man schon genug zu thun
hat, wenn man ihre häufige Abänderungen
alle beschreiben und anzeigen wollte.

Die große Menge von wirklichen Gattungen, die noch viel zahlreichere Abänderungen, die beträchtliche Verschiedenheit der Formen, der Größe und Farben bei den Männchen und Weibchen, bei den jungen, erwachsenen und alten Vögeln, die mannigfal-
tige Abweichungen, die vom Einflusse des
Himmelsstriches, der Nahrung und von den
zufälligen Umständen herrühren, wenn ein
Vogel zu dem zahmen Geflügel gehöret, eingekerkert oder aus dem eigenthümlichen Vaterland entführet, ferner, wenn er entweder durch die Natur getrieben oder gezwungen wird, große Wanderschaften zu thun. —
Kurz, alle diese Ursachen der Veränderung
und Ausartung vereinigen und vervielfältigen
sich hier, um die Hindernisse und Schwierigkeiten in der Naturgeschichte der Vögel
zu häufen, wenn man sie auch blos von
Seite der Benennungen oder der einfachen
Kenntniß der Gegenstände betrachtet. Wie
vermehren sich aber alsdann alle diese Schwie-
rig-

rigkeiten, sobald es darauf ankömmt, eine richtige Beschreibung und Geschichte der Vögel zu liefern? Diese beiden Theile der Vögelkenntniß, die viel wesentlicher als ihre Benennungen sind, und in der Naturgeschichte nie von einander getrennet werden dürfen, lassen sich hier ungemein schwer mit einander vereinigen. Jeder hat seine besondere und eigenthümliche Schwierigkeiten, die wir bei dem eifrigen Bestreben, sie alle zu übersteigen, allzu nachdrücklich empfunden haben. Die deutliche Bestimmung der mancherlei Farben durch Wörter und Ausdrücke macht unstreitig eine der vorzüglichsten Schwierigkeiten aus. Unglücklicherweise beziehen sich die sichtbarsten Unterscheidungsmerkmale bei den Vögeln mehr auf die mancherlei Mischungen ihrer Farben, als auf ihre Gestalten. Bei den vierfüßigen Thieren ist ein gutes schwarzes Kupfer zu einer deutlichen Vorstellung und richtigen Kenntniß schon hinlänglich. Ihre Farben sind nicht so mannigfaltig, und mehr einförmig; sie lassen sich also leichter bestimmen, oder durch Worte begreiflich machen. Bei den Vögeln wäre dieses ganz unmöglich, oder man würde doch wenigstens durch allzu wortreiche Beschreibungen ihrer Farben wirkliche lange Weile verursachen.

Mit

Mir iſt ſogar noch keine Sprache bekannt,
in welcher ſich die Abweichungen, Schatti=
rungen und Miſchungen der Farben richtig
ausdrucken ließen. Dennoch hat man hier
die Farben als weſentliche, und öfters als
die einzigen Merkmale zu betrachten, woran
man einen Vogel erkennen, und ihn von al=
len andern unterſcheiden kann. Das hat
mich bewogen, die Vögel, wenn ich ſie le=
bendig erhalten konnte, nicht allein in Kupfer
ſtechen, ſondern auch mit lebendigen Farben
ausmalen zu laſſen. Denn inſofern die Vö=
gel mit ihren eigenthümlichen und natürlichen
Farben abgebildet ſind, kann man ſie durch
einen einzigen Blick deutlicher und beſſer,
als durch die weitläuftigſte Beſchreibungen,
kennen lernen, welche doch mehrentheils eben
ſo widerlich als ſchwer, allemal aber ſehr
unvollkommen und unverſtändlich zu ſeyn
pflegen.

Unterſchiedene Perſonen ſind beinahe zu
gleicher Zeit auf den Einfall gerathen, Vö=
gel in Kupfer ſtechen und illuminiren zu laſ=
ſen. In Engelland werden, unter dem Ti=
tel: Brittiſche Zoologie, ſowohl die vierfüſ=
ſigen Thiere, als die Vögel Großbritanniens,
auf illuminirten Kupferplatten herausgege=
ben.

ben 3). Herr Edwards hatte vorher schon
eine große Menge von illuminirten Vögeln
bekannt gemacht 4). Man hat Ursach, die=
sen

3) Von der British Zoology des Herrn Pen=
nant sind in London seit 1762 VI. Theile in
Folio mit 107 Kupferpl. im Jahr 1768 aber
eine kleine Aufl. in gr. 8vo. mit 132 Kupfer=
tafeln erschienen. Die erste kostet 66 Rthlr.
Die Seltenheit sowohl als der hohe Preis
des Originals hat den Hrn. Jo. Jak. Haid
und Sohn in Augsburg bewogen, eine latei=
nische und deutsche Uebersetzung dieses Werkes
auf Pränumeration anzukündigen, welche aus=
ser den Anmerkungen des Herrn Chr. Gottl.
Murr 132 illuminirte Kupfertafeln, und zwar
in der zweiten Hauptabtheilung die Vögel ent=
halten wird. Mann kann hierüber des Herrn
Prof. Beckmanns phys. ökon. Bibl. I. B. S.
182. und Berl. Samml. IV. Band S. 185 rc.
nachlesen.

                                          M.

4) Alles, was Edwards in seiner Natural histo=
ry of Birds Lond. 1749—51 in 4 Bänden
in gr. 4to und in seinen Gleanings of Na=
tural history Tom. I—III. Lond. 1758—64
in gr. 4to. auf 152 Kupferpl. sauber illumi=
nirt herausgegeben, hat Hr. Joh. Mich. See=
ligmann in seiner Sammlung verschiedener
ausländischer und seltner Vögel, oder in seinem
Recueil des oiseaux étrangers de Catesby &
Edwards zu Nürnb. in Fol. den Deutschen
in VII. Bänden mit saubern Kupfern und gu=
ten Beschreibungen seit 1749—72 geliefert.
Alle Vögel, die Catesby in seiner Naturge=
schichte von Karolina zeichnen lassen, sind hier
mit den edwardischen vereiniget, und für die
Deut=

sen beiden Werken den Vorzug unter andern mit lebendigen Farben erleuchteten Kupfern dieser Art einzugestehen. Obgleich meine schon bis zu sechshundert angewachsene Kupferplatten auf gleiche Weise ausgemalet sind, so hoffe ich doch, daß man sie nicht schlechter, als die englischen, und weit besser als diejenigen finden wird, welche der Herr Rektor Frisch 5) in Deutschland ausgefertiget hat 6). Wir getrauen uns sogar zu behaup=

Deutschen eine höchst brauchbare Sammlung von Vögeln und andern seltnen Thieren aus beiden Werken gemacht worden.

M.

5) Joh. Leonh. Frischs ꝛc. Vorstellung der Vögel in Deutschland und einiger fremden mit ihren natürlichen Farben. Berl. 1734. Fol. Das vollständige Werk, das im Jahr 1764 wieder aufgelegt worden, kostet mit allen Ergänzungen ungefähr 62 Rthlr. S. Hamb. Mag. IV. B. p. 394—418.

M.

6) Obgleich die frischischen illuminirten Vögel in Deutschland mit vielem Beifall aufgenommen worden, und allerdings zur Kenntniß dieser anmuthigen Geschöpfe vieles beigetragen haben; so scheinen doch die ausgemalten Abbildungen der Vögel, ihrer Nester und Eier, wovon Herr Aug. Ludw. Wirsching, Kupferstecher in Nürnberg, bereits 31 Platten mit Vögeln, und eben so viel mit Nestern und Eiern in Fol. ausgegeben, in Ansehung der Ma=

haupten, daß unsere Sammlung von ausge=
malten Kupferplatten in Ansehung der Menge
vorgestellter Gattungen, der Zuverläßigkeit
in den Zeichnungen, die alle nach der Na=
tur gemacht worden, der Richtigkeit des Ko=
lorits, der Genauigkeit in der Stellung u. s. w.
allen andern vorgezogen zu werden verbie=
nen 7), und man wird leicht finden, daß
wir

Malerei vor jenen einen großen Vorzug zu ge=
winnen. Die letztern werden künftig auch in
Ansehung der Beschreibungen sehr vortheilhaft
ausfallen, weil die vom Hrn. Hofr. Schmie=
del angefangene Bogen vom Herrn D. Gün=
ther in Kahla, einem großen Kenner der
Vögel, künftig fortgesetzt werden sollen. Man
sehe Herrn Pr. Beckm. phys. ökon. Bibl. 2.
St. p. 328. und Jen. gel. Zeit. 71. p. 778.
bis 780.

M.

7) Ich will hier der ausgemalten Platten mit
Fleiß nicht gedenken, die man zu Jo. Gerini
Ornithologia Edente Laurentio de Lauren=
tiis in VI. Bänden zu Florenz seit 1765,
oder zu der Storia naturale degli Uccelli.
1767. Fol. verfertiget hat. Sie machen zu=
sammen einen großen Vorrath aus; allein sie
scheinen mir alle nicht nach der Natur gesto=
chen und gemalt zu seyn. Die meisten Vö=
gel erblickt man auf denselben in sehr gezwun=
genen Stellungen, und sind, wie es das An=
sehen hat, bloß nach den Beschreibungen der
Schriftsteller gezeichnet und ausgemalt. Die
Farben sind auf diesen Platten sehr schlecht
vertheilt, und ein großer Theil der Kupfer=
stiche

wir nichts von dem allen verabsäumet haben,
was darzu erfordert wird, in jeder Abbildung

stiche aus unterschiedenen Werken, besonders
aus dem Edwards und Brisson rc. entstehen.
Uiberhaupt kann man von diesem Werke sagen, daß es die Naturgeschichte der Vögel
durch die allzuhäufigen Fehler in den Benennungen und durch die willkührliche Vermehrung
der Gattungen eher verwirrter und schwerer
macht, als erleichtere und aufkläret. Man findet oft vier bis fünf Abänderungen von einerlei Gattung als ganz unterschiedene Vögel
angegeben.   Anm. des V.

Außer den bereits angezeigten Schriften verdienen
von den Freunden gefiederter Thiere noch folgende neuere Werke bemerkt zu werden:

1) Ornithologie ou Methode concernant la
Division des oiseaux en Ordres, Sections,
Genres, Especes & leurs variétés par Mr.
Brisson. VI. Volls in 4to. à Paris 1760–63.
avec fig. enluminées.

2) Ornithologia s. Synopsis methodica, sistens
Avium divisionem in ordines, sectiones,
genera, species ipsarumque varietates. Auct.
A. D. Brisson. Tom. I. II. Lugd. Bat.
gr. 8vo. 1763.

3) Histoire naturelle éclaircie dans une de
ses principales Parties l'Ornithologie &c.
Ouvrage traduit du Latin du synopsis Avium
de Ray, augmenté d'un grand nombre de
descriptions & de remarques historiques sur
le caractere des oiseaux, leur industrie &
leurs

dung das Original deutlich und sicher zu erkennen. Das glückliche Talent des Herrn
Martinet, welcher alle diese Vögel gezeichnet und gestochen hat, imgleichen die aufge-
klärten Kenntnisse und Aufmerksamkeit des
jüngern Herrn d'Aubenton, welcher dieses
große

leurs rufes, par Mr. Salerne. D. en Med.
Vol. in 4to. gr. Papier enrichi de 31 Plan-
thes deſſinées d'après nature. à Par. 1767.

4) Hallens Naturgeschichte der Vögel. Berlin
1760. gr. 8vo. mit K.

5) Jak. Theod. Kleins Vorbereitung zu einer
vollständigen Vögelhistorie ꝛc. Aus dem Lat.
Leipz. 1760. gr. 8vo. mit K.

6) Ant. Skopoli Bemerkungen aus der Naturgeschichte. I. Jahr, welches die Vögel seines
eigenen Kabinets beschreibet, mit D. Fr. Chr.
Günthers Anmerkungen. Jena 1770. 211. S.
8vo.

7) Histoire naturelle & raiſonnée des Oiſeaux
qui habitent le globe &c. 3 Vol. in Fol.
86 Planches (42 Livres) v. Journ. des Sçav.
72. Mars p. 166.

8) Joh. Jak. Kleins Sammlung unterschiedener
Vögeleier in natürlicher Größe mit lebendigen
Farben geschildert und beschrieben. Leipzig,
Königsb. und Mietau 1766. 4 1/2 B. Text,
franz. und deutsch, 21 Kupferpl. 145 Fig. in
4to. 6 Rthlr.

M.

Buff. Naturg. der Vögel. 1. B.   B

große Unternehmen ganz allein unter seinen
Augen ausführen lassen, müssen jedem Kenner sogleich in die Augen fallen. Ich be-
trachte dieses Unternehmen darum als groß
und wichtig, weil es von einer unermeßlichen Weitläuftigkeit ist, und unabläßliche Sorgfalt sowohl als Aufmerksamkeit auf alle Klei-
nigkeiten voraussetzet. Mehr als 30 Künst-
ler und Handwerker haben seit fünf und nun
schon seit mehreren Jahren beständig an diesem Werk arbeiten mussen, ob wir uns gleich
nur auf eine so geringe Anzahl von Exem-
plaren eingeschränket haben, daß wir jetzt
Gelegenheit finden, unsere Sparsamkeit bei
der Auflage zu bedauren. *)

Da wir die Naturgeschichte der vierfüßigen Thiere so häufig in Frankreich abdrucken
lassen, ohne die fremden Ausgaben mit in
Rechnung zu bringen, so können wir jetzt den
geringen Vorrath ausgemalter Platten von
den Vögeln unmöglich anders als mit Unwil-
len betrachten. Indessen hoffen wir, daß
alle

---

*) Jeder Leser wird leicht bemerken, daß Herr
von Buffon hier und im Verfolg allein von
seiner großen Originalauflage spricht; es mußte
aber auch bei unserer Ausgabe Zusammen-
hangs wegen stehen bleiben.

alle Kunstverständigen die Unmöglichkeit leicht
einsehen werden, alle Platten so häufig zu
illuminiren, als abzudrucken, oder die blossen Abdrücke davon auszugeben. Insofern
wir demnach einmal überzeugt waren, daß
wir unmöglich so viele ausgemalte Platten
zusammenbringen könnten, als wir zum ganzen Vorrath gedruckter Exemplare brauchten, so haben wir den Schluß gefasset, uns
nicht mehr so genau an das Format von der
Geschichte der vierfüßigen Thiere zu binden,
sondern dasselbe um einige Zolle zu vergrös-
sern, um destomehr Vögel in ihrer natürlichen Größe darstellen zu können. Alle Vögel also, welche nicht größer sind, als das
Format unserer Platten, haben wir in ihrer eigenthümlichen Größe stechen lassen. Die
größern aber sind nach einem über der Figur befindlichen verjüngten Maßstab gezeichnet, welcher durchgängig den 12ten Theil
der Länge des Vogels, von der Spitze des
Schnabels bis an das Ende des Schwanzes gerechnet, ausmachet. Ein Maßstab also von drei Zoll zeigt einen drei Fuß langen Vogel an, ein zweenzolliger Maßstab
hingegen einen Vogel von zween Fuß in der
Länge. Will man sich nun einen Begriff
von der Größe der Theile des Vogels machen, so muß man die ganze Größe oder

B 2 auch

auch nur irgend einen Theil des Maßstabes
mit einem Proporzionalzirkel, hernach aber
den Theil des Vogels, dessen Größe man
zu wissen verlanget, ausmessen. Wir haben diesen kleinen Umstand für nothwendig
erachtet, um beim ersten Anblick die wahre
Größe der verkleinerten Gegenstände beurtheilen, und sie mit allen andern genau vergleichen zu können, welche in ihrer natürlichen Größe vorgestellet worden.

Man trifft also auf unsern ausgemalten
Platten nicht allein eine große Menge genau
abgebildeter Vögel, sondern zugleich die bequemsten Hilfsmittel an, sowohl ihre wahre
als verhältnißmäßige Größe und Dicke beurtheilen zu können. Unsere sauber und richtig ausgemalte Platten stellen also den Augen eine weit vollkommnere und angenehmere
Beschreibung vor, als wir, durch Worte
zu liefern, im Stande gewesen seyn würden.
Daher wir uns auch in diesem Werke durchgängig auf die ausgemalten Figuren beziehen, sobald von der Beschreibung, von den
Abänderungen, von der unterschiedenen Größe, von der Farbe oder andern sichtbaren
Eigenschaften der Vögel die Rede seyn wird.
In der That sind unsere mit lebendigen Farben erleuchtete Platten für dieses Werk, und
uns

nnfer Werk selbst für diese Platten gemacht. Weil wir aber unmöglich einen hinlänglichen Vorrath solcher Platten ausfertigen lassen konnten, und ihre Zahl kaum für diejenigen hinreichet, welche sich die ersten Bände unserer Naturgeschichte der vierfüßigen Thiere bereits angeschafft hatten, so glaubten wir, der größte Theil solcher Personen, welche das eigentliche Publikum ausmachen, würden es uns Dank wissen, wenn wir auch noch für ande e schwarze Kupferplatten sorgten, welche nach Beschaffenheit der Umstände sich immer mehr vervielfältigen könnten. Aus diesem Grunde haben wir immer einen oder etliche Vögel von jedem Geschlechte nachstechen lassen, um wenigstens von ihrer Gestalt und ihren vorzüglichsten Abweichungen einen deutlichen Begriff zu geben. So oft es in meiner Gewalt war, habe ich die Zeichnungen zu allen diesen Kupferstichen blos nach lebendigen Urbildern machen lassen. Es sind nicht ebendieselben, die auf den illuminirten Platten vorkommen, und ich lebe der sichern Hoffnung, das Publikum werde mit Vergnügen wahrnehmen, daß man auf diese letztern eben so viel Fleiß und Sorgfalt, als auf die erstern 8), verwendet.

B 3   Durch

8) Die von dem berühmten Herrn Martinet, unter des jüngern Herrn d'Aubentons Aufsicht

in

Durch diese Hilfsmittel und angewendete
Vorsorge haben wir die erste Schwierigkeit,
wel.

in Fol. gestochene und illuminirte Vögel des
Herrn von Buffon sind so kostbar, und man
bekömmt von ihnen so wenig Exemplare zu
sehen, daß ich es für eine nicht ganz unnütze
Beschäftigung halte, wenn ich unsern Lesern
einige Quellen anzeige, wo sie vom Anfang
und Fortgang des Werkes umständlichere Nachrichten finden können. Schon im Jahr 1765
machte Panckouke in Paris eine superbe Collection de Planches d'Histoire Naturelle enluminées bekannt, worüber der jüngere Herr d'Aubenton unter der Anführung des Herrn von Buffon die Aufsicht, Herr Martinet aber die Zeichnungen, den Kupferstich und das Ausmalen
übernommen; jeder Heft sollte 24 Platten enthalten, und für 15 Livres verkauft, auch alle
3 Monate ein solcher Heft geliefert werden.
Weil Herr von Buffon kaum vermuthen konnte, das Ende seiner weitläuftigen Geschichte
der Natur zu überleben, so fieng er in den ersten Lagen an, Fische, Vögel, Insekten,
Korallen u. s. w. unter einander zu mischen,
sein Augenmerk aber doch vorzüglich auf die
Vögel zu richten. Seit 1765 sind uns von
diesem schön illuminirten Werke 24 Hefte oder
566 Platten bekannt geworden, welche insgesamt die schöpferische Hand eines großen Künst-
lers verrathen, aber auch schon an 360 Livres
oder ungefähr 120 Rthlr. zu stehen kommen.
Von den auf diesen Platten befindlichen Abbildungen können diejenigen, welchen das
Werk selbst zu kostbar ist, folgende Journale
und gel. Zeitungen nachschlagen:

a) Jour-

welche die Beschreibung der Vögel verursa=
chet haben würde, glücklich überwunden. Es
war nicht unsere Absicht, alle mögliche be=
kannte Vögel in illuminirten Abbildungen zu
liefern, weil die Anzahl der ausgemalten
B 4   Plat=

a) Journ. des Sçav. 65. Mai. p. 413. 1767.
Mai. p. 180. und 499. Nov. p. 173. 1768.
Fevr. p. 433. Juin. p. 181. Oct. II. p. 451.
1769. Mars. p. 171. Avril. p. 447. 449.
Août. p. 176. 1770. Mai. p. 164. Juin.
p. 164. 1771. Juin. p. 178. 1772. Mars.
p. 160. Mai. p. 154.

b) Neue Bibl. der schönen Wissensch. V. B. 1.
St. p. 173.

c) Unterhaltungen. L Band. p. 62. VI. Band
p. 163.

d) Gött. gel. Anz. 65. p. 1072. 1766. p. 180.
und 824. 1768. p. 207. p. 704. und 874.
1769. p. 256. 1771. p. 208. 1772. p. 336.

Die Beschreibung dieser prächtigen Kupfer ist in
dreierlei Format, als in 4to, als eine Folge
zur Geschichte der vierfüßigen Thiere, mit ei=
genen Kupfern, in Folio und in Imperialfo=
lio gedruckt. (Journ. des Sçav. 69. Janv. p.
178. & Mai p. 160.) Von der Ausgabe in
4to. sind von 1771 bis 72 bereits 4 Bände
zu haben. (S. Herrn Prof. Beckmanns ökon.
phys. Bibl. II. Band p. 155.) Die kleine
Ausgabe in 8vo, welche seit 1770 zu Paris her=
auskam, wird unsern Lesern genugsam durch
gegenwärtige Uibersetzung bekannt werden.

R.

Platten dadurch allzustark angewachsen wäre;
vielmehr übergiengen wir mit Vorsatz die
meisten Abänderungen, um unser Werk nicht
bis ins Unendliche auszudehnen. Wir hiel=
ten es für billig, uns auf sechs bis sieben=
hundert Platten einzuschränken, die ungefähr
acht bis neunhundert Gattungen unterschiede=
ner Vögel enthalten werden. Freilich dür=
fen wir uns nicht rühmen, alles; aber doch
schon sehr viel geleistet zu haben. Wir über=
lassen es andern, unsere Sammlung künftig
vollständiger zu machen, und noch ein Meh=
reres, vielleicht auf eine noch glücklichere
Art, als wir, zu Stande zu bringen.

Außer den angeführten Schwierigkeiten,
welche die Namen und Beschreibungen der
Vögel verursachen können, sind noch viele
andere bei der Geschichte der Vögel selbst zu
überwinden. Von jeder Gattung vierfüßiger
Thiere haben wir die Geschichte so weitläuf=
tig, als es nöthig war, geliefert. Hier
sind wir nicht vermögend, ein Gleiches zu
thun. Obwohl unsere Vorfahren sehr viel
sowohl von den Vögeln als von den vier=
füßigen Thieren geschrieben, so hat man doch
in Ansehung ihrer Geschichte darunter nicht
viel gewonnen. Die meisten Werke unserer
von Vögeln handelnder Schriftsteller sind le=

biglich

diglich mit Beschreibungen, oft auch nur mit
blossen Benennungen derselben angefüllet. Bei
den wenigen, welche ihren Beschreibungen
einige historische Nachrichten beigefüget haben,
läuft alles auf bekannte Sachen hinaus, die
man bei allem Federwildpret oder Hausgefieder ohne Mühe selbst beobachten kann.
Wir haben von dem natürlichen Betragen
und der Lebensart einheimischer Vögel noch
eine sehr unvollkommene, von der Geschichte
der ausländischen aber fast gar keine Kenntniß. Durch vieles Nachdenken, Vergleichungen und Fleiß gelang es uns, bei den
vierfüßigen Thieren wenigstens einige festge-
setzte Umstände und allgemeine Begebenheiten zu entdecken, worauf wir uns bei ihrer
besondern Geschichte stützen konnten. Die
Eintheilung der Thiere, die jedem Land eigenthümlich angehöreten, hat uns auf dem
Meere jener Finsterniß, welche diesen ersten
und schönen Theil der Naturgeschichte um-
schwebte, gar oft statt eines Kompasses dienen müssen. Außerdem gaben die Himmelsstriche, welche die vierfüßigen Thiere entweder aus Geschmack oder aus Nothwendigkeit
wählen, und die Oerter, wo sie einen beständigen Aufenthalt zu haben schienen, uns
oft Mittel und Anweisungen zu einem nähern
Unterricht an die Hand. Bei den Vögeln
B 5   muß

muß man sich aller dieser Vortheile begeben.
Sie reisen mit so vieler Leichtigkeit von einer
Provinz zur andern, und können in so kurzer Zeit ein Klima nach dem andern durchstreichen, daß man, mit Ausnahme sehr weniger Gattungen, die wegen ihrer Schwere
sich nicht in die Luft erheben, allen übrigen
eine leichte Verwechselung des einen Theils
der Welt mit einem andern zutrauen sollte.
Ist es aus diesem Grunde nicht ungemein
schwer, und beinahe ganz unmöglich, diejen-
nigen Vögel zu kennen, die jedem Theile
der Welt eigen sind? Besonders da die meisten eben sowohl in der alten als in der
neuen Welt angetroffen werden? Bei den
vierfüßigen Thieren verhält es sich im Gegentheil ganz anders. Man wird nie ein
Thier der mittäglichen Theile des festen Landes in einer andern Gegend antreffen. Sie
müssen sich alle nothwendig den Gesetzen des
Himmelsstriches unterwerfen, unter welchem
sie geboren sind. Ein Vogel ist an diese
Gesetze gar nicht gebunden, weil er das Vermögen hat, in kurzer Zeit einen sehr großen
Raum zu durchwandern, so kehrt er sich
blos an die Jahreszeiten. Da er nun einerlei seiner Natur zuträgliche Witterung abwechselnd bald unter diesem, bald unter jenem Himmelsstrich antreffen kann, so zieht

er

er auch nach und nach von einem zum andern.
Wenn man demnach ihre ganze Geschichte
zu wissen verlangte, so müßte man ihnen
allenthalben folgen können. Man müßte sich
vor allen Dingen die vorzüglichsten Umstän=
de ihrer Wanderschaft, die Striche, denen
sie folgen, die Ruhestellen, wo sie die Näch=
te zubringen, und ihren Aufenthalt in jedem
Himmelsstriche bekannt machen, und sie an
allen diesen entlegenen Oertern beobachten.
Es werden aber gewiß noch Jahrhunderte
verstreichen, ehe man im Stande seyn wird,
eine so vollständige Naturgeschichte der Vö=
gel zu schreiben, als wir von den vierfüßi=
gen Thieren geliefert haben. Wir wollen
unsern Satz durch einen einzigen Vogel, zum
Beispiel, durch die Schwalbe beweisen, die
allen Menschen bekannt ist, welche im Früh=
jahr zum Vorschein kömmt, im Herbst wie=
der verschwindet, und ihr Nest mit Koth
an die Fenster oder in die Schorsteine bauet.
Wenn wir auf sie Acht geben, so können
wir eine getreue, und genaue Schilderung
ihrer Sitten, ihrer natürlichen Gewohnhei=
ten und alles dessen aufzeichnen, was diese
Vögel in den fünf oder sechs Monaten ih=
res Aufenthaltes bei uns vornehmen. Was
ihnen aber während ihrer Abwesenheit be=
gegnet, wo sie hinziehen, und wo sie her=
kom=

kommen, davon können wir nichts Zuver=
läßiges wissen. Die Zeugnisse von ihren
Wanderschaften sind noch sehr vielen Wider=
sprüchen unterworfen. Einige reden diesen
Wanderschaften das Wort, und versichern,
sie zögen von uns in die warme Länder,
um daselbst, so lange bei uns der Winter
dauret, zu verweilen. Andere behaupten,
sie verkröchen sich in die Sümpfe, und blie=
ben daselbst bis zur Wiederkehr des Früh=
lings in einer Art von Betäubung. Beide
Meinungen, ob sie gleich unmittelbar einan=
der entgegengesetzet sind, scheinen doch, ei=
ne so sehr als die andere, durch wieder=
holte Versuche bestätiget zu werden. Wie
soll man aber aus diesem Gemische von Wi=
dersprüchen die Wahrheit hervorbringen?
Wo soll man sie mitten unter diesen Unge=
wißheiten entdecken 9)? Ich habe mein Mög=
lichstes gethan, um sie zu entwickeln, und
man

9) Von den Wanderschaften und Winteraufent=
halt der Schwalben kann man vorläufig, bis
wir an die Geschichte dieser Vögel kommen,
folgende Werke nachschlagen:

a) Diss. de commoratione hybernali & pere=
grinationibus Hirundinum. Praes. Leche
Resp. Gryselio. Abone 1764. S. Vogels
neue med. Bibl. VI. B. 4. St. p. 296.

b) Hamb.

man wird aus den Nachforschungen und Be=
mühungen, welche die Aufklärung dieses ein=
zigen Zweifels erforderte, leicht urtheilen
können, wie schwer es sey, alle die Um=
stände zu erfahren, welche zur vollständigen
Geschichte nur eines einzigen Zugvogels,
vornämlich aber zur allgemeinen Geschichte
von den Wanderschaften der Vögel gehören.

Da ich wußte, daß unter den vierfüßigen
Thieren das Blut gewisser Gattungen fast
gänzlich erstarren, und eben so kalt als die
Luft in gewissen Jahreszeiten werden kann,

und

b) Hamb. Mag. IV. B. S. 413.

c) Koburgisches Mag. I. Th. p. 45. ꝛc.

d) Stralsundisches Mag. I. B. p. 22. ꝛc.

e) Neues Brem. Mag. I. B. p. 412.

f) Oekon. phys. Aufz. VI. B. p. 116. IX. B.
p. 140.

g) Hannov. Mag. 1766. p. 1201. 1767. p. 79.
315. 1021. 1437. und 1769. p. 167.

h) Comment. Lipf. Vol. 13. p. 667.

i) Hr. Pr. Titius Wittenb. Wochenbl. 1771.
p. 78.

M.

und daß eine dergleichen Erkältung des Blu=
tes bei ihnen den Zustand jener Art von Er=
starrung und Fühllosigkeit verursachet, worin
sie den ganzen Winter hindurch sich befinden,
so fiel es mir gar nicht schwer, mich zu über=
reden, daß ein solcher Zustand auch unter
den Vögeln statt finden könne, oder daß ei=
nige Gattungen eben diesem von der Kälte
verursachten Zustand einer völligen Betäu=
bung unterworfen seyn möchten. Nur dünkte
mir, die Erstarrung müsse bei den Vögeln
sparsamer statt finden, weil ihr Körper über=
haupt etwas mehr Wärme als der Körper
der vierfüßigen Thiere und des Menschen
enthält. Ich habe daher mit vielem Fleiß
untersuchet, welche Gattungen von Vögeln
wohl einer solchen Betäubung fähig wären.
Um mich aber zu überzeugen, ob die Schwal=
be mit unter diese Zahl gehörte, ließ ich ei=
nige in einer Eisgrube verwahren, und sie
bald eine längere, bald kürzere Zeit in der=
selben bleiben; sie sind aber darin nicht er=
starret, sondern größtentheils gestorben, oh=
ne daß an den erwärmenden Stralen der
Sonne nur eine sich wieder zu bewegen an=
gefangen hätte. Die andern, welche nur
eine kurze Zeit in der Eisgrube dem Frost
ausgesetzt waren, blieben so beweglich als vor=

her,

her, und verließen die Eisgrube mit vieler
Lebhaftigkeit. Der natürlichste Schluß, welchen ich aus diesen Erfahrungen ziehen mußte, war dieser, daß diese Gattung von
Schwalben keines Winterschlafes oder irgend
einer Betäubung fähig wäre, welchen Zustand aber ihr Winteraufenthalt im Grund
eines Wassers nothwendig voraussetzet. Ich
hatte mich überdies bei unterschiedenen glaubwürdigen Reisenden erkundigt, und sie alle
die Wanderungen der Schwalben über das
mittelländische Meer einstimmig bejahen hören. Herr Adanson hatte mir die gewisse
Versicherung gegeben, daß er während seines ziemlichen langen Aufenthaltes in Sen:-
gal beständig die langschwänzigen oder unsre
Hausschwalben, von welchen ich eigentlich
rede, zu der Zeit, wenn sie Frankreich zu
verlassen pflegen, in Senegal ankommen,
hernach aber im Frühjahr dieses Land wieder verlassen gesehen. Es ist also gar nicht
mehr daran zu zweifeln, daß diese Gattung
im Herbst wirklich aus Europa nach Afrika,
und von da im Frühjahr wieder nach Europa ziehet, also weder einer Erstarrung unterworfen ist, noch sich den Winter hindurch
in Löcher verkriechet, oder unter dem Wasser
verbirget. Ich bin auch noch durch einen andern

dern Umstand, welcher dem vorigen zu einer
Bestätigung dienet, überzeugt worden, daß
diese Schwalbe keiner durch die Kälte verursachten Erstarrung fähig ist. Sie kann
vielmehr einen guten Grad von Frost ertragen, und muß ohne Hilfe sterben, wenn die
Kälte diesen Grad übersteiget. Man beob-
achte nur diese Vögel einige Zeit vor ihrem
Abzuge. Sobald sich die gelinde Jahreszeit
endigen will, sieht man immer Vater, Mutter und ihre Jungen mit einander herumfliegen, sodann aber mehrere Familien sich
mit einander vereinigen, und allmählig desto
zahlreichere Schwärme bilden, je näher die
Zeit ihres Abzuges herankömmt, endlich aber
zu Ende des September oder im Anfang
des Oktobers den ganzen Schwarm zusammen abziehen. Doch pflegen auch noch einzelne Schwalben acht oder vierzehn Tage,
bis drei Wochen länger zu verweilen, auch
wohl einige gar zurücke zu bleiben, und beim
ersten einfallenden heftigen Frost ihr Leben
einzubüssen. Die spät fortwandernden Schwalben sind allemal solche, deren Brut noch nicht
stark genug ist, ihnen auf der weiten Reise
zu folgen. Diejenigen hingegen, denen man
oft nach der Brut ihre Nester zerstört hat,
und welche folglich ihre Zeit mit Erbauung
frü-

frischer Nester zur zweiten oder dritten Brut
verderben mußten, bleiben aus Liebe zu ihren unvermögenden Nachkommen zurück, und
ertragen, anstatt ihre Jungen zu verlassen,
lieber mit ihnen zugleich alle Unbequemlichkeit der Jahreszeit. Sie ziehen also später,
als die andern, fort, weil ihnen die jungen Schwalben eher nicht folgen können,
oder sie bleiben gar mit ihnen zurück, und
pflegen ihr Leben gemeinschaftlich den Ungemächlichkeiten des Winters aufzuopfern.

Hieraus läßt sich also schlüssen, daß die
bekannten Hausschwalben aus unsern Gegenden allmählig und abwechselnd in ein wär-
meres Klima ziehen. Bei uns bringen diese
flüchtigen Pilgrimme den Sommer zu, in andern Gegenden aber die Zeit unsers Winters.
Sie wissen also nichts von einem anhaltenden Winterschlaf.

Was kann man aber auf der andern Seite den richtigen Zeugnissen derjenigen Personen entgegensetzen, welche selbst Augenzeugen von der Vereinigung ganzer Heerden
von Schwalben gewesen, die sich nicht al-

lein bei Annäherung des Winters ins Waſſer geſenket, ſondern wovon man auch einige wieder mit Netzen aus dem Waſſer,
ſogar unter dem Eis hervorgezogen hat?
Womit ſoll man diejenigen widerlegen, welche die Schwalben, die ſich im Zuſtand einer förmlichen Erſtarrung befanden, an einem warmen Ort, wo man ſie behutſam
dem Feuer näherte, nach und nach wieder
Bewegung und Leben annehmen ſahen? Ich
finde nur einen einzigen Weg, dieſe beide
Begebenheiten ohne Widerſpruch mit einander zu vereinigen; wenn ich annehme, daß
die erſtarrende Schwalbe nicht ebendieſelbe,
als die wandernde ſey. Ich ſtelle mir darunter zwo ganz unterſchiedene Gattungen
vor, die man vorher aus Mangel einer
ſorgfältigen Vergleichung für einerlei ge-
gehalten.

Wenn die Murmelthiere und Ratten eben
ſo flüchtig, eben ſo ſchwer, als die Schwalben zu beobachten wären, und man in Ermangelung einer nähern Betrachtung derſelben die Murmelthiere und Ratten für einerlei Geſchöpfe hielt, ſo würde hier eben der
Widerſpruch unter den beiden Parteien herr-
ſchen,

schen, welche von der einen Seite behaupte-
ten, daß die Ratten den Winter in einer
anhaltenden Erstarrung, auf der andern
aber, daß eben diese Thiere den Winter in
beständiger Lebhaftigkeit zubrächten. Ein solcher Irrthum ist ganz natürlich, und muß
desto häufiger vorkommen, je unbekannter,
entfernter die Gegenstände, und je schwerer
sie folglich zu beobachten sind.

Meines Erachtens muß es also wirklich
eine Art von Vögeln, die eines Winterschlafes fähig ist, geben, welche den Schwalben gleichet, und zwar so sehr gleichet, als
ein Murmelthier den Ratten. Wahrscheinlicherweise ist es der kleine Fischer Martin,
oder die Uferschwalbe 10): dergleichen Un-

C 2 ter-

---

10) Eben dieser Meinung ist auch Hr. Prof.
Pallas. „Von den Winterquartieren der sogenannten Ufer- oder Strandschwalben (Hi-
rundo riparia) sagt er, hat man zuverläßige
Nachrichten. Ich selbst habe dergleichen vormals bei Göttingen aus den Ufern der Leine
graben lassen. Ein Freund von mir hat in
seiner Jugend eine Uferschwalbe in einer auf-
gegrabenen Maulwurfshöle gefunden, und in
der Wärme deutliche Merkmale ihres Lebens
wahrgenommen. Ein Freund vom Herrn Kol-
lin-

tersuchungen erfordern in der That nichts, als Zeit und Sorgfalt. Unglücklicherweise ist aber die Zeit eben dasjenige, was uns am seltensten gehöret, und am öftesten fehlet. Wenn sich auch jemand ganz allein der Beobachtung der Vögel widmen, oder sogar sich vornehmen wollte, die Geschichte nur eines einzigen Geschlechts zu liefern, so würde die Ausführung dieses Vorhabens schon sehr vieljährige Bemühungen erfordern, und am

linson fand einst im März bei Basel viele Knaben damit beschäftigt, solche Strandschwalben aus den hohen Ufern des Rheins mit einem Kugelzieher herauszubringen. Unter andern, die er davon bekam, lebte eine in seinem Busen auf, und entfloh ihm wider Vermuthen. (S. Philos. Transact. Vol. LIII. Art. 24. p. 101) Zu Seeburg bei Halle und in vielen andern Orten in Ober- und Niedersachsen wissen alle Menschen vom Ausgraben der Schwalben zu reden." Im Wasser werden oft ganze Klumpen von Schwalben gefunden, und von den Fischern herborgezogen. Herr Pr. P. bemuthet, daß dieses die sogenannte Mehlschwalbe (Hir. rustica vel urbica) sey, und man wird in allen hiervon handelnden Schriften und Nachrichten finden, daß alle Zweifel, alle Widersprüche sich lediglich auf den vernachläßigten Unterschied der Schwalben gründeten, wovon einige wandern, andere den Winter in einer Erstarrung verschlafen.

M.

am Ende doch weiter nichts als einen kleinen Theil der allgemeinen Geschichte der Vögel in ein helleres Licht setzen können. Denn,
um das gegebene Beispiel nicht aus den Augen zu verlieren, wollen wir als gewiß annehmen, daß die wandernde oder die Zug-
schwalbe von Europa nach Afrika ziehe, und
noch überdieß einräumen, wir hätten alles,
was in der Zeit ihres Aufenthaltes bei uns
mit ihr vorgehet, genau beobachtet und richtig angemerket. Fehlt uns aber nicht noch
die Kenntniß von allem dem, was in dem
entfernten Klima sich noch Merkwürdiges mit
ihr zuträgt? Können wir auch wissen, ob
sie daselbst eben so, wie bei uns in Europa, nisten und brüten 11)? und ob sie häu-

C 3   figer

---

11) Wenn man einem so genauen Beobachter,
als Herr Adanson ist, glauben darf, so kann
man diesen Punkt als entschieden ansehen:
denn Adanson hat unsere Rauch- oder Hausschwalben in Senegal, der Abt la Kaille hingegen am Vorgebirge der guten Hoffnung in
eben den Monaten gesehen, da bei uns der
Winter einfällt. Was hier besonders angezeigt zu werden verdienet, ist die Bemerkung
des Herrn Adanson, daß alldort unsere Schwalben weder nisten noch brüten, und sich in
allen Stücken wie Zugvögel, die nur auf eine
kurze Zeit da sind, verhalten. S. Stralf.
Mag. I. B. p. 24.

M.

figer oder minder zahlreich, als sie abgezo=
gen waren, zurückkommen? Von den In=
sekten sowohl, die sie bei ihrem Aufenthalte
in fremden Ländern zu ihrem Unterhalt ge=
nießen, als von den übrigen Umständen ih=
rer Wanderschaft, von ihren Ruheplätzen auf
dem Wege, von ihrem Aufenthalt — von
allen diesen Umständen wissen wir nichts Zu=
verläßiges zu sagen. Die Naturgeschichte der
Vögel so ausführlich, als wir sie von den
vierfüßigen Thieren mitgetheilet, kann un=
möglich durch einen Menschen, ja nicht ein=
mal durch mehrere zu gleicher Zeit ausge=
führet werden, weil die Menge der noch un=
bekannten Umstände viel größer ist, als die
Anzahl der bekannten, und weil man eben
diese noch verborgene Sachen sehr schwer oder
fast unmöglich wissen kann. Außerdem sind
auch die meisten so klein, so wenig zu brau=
chen, und im Ganzen so unbeträchtlich, daß
ihnen große Geister, welche sich lieber mit
wichtigern und nützlichern Gegenständen be=
schäftigen, unmöglich viel Aufmerksamkeit auf
diese verwenden können. 12).

Durch

12) Meines Erachtens würden große Geister auf=
hören, dieses Namens würdig zu seyn, sobald
sie

Durch alle diese Betrachtungen gereizt, schien es mir nothwendig, bei der Geschichte der Vögel einem ganz andern Plan zu folgen, als den ich bei den vierfüßigen Thieren mir vorgesetzt, und nach Möglichkeit auszuführen mich bemühet habe. Anstatt alle Vögel einzeln, oder nach bestimmten und

E 4   von

sie den Gedanken äußerten, daß ihnen in der Natur etwas deswegen unbeträchtlich zu seyn schien, weil es ihren Augen zu klein vorkäme. Gerade in den kleinsten Geschöpfen ist Gottes Allmacht und Weisheit am größten. Vom Kolibri, dessen Größe von einigen Insekten schon übertroffen wird, lassen sich nicht weniger Merkwürdigkeiten, als vom Strauß, erzählen. Die abgeleugnete Nutzbarkeit einiger kleinen Gattungen von Vögeln ist ein blos relativischer Umstand, welcher sich mehr auf die engen Grenzen unserer Einsichten, als auf die Wirklichkeit beziehet. Tausend natürliche Körper, scheinen uns gering und unbeträchtlich, nicht, weil sie es wirklich sind, sondern weil wir von ihrem Nutzen und von der Absicht ihres Daseyns noch keine hinlängliche Kenntniß haben. Man denkt z. B. oft auf die Ausrottung der Sperlinge und anderer Geschöpfe, die uns einen geringen Schaden verursachen können. Läßt man sich aber dabei wohl das ungleich schädlichere Heer von Insekten einfallen, welches durch die Vertilgung der erstern freie Gewalt bekömmt, uns viel empfindlicher zu kränken?

M.

von einander unterschiedenen Gattungen zu
betrachten, werde ich deren viele unter ei=
nem Geschlechte zusammenbringen, ohne sie
doch mit einander zu vermischen, oder die
mögliche Verschiedenheit unter denselben unbe=
merkt zu lassen. Hierdurch habe ich viele
Weitläufigkeiten vermeiden, und meine Ge=
schichte der Vögel sehr einschränken zu kön=
nen geglaubet, welche zu allzuvielen Bänden
angewachsen seyn würde, wenn ich von je=
der Gattung und ihren mancherlei Benen=
nungen insbesondere weitläuftig hätte reden,
und überdies vermittels einer natürlichen
Ausmalung der größten Weitläuftigkeit, wel=
che zu jeder Beschreibung erforderlich wäre,
nicht hätte ausweichen wollen. Ich werde
daher blos die häuslichen Vögel, oder eini=
ge große vorzüglich merkwürdige Gattungen
in besondern Artikeln beschreiben. Alle die
andern, besonders die kleinsten Vögel, sollen
mit ihren verwandten Gattungen vereiniget,
und mit ihnen gemeinschaftlich abgehandelt
werden, als Thiere, von beinahe gleichem
Naturel und einerlei Familie; um so viel
mehr, da die Anzahl der Aehnlichkeiten und
Abweichungen sich allemal desto höher beläuft,
je kleiner die Gegenstände der zu beschrei=
benden Gattungen sind. Ein Sperling, eine
Gra=

Grasemücke haben vielleicht jeder zwanzigmal
mehr Anverwandte, als der Strauß und
der Pute. Ich verstehe unter den Verwand-
schaften die Anzahl von angrenzenden und
ziemlich ähnlichen Gattungen, die man als
einander gegenüberstehende Zweige, wo nicht
allemal eines gemeinschaftlichen, doch eines
so nahen Stammes betrachten kann, der mit
einem andern aus einerlei Wurzel entsprossen, von denen man folglich annehmen könnte, sie wären insgesamt von dem Stamm
hervorgebracht, mit welchem sie noch durch
eine so große Menge gemeinschaftlicher Aehnlichkeiten in verwandschaftlicher Verbindung
stehen. Wahrscheinlicherweise haben sich eben
diese verwandte Gattungen blos durch den
Einfluß des Klima und der Nahrung von einander getrennet, oder durch die Länge der
Zeit, die alle mögliche Zusammenfügungen
mit sich führet, und alle Mittel der Unter-
schiedlichkeit, Vollkommenheit, Aenderung
und Ausartung hervorzubringen vermag.

Wir verlangen daher nicht zu behaupten,
daß jeder von unsern Artikeln wirklich und
mit Ausschließung aller andern lauter solche
Gattungen enthalte, welche in der That un-

C 5   ter

ter sich den erwähnten Grad von Verwand=
schaft hätten. In der That müßten wir von
den Wirkungen der Vermischung der Vögel
und von dem, was dadurch hervorgebracht
wird, schon eine weit genauere Kenntniß be=
sitzen, als wir wirklich haben oder haben
können. Denn außer den natürlichen und zu=
fälligen Abänderungen, die nach dem bereits
Angeführten bei den Vögeln ungleich häufi=
ger, als bei den vierfüßigen Thieren, vorkom=
men, vereinigt sich mit dieser Schwierigkeit
noch eine andere Ursache, welche die Menge
der Gattungen zu vermehren scheint.

Die Vögel sind überhaupt hitziger, und
vermehren sich häufiger, als die vierfüßigen
Thiere. Sie paaren sich öfter, und vermi=
schen sich, sobald es ihnen an Weibchen von
ihrer Gattung fehlet, weit leichter, als die
vierfüßigen Thiere mit verwandten Gattun=
gen; bringen auch gemeiniglich statt un=
fruchtbarer Zwitterarten fruchtbare Bastarte
hervor. Erläuternde Beispiele findet man am
Stieglitz, am Zeisig und am grünen Hänf=
ling. Wenn ihre Bastarte sich mit einander
paaren, können durch sie wieder ähnliche
Vögel erzeugt werden, und folglich neue
Zwi=

Zwifchengattungen entstehen, welche demjeni=
gen zuweilen mehr, zuweilen auch weniger
gleichen, von welchen sie entsprossen sind.
Alles, was wir durch die Kunst bewerkstel=
ligen, kann die Natur ebenfalls, und hat
es schon viel tausendmal gethan. Es sind
also schon oft bald ungefähre, bald freiwilli=
ge Vermischungen unter den Thieren, beson=
ders unter den Vögeln geschehen, die gemei=
niglich in Ermangelung ihres Weibchens diese
Stelle durch den ersten Vogel, der ihnen
begegnet, ersetzen. Die Nothwendigkeit, sich
zu paaren, ist bei ihnen ein so dringendes
Bedürfniß, daß man die meisten, welche die=
sen Trieb unbefriedigt lassen müssen, entwe=
der krank werden, oder gar sterben siehet.
Gar oft wird man auf den Hühnerhöfen ge=
wahr, daß ein von seinen Hühnern getrenn=
ter Hahn sich eines andern Hahns, eines
Kapauns, eines Puters, oder einer Ente
statt seiner Hühner bedienet. Ein Fasan läßt
sich im Nothfall ein ordentlich Huhn belieben,
und in den Vogelbehältnissen sieht man oft
den Zeisig nach dem Stieglitz, den grünen
Hänfling nach dem Zeisig, oder den rothen
Hänfling nach dem gemeinen in der Absicht
fliegen, sich zu paaren. Und wer kann wohl
sagen, was in dichten Gehölzen für Liebes=
ver=

verständnisse dieser Art vorgehen? Wer ge=
trauet sich die Menge der unrechtmäßigen
Begünstigungen unter den Geschöpfen ver=
schiedener Gattungen zu bestimmen? Wer
wird sich wohl jemals anheischig machen, alle
ausgeartete Zweige von jedem Urstamm ab=
zusondern, die Zeit ihres ersten Ursprunges
anzugeben, oder mit einem Wort, alle Wir=
kungen der Kräfte, wodurch die Natur die
Vermehrung befördert, alle Zuflüchte des
Nothfalles und alle Vervielfältigungen zu be=
stimmen, welche daraus entstehen müssen,
und welche die Natur anzuwenden weiß, um
die Anzahl der Gattungen durch Ausfüllung
der Zwischenräume, wodurch sie von einan=
der entfernt zu seyn scheinen, hinlänglich zu
vermehren?

Beinahe wird unser Werk alles enthal=
ten, was man bis jetzt von den Vögeln
weiß, dem ungeachtet wird man leicht sehen,
daß wir es für weiter nichts als für einen
kurzen Inbegriff oder für einen Entwurf ei=
ner Vogelgeschichte ausgeben dürfen. In=
dessen hat man es für den ersten Entwurf
dieser Art zu halten, weil die alten sowohl
als die neuen Werke, denen man den Titel
ei=

einer Geschichte der Vögel beigelegt, faſt
gar nichts Hiſtoriſches in ſich faſſen. Unſere
Geſchichte mag ſo viel unvollkommner heißen,
als möglich, ſo wird ſie doch der Nachwelt
behilflich ſeyn können, eine vollſtändigere und
beſſere Geſchichte daraus zu machen. Ich
ſage mit Fleiß: der Nachwelt; denn ich ſehe
deutlich voraus, daß noch eine lange Reihe
von Jahren verſtreichen wird, ehe wir hoffen dürfen, von den Vögeln eben ſo deutliche Kenntniſſe zu erhalten, als wir bereits
von den vierfüßigen Thieren haben.

Das einzige Mittel, die hiſtoriſche Kenntniß von den Vögeln zu erweitern, wäre dieſes, von den Vögeln jedes Landes eine beſondere Geſchichte zu entwerfen, nach dieſer
aber erſtlich in der Folge die Geſchichte der
Vögel einer einzeln Provinz, hernach einer
angrenzenden Provinz, und endlich eines
entlegenen Landes zu liefern, alsdann alle
dieſe beſondere Geſchichten mit einander zu
vereinigen, und aus denſelben eine Geſchichte
aller Vögel eines gewiſſen Himmelsſtriches
zu verfertigen. Hierauf müßte man in allen
Ländern, in allen unterſchiedenen Himmels-
ſtrichen auf gleiche Weiſe verfahren, dieſe
be-

besondere Geschichten mit einander vergleichen, und sie hernach so zusammenschmelzen, daß endlich eus den Begebenheiten und Vorfällen aller dieser einzelnen Theile ein vollständiges Ganzes gebildet würde. Wer sieht aber nicht sogleich ein, daß dieser Wunsch sich auf die Arbeit und Beobachtungen viel künftiger Jahre gründet? Wann dürfen wir hoffen, Beobachter zu finden, die uns zuverläßigen Bericht abstatten, was mit unsern Schwalben in Senegal, und mit unsern Wachteln in der Barbarei vorgehet? Von wem sollen wir den Unterricht von der Lebensart der Vögel in China und in Monomotapa erwarten 13)? Und, wenn ich es noch einmal wie=

13) Wenn große Monarchen so fortfahren, wie es bisher von einigen geschehen, gründliche Naturforscher in die entlegensten Gegenden der Welt auszuschicken, um die unerschöpfliche Natur gleichsam auf allen ihren Schritten auszuspähen, und immer mehrere von ihren Geheimnissen zu entdecken; wenn zu dieser Absicht allemal, wie es in Rußland geschehen, so gelehrte Freunde der Natur, als der berühmte Hr. Prof. Pallas, die Hrn. Doktoren von Guldenstädt, Gmelin, Hr. Georgi, Lepechin rc. aufgesuchet, oder, wenn Männer von so ausgebreiteten Kenntnissen, so vieler Aufmerksamkeit und Eifer, als ein Forster, Solander u. s. w. Reisen um die ganze Welt zu

wiederholen darf, würde die Sache wohl von der großen Wichtigkeit und von so herr=lichem Nutzen seyn, daß es die Mühe belohn=te, wenn viel geschickte Männer sich darüber beunruhigen, oder besonders mit solchen Un=tersuchungen beschäftigen wollten?

Was wir in diesem Werke liefern, ist schon hinreichend, auf eine lange Zeit statt eines Grundes und einer guten Anlage zu dienen, worauf man alle durch die Länge der Zeit entdeckte neue Begebenheiten bauen kann. Wenn man in Erlernung und Verbesserung der Naturgeschichte fortfährt, so müssen un=streitig immer mehr Begebenheiten bekannt, und unsere Kenntnisse immer ausgebreiteter werden. Unser historischer Entwurf, wovon wir gleichsam nur den ersten Umriß liefern konn=

zu thun ermuntert werden, wie es jetzt von Seiten des H. n. Prof Forster in London wirklich schon zum zweitenmal geschieht; so bin ich der Meinung, daß man in wenigen Jahren wohl nicht mehr so fruchtlos nach der Lebensart und nach den Begebenheiten wan=dernder Vögel und anderer seltsamer Geschöpfe fragen wird.

M.

konnten, wird sich allmählig stärker ausfül=
len, und immer neuen Zuwachs erhalten.
Das ist alles, was wir von den Früchten
unserer Arbeit hoffen dürfen, wenn wir uns
nicht auch hierin vielleicht schon zu viel bei ei=
nem Werke schmeicheln, bei dessen Werthe
wir uns schon allzu lange verweilet zu ha=
ben scheinen.

von Buffon.

—————————

Naturgeschichte
der
Vögel.

Naturgeschichte
der Vögel.

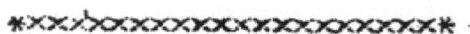

Abhandlung
von der Natur der Vögel.

Das Wort Natur wird in unserer und
in den meisten sowohl alten als neuern
Sprachen in zweierlei unterschiedenen Be-
deutungen genommen. Entweder bedienet
man sich desselben in einem allgemeinen und
wirksamen Sinn, und gedenkt sich alsdann,
wenn man schlechtweg von der Natur spricht,
ein gewisses idealisches Wesen unter derselben, welchem, als einer Ursach, alle die

D 2   un

unveränderlich erfolgende Wirkungen, alle
natürliche Vorfälle und Erscheinungen im
ganzen Reiche der Schöpfung beigemessen zu
werden pflegen. Oder man nennet auch wohl
dies Wort in einem besondern und leiden=
den Verstande. Wenn man alsdann von
der Natur des Menschen, der Thiere, der
Vögel u. s. f. redet, so begreift eben dieses
Wort in seinem völligen Umfange die ganze
Summe von Eigenschaften in sich, womit die
Natur, im ersten Verstande genommen, den
Menschen, die Thiere, die Vögel u. s. w.
ausgerüstet hat. Indem also die wirksame
Natur die Wesen hervorbringet, präget sie
denselben zugleich einen besondern Charakter
ein, der ihre leidende und eigenthümliche Na=
tur ausmachet, von welcher sich ursprüng=
lich alles herleiten läßt, was wir Naturel,
Instinkt, natürliche Fähigkeiten und Gewohn=
heiten zu nennen pflegen. Von der Natur
des Menschen und der vierfüßigen Thiere
haben wir schon das Nöthigste gesagt. Uiber
die Natur der Vögel haben wir aber noch
viele viele besondere Betrachtungen anzustel=
len. Ob sie uns schon gewissermaßen weni=
ger als die Natur der vierfüßigen Thiere be=
kannt ist, wollen wir uns dennoch eifrigst
bemühen, ihre vorzüglichsten Eigenschaften
in einem Bilde zu versammlen, welches uns
die=

dieselben im wahresten Licht oder mit allen
den charakteristischen und allgemeinen Zügen
darstellen soll, aus welchen sie eigentlich be=
stehet.

Das Vermögen zu empfinden, der In=
stinkt oder die natürlichen Triebe, welche
von diesem Vermögen abhängen, das Natu=
rel, welches in der zur Gewohnheit gewor=
denen Ausübung eines durch die Empfindung
geleiteten, oder gar durch sie hervorgebrach=
ten Instinktes besteht, sind bei den mancher=
lei Wesen weit von einander unterschieden,
weil alle diese innern Eigenschaften überhaupt
vom organischen Bau, besonders aber von
der Beschaffenheit der Sinnen abhängen, und
sich nicht allein auf die verschiedenen Grade
ihrer Vollkommenheit, sondern zugleich auf
die Ordnung der Vorzüge beziehen, welche
die Sinne durch diese verschiedenen Grade
der Vollkommenheit oder Unvollkommenheit
erhalten.

Die Menschen, bei welchen lauter Beur=
theilungskraft und Vernunft herrschen sollte,
haben wir ein weit vollkommneres Gefühl,
als bei den Thieren wahrnehmen, wo
das Empfindungsvermögen der Beurtheilungs=
kraft weit überlegen ist. Dagegen bemerket

D 3   man

man aber an Thieren einen weit vollkomm-
nern Geruch, als an den Menschen, weil
der Sinn des Gefühls, besonders den Kenntnissen, der Geruch aber vorzüglich den Empfindungen zu statten kömmt; weil aber nur
wenig Personen den Unterschied genau kennen, der sich zwischen Begriffen und sinnli-
chen Empfindungen, zwischen Erkenntniß und
innerm Gefühl, imgleichen zwischen Vernunft
und natürlichen Trieben findet, so wollen
wir nichts von dem erwähnen, was wir Vernunftschlüsse, Unterscheidungsvermögen und
Beurtheilungskraft nennen, und uns lediglich
auf eine Vergleichung der Wirkungen des innern Gefühles einschränken, um die Ursachen
der Verschiedenheit des Instinkts zu entdecken, welcher zwar bei der unzählbaren Menge damit ausgerüsteter Thiergattungen sich
in einer unbeschreiblichen Mannigfaltigkeit äus-
sert, aber doch viel zuverläßiger, einförmi-
ger und regelmäßiger, zugleich auch nicht so
eigensinnig und unbestimmt, nicht so sehr dem
Irrthum unterworfen zu seyn scheinet, als
die Vernunft bei der einzigen Gattung von
Geschöpfen, welche sie zu besitzen glaubt 14).

Wenn

Wenn wir eine Vergleichung zwischen den Sinnen, als den ersten und kräftigsten Trieb= federn des Instinkts, bei allen Thieren an= stellen, so müssen wir alsbald gewahr wer= den, daß die Vögel, überhaupt betrachtet, viel weiter, schärfer, deutlicher und genauer sehen können, als die vierfüßigen Thiere. Ich sage mit Fleiß: überhaupt betrachtet; weil es das Ansehen hat, als müßte man hier diejenigen Vögel ausnehmen, welche, gleich den Eulen, ein viel schlechteres Gesich= te haben, als die vierfüßigen Thiere. Al= lein das ist eine besondere Wirkung, die auch deswegen besonders in Erwägung gezo= gen zu werden verdienet, weil diese Vögel, ob sie gleich am Tage wenig sehen, des Nachts ein desto schärferes Gesicht verrathen.

D 4

Der

zugleich unsere Verwunderung an den Tag zu legen, daß er um des bekannten Mißbrauches willen, den einige Menschen mit ihrer Ver= nunft machen, oder um ihrer verabsäumten Ausbildung willen, die oft in überwindlichen Hindernissen gegründet ist, gleichsam dem gan= zen Geschlechte der Menschen den Besitz eines Schatzes streitig zu machen scheinet, worauf unser ganzer Vorzug beruhet. Wäre Herr von Buffon sich nicht selbst mehr Gerechtigkeit haben wiederfahren lassen, wenn er ihm beliebt hätte, der Allgemeinheit dieses Ausdruckes ei= ne billige Einschränkung zu geben?

M.

Der Grund, warum sie bei hellem Lichte nicht
gut sehen können, liegt blos in der allzu=
großen Empfindlichkeit ihrer Augen. Hier=
durch erhält unser Satz noch mehr Bestäti=
gung. Muß nicht die Vollkommenheit eines
jeden Sinnes vornämlich nach dem Grade
seiner Empfindlichkeit beurtheilet werden?
Die größere Vollkommenheit der Augen bei
den Vögeln ist auch schon daraus zu erwei=
sen, daß die Natur den meisten Fleiß dar=
auf gewendet zu haben scheinet. Es ist be=
kannt, daß die Augen der Vögel zwo Häute
mehr, als ein menschliches Auge, haben,
eine äußerliche 15) und eine innere. Die
erste oder die äußerste der Augenhäute be=
findet sich in dem großen Augenwinkel, und
stellet ein zweites durchsichtigeres Augenlied,
als das obere vor, dessen Bewegung eben
sowohl von der Willkühr der Vögel abhän=
get, als die Bewegung des obern, und ih=
nen theils zu einer Glättung und Reinigung
der Hornhaut, zugleich aber auch zu einer
Mäßigung des zu häufig eindringenden Lich=
tes,

15) Eben dieses zweite oder innere Augenlied ist
auch bei vielen vierfüßigen Thieren anzutref=
fen, nur daß es bei den meisten lange nicht
so beweglich, als bei den Vögeln, ist.

Anm. d. Ü.

tes, und folglich zu einer nöthigen Schonung
der großen Empfindlichkeit ihrer Augen die=
net. Die zweite Haut 16) entdecket man im

D 5   in=

16) In den Augen eines gewissen indianischen
   Hahnes lag der Sehenerb stark nach der einen
   Seite hin. Nachdem er das harte und netz=
   förmige Augenhäutlein (Membrane sclérotique
   & la choroide) durchdrungen, und sich wei=
   ter ausgebreitet hatte, sahe man, wie er ei=
   nen runden Körper bildete, aus dessen Umfang
   eine Menge schwarzer Fädchen hervortraten,
   welche durch ihre Vereinigung eine Haut aus=
   machten, die wir bei allen Vögeln angetroffen
   haben. In den Augen des Straußes verbrei=
   tet sich der Sehenerb gleichfalls weiter, und
   bildet, sobald er die erwähnten beiden Häute
   durchbohret hat, eine Art von Trichter, bei=
   nahe von eben der Substanz, wie er selbst.
   Gewöhnlichermaßen ist dieser Trichter nicht
   rund bei den Vögeln, wo wir das Ende von
   dem Sehenerven im Auge fast allemal etwas zu=
   sammengedrückt und platt gefunden haben.
   Aus diesem Trichter kam eine gefaltete Haut
   herbor, die sich gleichsam in einen zugespitz=
   ten Beutel umbildete. Dieser Beutel, der un=
   ten beim Ausgange des Sehenerven sechs Linien
   breit war, und oben spitzig zulief, sahe zwar
   schwarz, aber doch anders aus, als das schwärz=
   liche Netzhäutchen, welches gleichsam nur mit
   einer aufgelösten Farbe, die sich an den Fin=
   gern anhängt, überstrichen zu seyn scheinet.
   Allein diese Haut war von ihrer Farbe ganz
   durchdrungen, und mit einer dichten Oberflä=
   che versehen. S. Mémoires pour servir à
   l'Hist. des animaux. p. 175. u. 303.
                               Anm. d. V.

innern Augengrunde. Sie scheinet aus den
Zweigen des ausgebreiteten Sehenerven zu
entstehen, welche, indem sie viel unmittelba-
rer durch die eindringende Lichtstralen berühret wird, eben deswegen auch weit leichter
zu erschüttern, und folglich weit empfindlicher, als an andern Thieren seyn muß.
Eben aus dieser großen Empfindlichkeit entstehet auch bei den Vögeln das vollkommnere
und viel weiter tragende Gesicht. Ein Sperber wird eine Lerche, wenn er aus der Luft
herabsiehet, wenigstens in einer zwanzigmal
größeren Entfernung auf einem Klump Erde
gewahr, als ein Mensch oder ein Hund sie
bemerken würde. Ein Geier, der sich zu
einer so beträchtlichen Höhe zu schwingen
pfleget, daß wir ihn gänzlich aus dem Gesichte verlieren, übersiehet von dieser Höhe
die kleinen Eidechsen, Erdmäuse, Vögel u. s. w.
ohne Hinderniß, und wählet sich den Raub,
auf welchen er stossen will. Mit dieser auß-
serordentlichen Schärfe des Gesichts ist auch
zuglich eine nicht geringere Deutlichkeit und
Genauigkeit verbunden. Weil die Werkzeuge
dieses geschärften Sinnes eben so nachgebend
als empfindlich sind, so können die Augen
der Vögel ohne Mühe bald aufgetrieben,
bald wieder platt gemacht, bedecket, und
wieder geöfnet, zusammengezogen und er-
wei-

weitert werden, folglich abwechselnd, und
in der Geschwindigkeit alle Formen anneh=
men, welche nothwendig sind, in allen Gra=
den des Lichts und in allen möglichen Ab=
ständen oder Entfernungen die Gegenstände
vollkommen zu erkennen.

Weil überdies das Gesicht nur allein den
Sinn ausmachet, welcher in uns die Begriffe
von der Bewegung hervorbringet, und uns
in den Stand setzet, alle zurückgelegte Räu=
me mit einander unmittelbar zu vergleichen,
die Vögel aber unter allen Thieren zu den
schnellesten Bewegungen geschickt und bestimmt
sind; so darf man sich gar nicht wundern,
daß ihnen auch alle Vorzüge desjenigen Sin=
nes ertheilt worden, der zur mehreren Voll=
kommenheit und Sicherheit ihrer Bewegun=
gen unentbehrlich war. Sie können in sehr
kurzer Zeit einen großen Raum durchstrei=
chen, und mußten also nothwendig die Aus=
dehnung und Grenzen desselben deutlich über=
sehen können. Wenn die Natur bei der Schnel=
ligkeit ihres Fluges die Vögel mit einem
kurzen Gesicht hätte begaben wollen, so wür=
de sie widersprechende Eigenschaften in diesem
Fall mit einander vereinigt haben. Kein Vo=
gel würde so beherzt gewesen seyn, von sei=
ner Flüchtigkeit Gebrauch zu machen, oder

einen schnellen Flug zu wagen. Aus Furcht, allenthalben anzustossen, oder unerwarteten Hinderinissen zu begegnen, hätten. sie alle Bewegungen auf ein gemäßigtes Hüpfen einschränken müssen. Die Geschwindigkeit, mit welcher ein Vogel die Lüfte durchstreicht, ist schon allein vermögend, uns einen Maßstab zu geben, wornach wir, wenigstens beziehungsweise, die Ferne seines Gesichtspunktes berechnen können. Ein recht schnell und gerade fliegender Vogel sieht unstreitig viel weiter, als ein anderer von gleicher Form, welcher aber einen langsamern und schregern Flug hat. Wenn es der Natur jemals beliebt haben sollte, kurzsichtige Vögel mit schnellem Flug hervorzubringen, so würden diese Gattungen zuverläßig durch den offenbaren Widerspruch dieser Eigenschaften haben umkommen müssen, deren eine nicht allein die Ausübung der andern verhindert, sondern auch ein so'ches Geschöpf unzähligen Gefahren bloßstellt. Hieraus läßt sich schließen, daß die Vögel, welche den kürzesten und langsamsten Flug haben, zugleich mit den kurzsichtigsten Augen begabet sind. Man kann eben diese Bemerkung sogar an den vierfüßigen Thieren machen. Die sogenannten Faulthiere (Ai. Paresseux) welche sich mit außerordentlicher Langsamkeit bewegen, haben

durch=

durchgängig bedeckte Augen und ein schwa-
ches Gesicht.

Der Begriff der Bewegung und alle damit
verbundene oder aus demselben abstammende
Begriffe, z. B. von den relativischen Ge-
schwindigkeiten, von der Größe der Räume,
von dem Verhältniß der Höhen, von den
Tiefen und Unebenheiten der Flächen sind also
bei den Vögeln weit klärer, und müssen in
ihren Köpfen einen viel größern Platz einneh-
men, als bei den vierfüßigen Thieren. Es
scheint sogar, als habe die Natur diese Wahrheit uns durch das Verhältniß andeuten wollen, das zwischen der Größe des Auges und
des Kopfes beobachtet worden. Denn in
der That sind bei den Vögeln die Augen
verhältnißmäßig viel größer 17), als bei den
Men-

17) Der Augapfel eines weiblichen Adlers betrug im Durchmesser seiner größten Breite
1 1/2 Zoll, bei dem männlichen Adler drei
Linien weniger. S. ebendas. II. Th. p. 257.
Der Augapfel des Ibis hatte sechs Linien im
Durchmesser; beim Storch ward er viermal
größer befunden. Ebend. III. Th. S. 484.
Beim Kasuar hatte man wahrgenommen, daß
der Augapfel in Vergleichung mit der Hornhaut sehr groß war, weil der Durchmesser
des ersten 1 1/2 Zoll, der letztere aber nur drei
Linien betrug. Ebend. II. Th. S. 313.
                                   A. d. V.

Menschen und vierfüßigen Thieren, weil sie
zwo Häute mehr haben, folglich auch weit
empfindlicher, auch viel organisirter. Eben
dieser schärfere, deutlichere und lebhaftere
Sinn des Gesichts, worin die Vögel den
vierfüßigen Thieren weit überlegen sind, muß
auch einen verhältnißmäßigen Einfluß auf das
innere Werkzeug der Empfindung haben,
folglich muß auch der Instinkt schon aus diesem Grunde sich bei den Vögeln anders, als
bei den vierfüßigen Thieren, äußern.

Eine zweite Ursache, welche den Unterschied beim Instinkt der Vögel und vierfüßigen Thiere noch mehr bestätigt, ist unstreitig das Element, welches die ersten bewohnen, und, ohne die Erde zu berühren, in
kurzer Zeit durchstreichen können. Ein Vogel kennet vielleicht besser, als der Mensch,
alle Grade des Widerstandes der Luft, ihrer
Beschaffenheit in unterschiedenen Höhen, ihrer verhältnißmäßigen Schwere u. s. w. Die
Veränderungen und Abwechslungen, welche
sich in diesem beweglichen Elemente zutragen,
sieht er viel richtiger voraus, als wir, und
würde sie uns zuverläßiger, als unser Ba-
rometer und Thermometer oder Luftmesser
anzeigen können. Viele tausendmal hat er
versucht, was er mit seinen Kräften gegen
die

63

die Kräfte des Windes ausrichten kann, und
noch öfter hat er sich der Hilfe des Windes
bedienet, um seinen Flug schneller und weiter
fortſetzen zu können. Weil der Adler ver=
mögend iſt, ſich über die Wolken zu erhe=
ben 18), ſo kann er ſich plötzlich auß dem
größten Sturm in die ruhigſte Stille bege=
ben; er kann zu eben der Zeit eines heitern
Himmels und eines reinen Lichtes genießen.
wann die andern Thiere unter finſtern Ge=
wölken vom Ungewitter herumgetrieben wer=
den.

18) Es iſt leicht erweiſlich, daß der Adler und
andere hochfliegende Vögel ſich ſogar von der
niedrigſten Ebene bis über die Wolken empor=
ſchwingen, ohne vorher auf den Gebirgen zu
ruhen, oder ſich derſelben als einer Leiter zu
bedienen; denn ſie ſteigen ja vor unſern Au=
gen oftmals zu einer Höhe, wohin unſer Blick
ihnen nicht zu folgen vermag. Nun weiß man
aber, daß ein durch des Tages Licht erleuch=
teter Gegenſtand vor unſern Augen ehe nicht
verſchwindet, bis er ſich wenigſtens dreitau=
ſend, vierhundert nnd ſechs und dreißigmal ſo
weit von uns entfernet hat, als der ganze
Durchmeſſer deſſelben groß iſt. Wenn man
alſo annehmen wollte, der Durchmeſſer der
ausgebreiteten Flügel eines ſenkrecht über uns
ſchwebenden Vogels wäre 5 Fuß, ſo kann er
ſich unſerm Blick ehe nicht entziehen, als in
einer Höhe von 17180 Fuß, oder von 2863
Ruthen, die alſo weit über die Wolken, be=
ſonders über diejenigen reichet, welche die Un=
gewitter hervorbringen.
A. d. U.

ben. Binnen 24 Stunden ist er vermögend,
sich in einen andern Himmelsstrich zu verse-
tzen, und sich, indem er über mancherlei
Gegenden schwebet, von diesen ein Gemälde
vorzustellen, wovon der Mensch keinen Begriff haben kann. Unsere weitläuftigen und
mit so viel Schwierigkeit gemachten Entwürfe
dieser Art verschaffen uns noch immer sehr
unvollkommene Begriffe von der Unebenheit
der Flächen, welche sie uns vorstellen. Ein
Vogel, der es in seiner Gewalt hat, sich
in die richtigsten Gesichtspunkte zu stellen,
und sie alle nach einander schnell und nach
allen möglichen Richtungen zu versuchen, übersiehet mit einem Blicke mehr, als wir durch
alle Vernunftschlüsse davon begreifen können,
wenn wir auch dabei alle Vergleichungen unserer Kunst zu Hilfe nehmen. Ein vierfüßiges Thier, welches gleichsam bloß auf den
Erdklumpen eingeschränkt ist, worauf es zur
Welt kam, ist weiter mit nichts als mit
seinem vaterländischen Thal, mit seinem Berg
oder mit seiner Ebene bekannt. Es hat keinen Begriff von den Flächen im Ganzen,
keine Vorstellung von großen Entfernungen,
kein Verlangen, sie zu durchirren; daher
pflegen auch die großen Reisen und Wanderschaften unter den vierfüßigen Thieren eben
so ungewöhnlich, als bei den Vögeln gemein

zu seyn. Dieses Verlangen, welches bei den Vögeln sich auf die Kenntniß der entfernten Oerter, auf das von ihnen empfundene Vermögen, sich in kurzer Zeit dahin begeben zu können, auf die vorgefaßten Begriffe von den Veränderungen des Dunstkreises und von der Wiederkehr der Jahreszeiten gründet, reizet sie allemal zu einer gemeinschaftlichen Wanderung. Sobald es ihnen anfängt, an Lebensmitteln zu fehlen, sobald ihnen Frost oder Hitze beschwerlich fallen, sind sie auf ihren Rückzug bedacht. Sie scheinen sich alsdann einmüthig zu versammlen, um ihre Jungen mit sich zu nehmen, und ihnen eben das Verlangen, das Klima zu verändern, durch ihr Beispiel eigen zu machen, weil es in ihnen bis jetzt noch durch keine Vorstellung, durch keine vorhergegangene Kenntniß oder Erfahrung entstanden seyn konnte. Die Väter und Mütter versammlen ihre Familie, um ihnen auf dem Zuge statt Wegweisern zu dienen; hernach vereinigen sich alle Familien mit einander, theils weil die Anführer derselben alle von einerlei Verlangen belebt werden, theils auch, damit sie durch Verstärkung ihrer Gesellschaft stark genug seyn möchten, ihren Feinden zu widerstehen.

Dieses Verlangen, den Himmelsstrich zu
verändern, welches gemeiniglich zweimal des
Jahres, im Herbste nämlich und im Früh=
jahr, in ihnen erwachet, wird bei ihnen zu
einem so dringenden Bedürfniß, daß es auch
bei den eingesperrten Vögeln durch die leb=
haftesten Unruhen sichtbar wird. Wenn wir
an die Geschichte der Wachtel kommen, wol=
len wir einige Bemerkungen ausführlich er=
zählen, woraus man sehen kann, daß eben
dieses Verlangen einer der stärksten Triebe
des Instinkts bei den Vögeln sey, daß ein
Vogel in den erwähnten Jahreszeiten kein
Mittel unversucht läßt, wodurch er sich in
Freiheit zu setzen denket, und daß ihm die
Bestrebungen, die er anwendet, um aus der
Gefangenschaft sich zu befreien, oftmals das
Leben kosten, ob er sie gleich zu allen andern
Zeiten ruhig und gelassen zu ertragen, auch
wohl gar seinen Kerker zu lieben scheint; be=
sonders wenn er zur Zeit seines auflebenden
Paarungstriebes mit seinem Weibchen einge=
sperret ist.

Wenn die Wanderungszeit herannahet,
sieht man, wie die freien Zugvögel nicht al=
lein in Familien sich versammlen, und in
großen Truppen vereinigen, sondern auch sich
in einem langen Flug und großen Zügen
üben,

üben, um sich dadurch zu ihrer größten Rei=
se geschickt zu machen.   Doch bemerkt man
auch nach dem Unterschiede der Gattungen
einige Veränderungen in den Umständen die=
ser Wanderungen.   Nicht alle Zugvögel ver=
einigen sich in Truppen.   Einige treten ihre
Reise ganz allein, andere mit ihren Weib=
chen und ganzen Familie, noch andere in
kleinen abgesonderten Haufen an, u. s. w.
Ehe wir uns aber hierüber in die erforder=
liche Weitläuftigkeit einlassen, (welches in ei=
ner andern Abhandlung geschehen soll) müs=
sen wir erst in der Untersuchung der Ursa=
chen weiter gehen, welche den Instinkt aus=
machen, und in die Natur der Vögel einen
wesentlichen Einfluß haben.

Der Mensch, der weit über alle organi=
sirte Wesen erhaben ist, hat ein vollkomm=
neres Gefühl und vielleicht auch einen voll=
kommnern Geschmack, als irgend ein ande=
res Thier; hingegen sind ihm in Ansehung
der übrigen drei Sinne die meisten Thiere
sehr überlegen.   Vergleicht man blos die Thie=
re selbst unter einander, so scheinen die mei=
sten vierfüßigen Thiere mit einem ungleich
lebhaftern und ausgebreitetern Sinne des Ge=
ruchs, als die Vögel begabet zu seyn.   Was
man auch immer vom scharfen Geruch des

Ra=

Rabens, des Geiers u. f. f. erzählen mag,
so ist er doch lange nicht so fein, als der
Geruch des Hundes, Fuchses u. s. w. Die
Bildung des hiezu bestimmten Werkzeuges
läßt uns dieses schon genugsam erkennen;
denn es giebt eine große Menge Vögel, die
keine Nasenlöcher oder keine offene Gänge
auf dem Schnabel haben, und folglich die
riechbaren Theilchen anders nicht, als durch
die Ritze, an sich ziehen können, welche sich
in ihrem Schnabel befinden. Bei den wenigen, die oben auf ihrem Schnabel mit offenen Gängen versehen sind 19), findet man
die Geruchsnerven verhältnißmäßig sparsamer,
und nicht so weit ausgebreitet, als bei den
vierfüßigen Thieren. Bei den Vögeln bringt
auch der Geruch nur einige ganz einzelne
und fast ganz unbeträchtliche Wirkungen her=
vor,

---

19) Auf dem obern Theile des Schnabels finden
sich mehrentheils zwo kleine Oefnungen, welche bei den Vögeln die Nasenlöcher vorstellen.
Zuweilen aber ist von diesen äußern Oefnungen gar keine Spur zu entdecken. In diesem
Fall können die riechbaren Theilchen blos durch
die Spalte im Innern des Schnabels zum
Sinne des Geruchs gelangen, wie bei einigen
Pelikanen, den Seeraben, der Kropfgans re.
(Paletres, Cormorans, onocrotal.) Um großen Geier findet man, in Verhältniß mit seiner Größe, nur ganz kleine Geruchsnerven.
S. Hift. de l'Acad. des Sc. Tom. I. p. 430.

vor, da hingegen eben dieser Sinn bei den
Hunden und vielen andern vierfüßigen Thie=
ren die Haupturſache und Quelle ihrer mei=
ſten Entſchließungen und Bewegungen zu ſeyn
ſcheinet. Auf ſolche Weiſe muß das Gefühl
bei den Menſchen, der Geruch bei den vier=
füfigen Thieren, und das Geſicht bei den
Vögeln den vorzüglichſten oder denjenigen
Sinn ausmachen, welcher bei dieſen unter=
ſchiedenen Weſen, als der vollkommenſte
Sinn, die herrſchendſten Empfindungen er=
wecket.

Nach dem Geſichte ſcheinet mir bei den
Vögeln das Gehör in Anſehung der Voll=
kommenheit unter den Sinnen den zweiten
Rang zu behaupten. Das Gehör iſt hier
nicht allein vollkommner, als der Geruch,
der Geſchmack und das Gefühl der Vögel,
ſondern ſogar vollkommner, als das Gehör
der vierfüßigen Thiere. Man ſieht es an
der Leichtigkeit, mit welcher die meiſten
Vögel gewiſſe Töne, ganze Reihen von Tö=
nen, ſogar einzelne Wörter behalten und
wiederholen. Man wird es auch an dem
Vergnügen gewahr, das ihnen ihr beſtän=
diger Geſang und unaufhörliches Zwitſchern,
beſonders zu der Zeit verurſachet, in welcher
ſie am glücklichſten ſind, oder in welche ſie

E 2   von

von dem Paarungstriebe belebt werden. Die
organiſchen Werkzeuge der Ohren ſowohl als
der Stimme ſind bei ihnen viel beweglicher
und kräftiger, ſie bedienen ſich derſelben auch
weit öfter, als die vierfüßigen Thiere. Der
größte Theil der letzten läßt ſeine Stimme
nur ſelten hören, die auch faſt allemal rauh
und widerlich klinget. In der Stimme der
Vögel herrſchet Wohlklang, Anmuth und
Geſang. Zwar giebt es einzelne Gattungen,
deren Stimme wirklich unerträglich iſt, beſonders, wenn ſie mit andern Vogelgeſän-
gen verglichen wird; allein es giebt auch nur
ſehr wenige dergleichen Gattungen; außerdem
ſind es gerade diejenigen großen Vögel, welche die Natur, wie die vierfüßigen Thiere,
behandelt zu haben ſcheint, indem ſie dieſel-
ben ſtatt einer ſangbaren Stimme blos mit
einem oder mehrern Arten von Geſchrei be-
ſchenket, welches uns deſto heiſerer, durch-
dringender und ſtärker vorkömmt, je weniger es mit der Größe des Thiers in einem
Verhältniß ſtehet. Ein Pfau, welcher kaum
den hundertſten Theil eines Ochſen ausmachet, kann doch viel weiter als der letzte
gehöret werden. Eine Nachtigal bringet mit
ihren Tönen durch einen eben ſo weiten Raum,
als die ſtärkeſte Menſchenſtimme. Dieſe
Stärke der Stimme, vermöge welcher ſie einen

nen so weiten Raum durchtönen, ist ganz
allein das Werk ihrer Bildung. Die Dauer
ihres Gesanges aber und ihres Stillschwei=
gens ist blos eine Wirkung ihrer innern
Triebe. Beide Umstände müssen, jeder be=
sonders, in Erwägung gezogen werden.

Der Vogel hat viel fleischigere und stär=
kere Brustmuskeln, als der Mensch und ir=
gend ein anderes Thier, daher kann er auch
seine Flügel weit hurtiger und stärker bewe=
gen, als der Mensch seine Arme. Je grös=
ser zugleich die Bewegungskräfte der Flügel,
und je größer ihre Ausdehnung ist, desto
leichter ist auch die ganze Masse, woraus sie
bestehen, wenn man die Größe und das
Gewicht vom Körper eines Vogels damit in
Vergleichung bringet. Kleine hole dünne
Knöchelchen, wenig Fleisch, dichte Sehnen
und Federn, die nicht selten zwei, drei oder
viermal so lang sind, als der Durchmesser
des ganzen Körpers, bilden den Flügel ei=
nes Vogels, welcher, um sich in die Höhe
zu schwingen, weiter nichts als den Wider=
stand der Luft, und um den Körper im
Schweben zu erhalten, blos einige Bewe=
gung nöthig hat. Die größere oder gerin=
gere Leichtigkeit im Fluge, die unterschiedenen
Grade seiner Schnelligkeit, sogar die Rich=

tung

tung deſſelben beim Auf= und Niederfliegen
hänget lediglich von dem ab, was durch die
Anlage dieſer Bildung möglich iſt. Alle Vö=
gel, deren Flügel und Schwanz länger ſind,
als der Körper, gehören unter diejenigen,
welche ſchnell und lange hintereinander flie=
gen können; diejenigen aber, welche, gleich
den Trappen, dem Kaſuar und Strauß,
bei einem ſchweren Körper, mit kurzen Flü=
geln und Schwänzen verſehen ſind, ſchwin=
gen ſich entweder ſehr mühſam empor, oder
können die Erde gar nicht verlaſſen.

Die Stärke der Muskeln, die ganze Bil=
dung der Flügel, die Anordnung der Federn
an denſelben, und die Leichtigkeit ihrer Kno=
chen machen eigentlich die natürlichen Urſa=
chen der Wirkung des Fluges aus, welcher
die Bruſt eines Vogels ſo wenig entkräften
kann, daß er vielmehr beim Fluge ſelbſt ſei=
ne Stimme oftmals in unaufhörlichen Geſän=
gen ertönen läßt. Das rühret eigentlich da=
her, weil bei den Vögeln die Bruſt mit al=
len dazu gehörigen und in derſelben verſchloſ=
ſenen Theilen inwendig und auswendig viel
ſtärker und weiter iſt, als bei andern Thie=
ren. Uiberdies findet man die äußere Bruſt=
muskeln an den Vögeln viel dicker, und ihre
Luftröhren viel größer und ſtärker. Gemei=
niglich

niglich endiget sich diese unterwärts in eine
weite Hölung, welche dem Ton der Stimme
mehr Kraft und Nachdruck giebt. Die Lun=
gen erscheinen bei den Vögeln größer und
ausgedehnter, als bei den vierfüßigen Thie=
ren. Man wird auch an denselben unter=
schiedene Anhänge gewahr, die kleine Beu=
tels oder Luftbehältnisse vorstellen, wodurch
nicht allein der Körper eines Vogels weit
leichter gemacht, sondern ihm auch zugleich
überflüßige Luft verschafft wird, seine Stim=
me beständig damit unterhalten zu können.
In der Geschichte der schwarzen Meerkatzen
mit braunen Füßen, die wir unter dem Na=
men Ouarine beschrieben, hat man gesehen,
daß ein ziemlich kleiner Unterschied, eine stär=
kere Ausdehnung der festen Theile in den zur
Stimme gehörigen Werkzeugen diesem Affen,
dessen Größe nicht beträchtlich ist, eine höchst
geschmeidige, leichte, durchdringende Stim=
me gegeben, die er fast beständig über eine
Meile weit ertönen lassen kann, obgleich sei=
ne Lungen, wie bei andern vierfüßigen Thie=
ren, gebildet sind. Muß nicht eben diese
Wirkung bei den Vögeln um so viel gewis=
ser und nachdrücklicher statt finden, da man
in der Bildung der Werkzeuge, welche die
Stimme hervorbringen, so große Zuberei=
tungen wahrnimmt, und alle Theile der Brust

so

so eingerichtet zu seyn scheinen, daß sie zu
Beförderung der Dauer und Stärke der Stimme das Ihrige beitragen müssen 20)?

Man

20) Bei den meisten Wasservögeln, die mit einer
sehr eindringenden Stimme begabet sind, bemerkt man in der Luftröhre einen Wieder-
schall, welcher daher entstehet, weil hier das
Gurgelblättchen unten an der Luftröhre, und
nicht, wie bei den Menschen, oben angebracht
ist. S. Coll. Acad. Part. Fr. Tom. I. p.
496. Mit dem Hahn ist es eben so beschaffen.
S. Hist. de l'Acad. Tom. II. p. 7. Bei
den Vögeln, besonders aber bei den Enten und
andern Wasservögeln, bestehen die Werkzeuge
der Stimme 1) in einer innern Kehle, an der
Stelle, wo sich die Luftröhre in zween Arme
theilet; 2) in zwei häutigen Zünglein, die
unten am Ursprung der beiden ersten Luftröh-
renäste mit einander in Gemeinschaft stehen;
3) in unterschiedenen halbmondförmigen übereinander liegenden Häutchen der fleischigten
Lungen, welche nur die Hälfte von ihren Hölungen erfüllen, und in der andern Hälfte der
Luft einen freien Durchzug lassen; 4) in gewissen andern auf mancherlei Art angebrach-
ten Häutchen, welche man theils in der Mitte,
theils unten in der Luftröhre wahrnimmt,
und 5) endlich in einer mehr oder weniger
dichten Haut, welche sich zwischen den beiden
Zweigen des Ziehbeins (Lunette) in die Queere
hinziehet, und sich in eine Hölung endigt,
die man allemal am obern und innern Theile
der Brust gewahr wird. S. Mem. de l'Acad.
des Sciences. Année 1753. p. 290.
A. d. V.

Man kann, wie mich dünket, aus unter=
schiedenen gegen einander gehaltenen Umstän=
den erweisen, daß die Stimme der Vögel
nicht allein in Beziehung auf die Größe ih=
res Körpers, sondern auch überhaupt ohne
Rücksicht auf die Größe stärker sey, als die
Stimme der vierfüßigen Thiere. Das Ge=
schrei unserer vierfüßigen Thiere, sowohl
zahmen als wilden Thiere, kann gemeiniglich
nicht über eine französische Viertelmeile Vier=
tel = oder Drittelmeile gehöret werden, ob es
gleich im dichtesten Theil des Dunstkreises,
welcher zur weiteren Fortpflanzung eines To=
nes am geschicktesten ist, ausgestoßen wird;
von den Vögeln muß man im Gegentheil be=
haupten, daß ihre Stimme, die aus den
hohen Lüften zu uns herabtönet, in einem
ungleich lockerern Dunstkreis erschallet, wo
viel mehr Kräfte dazu gehören, eben diese
Wirkung hervorzubringen. Die Versuche mit
der Luftpumpe haben gezeigt, wie ein Ton,
je dünner die Luft wird, immer destomehr
von seiner Stärke verlieret; und ich habe
durch eine, meines Erachtens, ganz neue
Beobachtung eingesehen, was der Unterschied
einer solchen Verdünnung in freier Luft für
einen starken Einfluß hat. Ich habe sehr
viele ganze Tage in den Wäldern zugebracht,
wo man sich oft von weitem zurufen und
auf=

aufmerkſam horchen muß, wenn man den
Schall der Hörner und die Stimmen der
Hunde oder Menſchen deutlich vernehmen
will. Ich habe dabei angemerket, daß man
zur Zeit der ſtrengſten Hitze des Tages, als
von 10 bis 4 Uhr, eben die Stimmen, eben
die Töne nur ganz in der Nähe verſtehet,
welche man des Morgens, des Abends,
und beſonders des Nachts in einer großen
Entfernung hören kann. Die gewöhnliche
Stille der Nacht iſt hier nicht mit in Betrachtung zu ziehen, weil in dieſen Wäldern, außer dem Geſchwirr einiger kriechenden Thiere, und dem Geſchrei einiger Nachtvögel, gar kein Geräuſch verſpüret wird.
Außerdem habe ich bemerket, wie man zu
allen Stunden, des Tages und der Nacht,
im Winter bei ſtarkem Froſt, in einer weit
größern Entfernung hören kann, als an den
angenehmſten Stunden jeder andern Jahreszeit. Jedermann kann ſich von der Zuverläßigkeit überzeugen, weil ſie blos die Vor-
ſicht vorausſetzet, ſtille und heitere Tage zu
wählen, damit nur der Wind nichts von den
angezeigten Verhältniſſen in der Fortpflanzung des Schalles verändern kann. Mir iſt
es oft ſo vorgekommen, als ob ich eben die
Stimme des Mittags kaum auf 600 Schritte
vernehmen könnte, die ich doch um 6 Uhr
des

des Morgens oder des Abends in einer
Entfernung von 12 bis 1500 Schritten hör=
te; ohne diesen großen Unterschied einer an=
dern Ursache, als der Verdünnung der Luft,
beimessen zu dürfen, die natürlicherweise des
Mittags weit stärker als des Morgens oder
des Abends ist. Insofern also dieser Grad
der Verdünnung schon auf der Fläche der
Erde, oder auf dem niedrigsten Boden,
und im dichtesten Dunstkreis einen so großen
Unterschied machet, daß man einem Schall
mehr als über die Hälfte, von einer ange=
nommenen Entfernung, näher kommen muß,
um ihn zu hören: so urtheile man hieraus,
wie viel ein Schall in den obern Gegenden
verlieren müsse, wo die Luft um so viel dün=
ner wird, je höher man kömmt, und wo
diese Verdünnung verhältnißmäßig weit be=
trächtlicher, als diejenige seyn muß, die bloß
von der Hitze des Tages entstehet! Die Vö=
gel, deren Gesang aus einer Höhe zu uns
herabkömmt, in welcher sie unser Blick oft
nicht erreichen kann, schweben alsdann in ei=
ner Höhe, welche das Maß ihres Durch=
messers dreitausend, vierhunder sechs und
dreißigmal übersteiget; denn in dieser Ent=
fernung höret erst das Auge des Menschen
auf, die Gegenstände zu erkennen.

Wir

Wir wollen daher einen Vogel annehmen,
der mit seinen ausgestreckten Flügeln einen
Durchmesser von vier Fuß ausmacht. Ein
solcher Vogel kann vor unsern Augen eher
nicht, als in einer Höhe von dreizehntau-
send, siebenhundert und vier und vierzig Fuß,
oder von mehr als zweitausend Ruthen verschwinden. Wollten wir nun einen Zug von
drei bis vierhundert großen Vögeln, als
Störchen, Gänsen, Enten 2c. voraussetzen,
deren Stimme wir zuweilen schon hören,
ehe wir den Trupp selbst erblicken können:
so wird man gern eingestehen, daß die Höhe,
worein sie sich erhoben, viel beträchtlicher
seyn müsse. Wenn demnach ein Vogel eine
Meile hoch in der Luft gehöret werden, und
einen vernehmlichen Ton in einer Entfernung
hervorbringen kann, welche seine Stärke nothwendig vermindern, und seine Fortpflanzung
mehr als um die Hälfte abkürzen muß, darf
man ihm dann wohl eine viermal stärkere
Stimme, als der Mensch und die vierfüßigen Thiere haben, streitig machen, da die
letztern auf der Erdfläche selbst kaum eine
halbe Meile weit gehöret werden können?
Vielleicht habe ich meine Rechnung ehe zu
klein als zu groß gemacht. Denn außer dem,
was bisher schon gesagt worden, läßt sich
noch eine andere Betrachtung anstellen, die
un=

unseren Folgerungen oder Schlüssen zu einer
Bestätigung dienen kann. Ein Schall näm=
lich, der mitten in der Luft ertönet, muß
bei seiner Fortpflanzung einen Kreis ausfül=
len, dessen Mittelpunkt der Vogel ist; auf
der Erde hingegen hat ein vorgebrachter Schall
nur einen halben Zirkel durchzulaufen, und
der Theil des Schalles, welcher von der Er=
de zurückprallet, ist noch demjenigen, wel=
cher sich nach der Höhe oder nach den Sei=
ten verbreitet, zu einer weitern Fortpflan=
zung behilflich. Daher sagt man, die Stim=
me steige aufwärts, und wenn zwo Perso=
nen, einer auf einem hohen Thurm, der
andere auf der Strasse mit einander sprechen
wollten, so muß der oberste viel stärker
schreien, als der unterste, wenn er eben so
gut verstanden seyn will.

Von den Annehmlichkeiten der Stimme,
und von der Anmuth des Gesanges der Vö=
gel merken wir noch an, daß beides an ih=
nen eine theils natürliche, theils angenom=
mene Eigenschaft sey. Weil es ihnen unge=
mein leicht wird, gewisse Töne zu behalten
und zu wiederholen, so entlehnen sie nicht
allein von einander selbst gewisse Töne, son=
dern pflegen auch öfters die Töne der mensch=
lichen Stimme und die musikalischen Instru=
mente

mente nachzuahmen. Ist es nicht sonderbar
genug, daß in allen bevölkerten und gesitte-
ten Ländern die meisten Vögel eine reizende
Stimme und einen lieblichen Gesang haben;
da man hingegen in der unermeßlichen Stre-
cke der afrikanischen und amerikanischen Wüsten, wo man lauter wilde Menschen angetroffen, weiter nichts, als schreiende Vögel
wahrnimmt, und kaum einige Gattungen anführen kann, die sich durch eine liebliche
Stimme und angenehmen Gesang empfehlen?
Soll man diesen Unterschied blos dem Einfluß des Himmelsstriches zuschreiben? Es ist
wahr, übermäßige Kälte und Hitze pflegen
auch in der Natur der Thiere wohl außerordentliche Eigenschaften hervorzubringen, und
ihren Einfluß oftmals durch harte Charaktere
und starke Farben zu beweisen. Alle vierfüßige Thiere mit bunten Häuten und einander, entgegengesetzten Farben, deren Zeichnungen sich entweder durch runde Flecken,
oder durch lange Banden, wie das Panther-
thier, der Leopard, der gestreifte wilde
Esel (Zebra), die Zibethkatzen ꝛc. unterscheiden, sind lauter Bewohner der heißesten
Himmelsstriche. Fast alle Vögel dieses Himmelsstriches stralen unsern Augen mit den lebhaftesten Farben entgegen; in den gemäßigten Ländern aber wird man schon viel schwä-

chere,

chere , mehr in einander laufende , sanftere
Farben gewahr. Unter dreihunder Gattung-
en von Vögeln, die wir aus unserm Himmelsstrich anführen könnten , ist uns außer
dem Pfau , dem Hahn , dem Waldemmer-
ling (Loriot) , dem Eisvogel, dem Stieglitz fast keine Gattung bekannt, welche sich
durch eine sonderliche Veränderung und Ab-
wechselung der Farben merkwürdig machte ;
da hingegen die Natur ihren Pinsel an den
Federn der amerikanischen , afrikanischen und
indianischen ganz erschöpft zu haben scheinet.
Inzwischen haben eben diese vierfüßige Thiere
bei der prächtigsten Kleidung , eben diese Vögel beim lebhaftesten Glanz ihrer bunten Federn eine harte unbiegsame Stimme, einen
rauhen und mißstimmenden Ton , ein unan-
genehmes , und oft ein schreckliches Geschrei.
Der Einfluß des Klima ist außer Zweifel die
Haupturfache dieser Wirkungen. Sollte man
aber nicht als eine Nebenursache den Einfluß
der Menschen hinzufügen dürfen? Bei allen
Thieren, welche man zahm zu machen oder
einzusperren pflegt, verschönern sich niemals
die natürlichen und ursprünglichen Farben;
alle Veränderungen, die bei denselben erfol-
gen, bestehen vielmehr darin, daß eben diese
Farben immer unansehnlicher , in einander
laufender und schwächer werden. An den vier-

füßigen Thieren hat man hiervon genugsame
Beispiele gesehen. Bei den zahmgemachten
Vögeln kann man eben dieses beobachten.
Die Hähne sowohl als die Tauben haben
weit mehrere Veränderungen der natürlichen
Farben erlitten, als die Hunde und Pferde.
Der Einfluß des Menschen auf die Natur ist
viel größer, als man sich einbildet. Man
sieht, wie er fast unmittelbar auf das Naturel, auf die Größe und auf die Farben
derjenigen Thiere, deren Vermehrung er befördert, und die er unter seinen Gehorsam
gebracht, erstrecket. Mittelbar und auf ent-
ferntere Art hat er einen Einfluß auf alle
übrige Thiere, welche zwar in Freiheit,
aber doch mit ihm unter einerlei Himmelsstrich leben. Durch den Menschen ist in jedem bewohnten Lande, zum größten Vortheil desselben, die Fläche des Erdbodens
ungemein verändert worden. Alle Thiere,
welche darauf leben, und ihren Unterhalt
suchen müssen, kurz: die sich unter eben diesem Himmelsstrich, auf eben dem Boden aufhalten, welchem der Mensch eine ganz ver-
änderte Beschaffenheit gegeben, haben ebenfalls Veränderungen leiden, und sich nach
den Umständen bequemen müssen. Sie haben allerlei Gewohnheiten angenommen, die
jetzt einen Theil ihrer Natur auszumachen
schei-

scheinen. Einige, wodurch ihre Sitten stark
verändert und verborben worden, hat sie die
Furcht, andere der Nachahmungseifer ge-
lehret; noch andere sind ihnen durch die Erziehung, nachdem sie einer solchen mehr oder
weniger fähig waren, mitgetheilet worden.
Der Hund hat es durch den Umgang mit
Menschen zu einer unglaublichen Vollkommenheit gebracht. Er hat seine natürliche Wildheit abgelegt, und an ihrer Stelle sogleich
Dankbarkeit und Ergebenheit blicken lassen,
als der Mensch anfieng, ihm Nahrung zu
geben, und seine Bedürfnisse zu befriedigen.
Vom Geruch und Geschmack, als zween Sinnen, die man als einen einzigen betrachten
könnte, von welchem die herrschenden Empfindungen des Hundes und anderer fleisch-
fressender Thiere gänzlich abhängen, läßt sich
der heftige Appetit bei dem erstern herleiten, der sich von den letztern blos durch eine Empfindlichkeit unterscheidet, die wir selbst
an ihm vermehret haben. Alle Thiere von
einer minder starken, trotzigen und wilden
Natur, als Tiger, Leoparden oder Löwen,
die folglich bei eben so heftigem Appetit
wenigstens ein biegsameres Naturel haben,
bequemen sich endlich nach den Umständen,
und werden durch die milden Eindrücke des
Umganges mit den Menschen sanftmüthiger

F 2   ge-

gemacht. Man sieht aber aus Erfahrungen,
wie der Mensch auf die andern Thiere un=
gleich weniger Einfluß hat, weil sich einige
durch eine zu störrische und aller sanften Nei-
gungen unfähige Natur auszeichnen, andere
dagegen allzu hartnäckig und unempfindlich,
allzu mißtrauisch oder allzu schüchtern sind.
Ein heftiger Hang zur Freiheit entfernet alle
dergleichen Thiere von dem Menschen, den
sie als einen Tyrann und als ihren Verder-
ber ansehen, und ihm zu entfliehen sich be=
streben.

Auf die Vögel haben die Menschen einen
weit unbeträchtlichern Einfluß, als auf die
vierfüßigen Thiere, weil ihre Natur ganz
anders beschaffen, und kein Vogel eben so
starker Empfindungen der Umgänglichkeit oder
des Gehorsams fähig ist. Unsere sogenannten
Hausvögel sind blos Gefangene. So lange
sie leben, dürfen wir uns keine Dienste, keinen andern Vortheil von ihnen versprechen,
als den sie uns durch ihre Vermehrung und
nach ihrem Tode verschaffen. Sie sind bloße
Opfer, die wir ohne Mühe vervielfältigen,
und ohne Mitleid abschlachten, weil sie uns
alsdann erst nützlich seyn können. Insofern
ihre natürlichen Triebe vom Instinkt vierfüßiger Thiere schon sehr abweichen, und mit
uns=

unsern Trieben gar nichts Gemeinschaftliches
haben, können wir ihnen auch nichts unmit=
telbar beibringen, oder irgend etwas von
Empfindungen, die sich auf uns bezögen,
durch Umwege mittheilen. Wir haben kei=
nen andern Einfluß, als auf ihre Maschine;
folglich können sie alles, was sie von uns
lernen, auch nur bloß maschinenmäßig äuf=
fern. Ein Vogel, dessen Gehör genau und
fein genug, eine Reihe von Tönen oder wohl
gar von Worten aufzufangen und zu behal=
ten, dessen Stimme zugleich biegsam genug
ist, um sie deutlich zu wiederholen, merkt
sich die Worte, die er höret, ohne sie zu
verstehen, und tönet sie nach, wie sie ihm
vorgesagt werden. Ob er also gleich Wör=
ter ausspricht, so kann man doch nicht sa=
gen, daß er wirklich spräche; weil dieses
Nachplappern der Worte sich nicht auf die
Grundsätze der Sprache gründet, sondern
eine bloße Nachahmung ist, welche von dem,
was im Thiere vorgehet, gar nichts aus=
drückt, und keine von seinen innern Empfin=
dungen an den Tag leget. Der Mensch hat
also einigen physikalischen Kräften und gewis=
sen äußern Eigenschaften der Vögel, als
dem Ohr und der Stimme, wohl eine an=
dere Richtung geben, aber nie einen Ein=
fluß auf die innern Eigenschaften derselben
ha=

F 3

haben können. Einige werden zwar zur Jagd
abgerichtet, und so weit gebracht, ihrem
Herrn das Wildpret selbst überbringen zu
müssen 2ɪ), andere werden so zahm gemacht,
uns ohne Furcht in der Nähe zu umgeben.
Durch anhaltende Gewohnheit bringt man sie
wohl gar so weit, daß ihnen ihr Gefängniß
angenehm wird, und sie die Person, welche
sie füttert, kennen lernen. Das sind aber
lauter sehr flüchtige Empfindungen, die bei
ihnen lange nicht so tief eindringen, als die=
jenigen, welche wir den vierfüßigen Thieren
mit weit glücklicherm Fortgang in viel kürze=
ret

2ɪ) Ein merkwürdiges Beispiel dieser Art hat
man außer der Falkenjagd an einem gewissen
Kropftaucher, welchen die Chineser Louwa
rennen. Ich meine den sogenannten Mergus
strumosus, Mergus scarba, s. scariba, der
Alten, oder den Cormorant der Franzosen,
welchen Frisch im II Th. seiner Vogelhisto=
rie Tab 188. abgebildet und beschrieben hat.
Man findet in den bewährtesten Schriftstel=
lern, daß die Chineser diesen Vogel zum Fisch=
fang so gut, als einen Hund zur Jagd, ab=
zurichten wissen. Sie holen die Fische vom
Grunde hervor. Jeder Vogel bringt sogleich
die erhaschte Beute auf das Boot seines Herrn.
Weitläuftigere Nachrichten können in Neuhofs —
Gesandsch. nach China Amst. 1669. Fol. S.
134 und 353, imgleichen im I. Jahrg. der
hiesigen Mannigfaltigkeiten S. 809—812. nach=
gelesen werden.

                M.

rer Zeit und in größerer Menge beibringen
können. Ist wohl die schmeichelnde Gesellschaft eines Hundes mit dem Betragen eines
zahmen Zeisigs, oder die Gelehrigkeit eines
Elephanten und eines Straußes mit einander in irgend eine Vergleichung zu setzen?
Obgleich der letzte den ansehnlichsten überleg-
samsten Vogel entweder deswegen vorzustellen scheint, weil der Strauß um seiner Größe
willen in der That gleichsam der Elephant
unter den Vögeln ist, und weil der Stem-
pel des klugen Ansehens bei den Thieren auf
ihrer Größe haftet, oder auch, weil er wirklich deswegen, daß er die Erde nicht verlassen kann, und folglich weniger, als irgend ein anderes gefiedertes Thier, bloß
Vogel ist, etwas von der Natur der vierfüßigen Thiere an sich hat!

Betrachten wir nun die Stimme der Vögel ohne Rücksicht auf den Einfluß, welchen
die Menschen darauf haben, so denke man
sich einmal am Papagei, am Zeisig, am
Star, an der Amsel, bloß die natürlichen
Töne, ohne die erlernten, oder man beob-
achte nur überhaupt einsam lebende Vögel in
ihrer Freiheit! Wie deutlich wird man in
diesem Fall nicht einsehen, daß ihre Stimme
sich nicht nur nach ihren innern Empfindun-

gen

gen richtet, sondern auch nach den unter=
schiedenen Beschaffenheiten der Umstände und
der Zeit sich verlängert, verstärket, verän=
dert, abwechselt, verstummet, und von
neuem erhebet. Da ihre Stimme unter al=
len Fähigkeiten die leichteste ist, deren Aus=
übung den Vögeln am wenigsten beschwerlich
fällt, so bedienen sie sich derselben auch der=
maßen, daß man ihnen gar wohl den Vor=
wurf eines Mißbrauches machen könnte. Man
sollte beinahe glauben, die Weibchen griffen
die Werkzeuge ihrer Stimme am stärksten
an; sie verhalten sich aber bei den Vögeln
weit ruhiger und stiller, als die Männchen.
Sie lassen zwar, wie diese, Töne des Schmer=
zes und der Furcht, Ausdrücke der Unruhe
und der Aengstlichkeit, besonders für ihre
Junge, hören; allein die meisten Weibchen
scheinen keines ordentlichen Gesanges fähig
zu seyn, da ihn hingegen das Männchen mit
den lebhaftesten Empfindungen ausübet. Ei=
gentlich hat man den Gesang als eine na=
türliche Folge sanfter Gemüthsbewegungen
als einen reizenden Ausdruck eines zärtlichen,
kaum zur Hälfte befriedigten Verlangens an=
zusehen. Der Zeisig in seinem Kefig, der
Grünfink in den Ebenen, der Emmerling
(Loriot) im Wald besingen ihre Liebe mit
gleich lebhaften Stimmen. Die Weibchen
be=

beantworten ihren lockenden Gesang blos mit einigen schwachen bejahenden Tönen. Bei gewissen Gattungen ertheilen die Weibchen dem Gesang der Männchen ihren Beifall zwar durch einen ähnlichen, aber doch allemal schwächern und minder lebhaften Gesang. Wenn in den ersten Tagen des lächelnden Frühlings die melodische Nachtigall ankömmt, läßt sie noch gar nichts von ihrer Stimme hören. Sie behauptet ein tiefes Stillschweigen, bis es ihr geglückt, eine zweite Hälfte zu finden. Auch alsdann hat sie noch immer einen abgerupften, unsichern, und selten ertönenden Gesang, als ob sie der gemachten Eroberung noch nicht gewiß wäre. Nicht ehe wird ihre Stimme recht voll und hell, oder Tag und Nacht anhaltend ertönen, bis die männliche Nachtigall ihr Weibchen schon, von den Früchten ihrer Liebe versichert, die vorläufigen Anstalten zu ihren mütterlichen Besorgnissen machen siehet. Nun bemüht sich der Sprosser aufs eifrigste, die Sorge für ihre Nachkommenschaft mit seinem Weibchen zu theilen; jetzt freut er sich, ihr bei Erbauung des Nestes behilflich seyn zu können, und sein Gesang ist nie stärker, schöner und anhaltender, als wenn er sein geliebtes Weibchen mit Schmerzen Eier legen, und unter der langen Weile des Ausbrütens schmachten

sie=

siehet. Er sorgt in dieser langen Zeit nicht allein für den reichlichen Unterhalt seiner Gattin, sondern er sucht ihr auch die lange Weile durch Vermehrung seiner Liebkosungen und Verdoppelung seiner liebvollen Gesänge nach Möglichkeit abzukürzen. Ein sicherer Beweiß, daß der Gesang wirklich eine bloße Wirkung der Liebe sey, kann daher genommen werden, daß er mit der Liebe zugleich wieder verstummet. Sobald ein Weibchen brütet, hört es auf zu singen. Gegen das Ende des Junius verlieret sich auch der Gesang der Männchen. Wenigstens läßt es nur noch einzelne rauhe Töne hören, welche dem Geschwirr eines kriechenden Thieres gleichen, und sich von den vorigen so merklich unterscheiden, daß man sich kaum überreden kann, die Töne irgend eines Vogels, vielweniger einer Nachtigall, zu hören.

Dieser Gesang, welcher alle Jahre nachlässet, und sich wieder erneuert, auch überhaupt nur 2 bis 3 Monate anhält; diese Stimmen, welche blos zur Zeit der Liebe so reizend ertönen, hernach aber sich allmählig verändern, und endlich wie die Flammen dieses gelöschten Feuers sich verlieren, scheinen ein physikalisches Verhältniß zwischen den Werkzeugen der Stimmen und der Zeugung

Alt=

anzukündigen, ein Verhältniß, welches bei
den Vögeln eine genauere Uibereinstimmung
und viel ausgebreitete Wirkungen äußert,
als bei den übrigen Geschöpfen. Man weiß,
daß bei dem Menschen die Stimme mit dem
reifenden Alter erst vollkommen, bei den vier=
füßigen Thieren aber zur Brunstzeit stärker
und furchtbarer wird, als gewöhnlich. Die
Anfüllung der Samengefäße, der Uiberfluß
der organischen Nahrung pflegen alsdann in
den Zeugungstheilen einen starken Reiz zu
erwecken. Die Theile des Halses und der
Stimme scheinen von diesem erhitzenden Reiz
mehr oder weniger zu empfinden. Der Wachs=
thum des Bartes, die zunehmende Stärke
der Stimme, die mehrere Ausdehnung des
männlichen Geschlechtstheiles, der Anwachs
der Brüste, die Entwickelung der drüsichten
Körper bei dem weiblichen Geschlechte, lau=
ter Veränderungen, die zu gleicher Zeit sich
ereignen, überführen uns genugsam, daß
zwischen den Zeugungstheilen und fast allen
Theilen des Halses, der Stimme und der
Brust eine große Gemeinschaft herrschen müs=
se. – Bei den Vögeln sind alle diese Verän=
derungen ungleich merklicher. Eben diese
Theile sind nicht allein aus gleichen Ursachen
stark gereizet und verändert, sondern schei=
nen sich sogar gänzlich abzunutzen, um sich
völ=

völlig wieder zu erneuern. Die Hoden, welche bei den Menschen und beim größten Theil der vierfüßigen Thiere zu allen Zeiten fast einerlei Figur und Beschaffenheit hatten, verzehren sich bei den Vögeln gänzlich, und pflegen gleich nach der glücklichen Zeit ihrer Liebe völlig zu verschwinden, bei der Rückkehr eben dieser Jahreszeit aber sich wieder zu erheben, ein pflanzenartiges Leben anzunehmen, und stärker anzuwachsen, als es das Verhältniß der Größe ihres Körpers zu erlauben scheint. Der zu gleicher Zeit verstummende und wieder auflebende Gesang der Vögel kündigt also zuverläßig relativische Verhältnisse der Kehle mit den Zeugungsgliedern an. Es wäre daher sehr nützlich, wenn man durch richtige Beobachtungen entdecken könnte, ob nicht alsdann in den Werkzeugen der Stimme irgend etwas Neues, oder eine beträchtliche Ausdehnung entstünde, welche nicht länger, als das Aufschwellen der Zeugungswerkzeuge, daurete?

Indessen scheint es, als ob der Einfluß des Menschen sogar auf das Gefühl der Liebe, auf den stärksten Trieb der Natur sich erstrecke. Zum wenigsten scheint er die Dauer dieses Triebes bei zahmen vierfüßigen Thieren und Vögeln verlängert, und seine Wirkun

kungen vervielfältiget zu haben. Das häus=
liche Federvieh und alle zahme Hausthiere
sind nicht, wie die freilebenden Geschöpfe,
an eine gewisse Jahreszeit oder an eine be=
stimmte Paarungszeit gebunden. Der Haus=
hahn, der Tauber, der Enter u. s. w. kön=
nen, wie das Pferd, der Widder und der
Hund, sich zu allen Zeiten begatten, und
ihr Geschlecht vermehren. Da hingegen die
wilden vierfüßigen Thiere sowohl als Vögel,
die nichts als den Einfluß der Natur em=
pfinden, auf eine oder zwo Jahreszeiten ein=
geschränket sind, und sich zu keiner andern
Zeit nach der Begattung sehnen.

Wir haben biß hieher eine der vorzüglich=
sten Eigenschaften der Vögel, womit sie von
der Natur beschenket worden, erzählet, und
uns bemühet, so deutlich, als möglich war,
den Einfluß der Menschen auf ihre Fähigkei=
ten zu erweisen. Wir haben gesehen, wie
sehr die Vögel sowohl den Menschen als al=
len vierfüßigen Thieren an Schärfe und Klar=
heit des Gesichts, an Richtigkeit und Fein=
heit des Gehörs, an Leichtigkeit und Nach=
druck der Stimme überlegen sind. Nun
werden wir auch bald überzeugt seyn, daß
ihnen in Ansehung des Zeugungsvermögens
und einer vorzüglichen Fertigkeit in den Be=
we=

wegungen, welche ihnen fast natürlicher als
die Ruhe zu seyn scheinet, ganz besondere
Vorzüge zugestanden werden müssen. An
einigen, z. B. den Paradiesvögeln, Mö=
ven, Eisvögeln u. a. m. bemerkt man eine
beständige Bewegung. Nur einzelne Augen=
blicke scheinen sie zu ruhen. Viele scheinen
in der Luft sich zu versammlen, einander an=
zufallen, oder sich zu vereinigen. Alle ho=
len ihren Raub im Flug, ohne ihn jemals
zu verfehlen, oder sich dabei zu verweilen.
Die vierfüßigen Thiere hingegen sind genö=
thigt, oft Unterstützungspunkte oder Augen=
blicke der Ruhe zu suchen, wenn sie sich mit
einander vereinigen wollen, und der Augen=
blick, in welchem sie den gesuchten Raub er=
haschen, ist auch zugleich das Ende ihres
Laufes. Ein Vogel kann daher im Zustand
seiner Bewegungen vieles ausrichten, wobei
ein vierfüßiges Thier abwechselnd einige Ruhe
nöthig hat. Er leistet also in kürzerer Zeit
viel mehr, als ein anderes Thier, weil er
sich viel hurtiger bewegen, und weit länger
hintereinander in Bewegung bleiben kann.
Alle diese Ursachen zusammengenommen, ha=
ben einen mächtigen Einfluß auf die natürli=
chen Fertigkeiten der Vögel, und verursachen
einen großen Unterschied unter dem Instinkt
der vierfüßigen Thiere und dem ihrigen.

Um

Um einen Begriff zu geben, wie lange die
Vögel sich ununterbrochen bewegen können,
und was für ein Verhältniß zwischen der Zeit
und den Räumen statt findet, welche sie auf
ihren Wanderschaften zu durchreisen pflegen,
wollen wir einmal eine Vergleichung zwischen
der Schnelligkeit ihrer Bewegungen, und zwi=
schen der Geschwindigkeit der vierfüßigen Thie=
re bei ihren größten sowohl natürlichen als
erzwungenen Märschen anstellen. Der Hirsch,
das Rennthier, das Elenthier können in ei=
nem Tage vierzig Meilen zurücklegen. Auch
wenn es vor den Schlitten gespannet wird,
kann das Rennthier dreißig Meilen laufen,
und eine so starke Bewegung viele Tage hin=
tereinander aushalten. Das Kameel ist im
Stande, binnen acht Tagen 300 Meilen zu=
rückzulegen. Ein Parforcepferd, wenn es
unter den flüchtigsten, leichtesten und muthig=
sten ausgesuchet worden, durchrennet wohl
in 6 oder 7 Minuten eine ganze französische
Meile; allein es ermüdet bald in einem so
schnellen Laufe, und ist nicht vermögend, ei=
nen langen Weg mit solcher Geschwindigkeit
fortzusetzen. Wir haben 22) ein Beispiel
vom Pferderennen eines Engelländers ange=
führt,

22) Im I. Bande unserer Naturgesch. der vier=
füßigen Thiere. p. 117. f.

führt, welcher in 11 Stunden 32 Minuten 72 französische Meile zurücklegte, wobei er ein und zwanzimal die Pferde verwechselte. Also können die allerbesten Pferde nicht vier Meilen weit in einer Stunde, oder nicht mehr als 30 französische Meilen in einem Tage laufen. Folglich werden sie von den Vögeln in der Geschwindigkeit sehr weit übertroffen. In weniger als drei Minuten verliert man einen großen Vogel, einen Geier, der sich entfernet, einen Adler, der sich in die Lüfte hebt, und mehr als vier Fuß im Durchmesser hat, aus den Augen. Hieraus läßt sich schließen, daß ein Vogel in jeder Minute mehr als 750 Ruthen durchstreichen, und in einer Stunde wohl zwanzig Meilen weit fliegen kann. Zufolge dieser Berechnung muß es ihm gar nicht schwer fallen, bei sechsstündigem Fluge alle Tage 200 Meilen zurückzulegen. Es werden hierbei noch viele Zwischenzeiten am Tage, und die ganze Nacht zum Ausruhen voraus-gesetzt.

Unsere Schwalben und andere Zugvögel können also binnen sieben oder acht Tagen gar wohl aus unserm Klima bis unter die Linie reisen. Herr Adanson 23) hat an der Küste

23) In seiner Voyage du Senegal.

Küste von Senegal schon am 9ten Oktober,
das ist, 8 oder 9 Tage nach ihrem Abzug
aus Europa, Schwalben gesehen, und selbst
besessen.   Pietro della Valle sagt 24): in
Persien fliege die sogenannte Brieftaube in
einem Tage viel weiter, als ein Mensch in
6 Tagen zu Fusse gehen könnte. Die Geschichte von dem Falken Heinrichs des IIten
ist bekannt.   Als dieser zu Fontaineblau einen Trappenzwerg verfolgt hatte, ward er
des andern Tages zu Maltha wieder gefangen, und an dem Ring erkannt, welchen er
an sich trug. Ein von den kanarischen Inseln an den Herzog von Lermes geschickter
Falke flog in 16 Stunden von Andalusien bis
nach der Insel Teneriffa, und legte folglich
in dieser kurzen Zeit einen Raum von 250
französischen Meilen zurück. Hans Sloane 25)
versichert, auf der Insel Barbados flögen
die Möven truppweise auf 200 Meilen spa-
zieren, und kämen an einem Tage wieder alle
zusammen. Ein bloßer Spazierflug von mehr
als 130 Meilen beweiset genugsam, daß es
ihnen

---

24) Voyage de Pietro della Valle. T. I. pag.
416.

25) S. Voyage to the Islands, with the na-
natural history by Sir Hans Sloane. Lond.
T. I. p. 27.

Buff. Naturg. der Vögel. 1. B.   G

ihnen leicht seyn müsse, im Nothfall eine Reise von 200 Meilen in einem Tage zu thun. Wenn man alle diese Beispiele gegen einander hält, so kann man, wie mich dünket, sicher schließen, daß ein hochfliegender Vogel jeden Tag vier= oder fünfmal so weit fortkommen könne, als das allerschnelleste unter den vierfüßigen Thieren.

Bei den Vögeln trägt alles zu dieser Leichtigkeit in den Bewegungen das Seinige bei. Die Federn selbst, welche von so leichter Substanz zu seyn, eine so beträchtliche Oberfläche und hole Kiele zu haben pflegen, die Anordnung eben dieser Federn 26), die oben rundliche unten ausgehölte Form der Flügel, ihre große Ausdehnung, die vorzügliche Stärke der Muskeln, welche sie bewegen, imgleichen die Leichtigkeit des ganzen Körpers, dessen Knochen, als die festesten Theile, hier weit leichter sind, als bei den vierfüßigen Thieren — alles dieses befördert gemein-

---

26) Von der Struktur und Anordnung der Federn können die Anmerkungen und Beobachtungen der Mitgl. von der Akad. der Wissenschaften in den Memoires pour servir à l'histoire des Animaux. P. II. Art. Autruche nachgelesen werden.

A. d. V.

meinschaftlich die schnelle Beweglichkeit bei
den Vögeln. Die Hölungen der Knochen
sind verhältnißweise viel gröſer, als bei den
vierfüßigen Thieren; die platten Knochen
aber an sich viel zarter, dünner, und von
unbeträchtlicherm Gewichte. ,, Das Knö=
,, chengebäude der Kropfgans oder des Pe=
,, likan, sagen die Zergliederer der Pariſer
,, Akademie 27), iſt außerordentlich leicht.
,, So groß es an sich zu seyn pflegt, wog
,, es doch nicht mehr, als 23 Unzen.‘‘
Solche leichte Knochen müſſen allerdings das
Gewicht an den Körpern der Vögel unge=
mein vermindern, und wenn man auf einer
Waſſerwage das Knochengebäude oder Ske=
let eines vierfüßigen Thieres und eines Vo=
gels (von gleicher Größe) neben einander ab=
wieget, so wird man sich leicht überzeugen,
wie das erſtere spezifiſch viel schwerer, als
das letzte sey.

Eine zweite sehr besondere Wirkung, die
eine Beziehung auf die Natur der Knochen
zu haben scheint, beſteht in der Lebensdauer
der Vögel, welche, überhaupt betrachtet,
länger, als bei den vierfüßigen Thieren,

G 2

und

27) Mem. pour servir à l'Hist. des animaux &c.
P. III. Art. Pelibati.

und nach ganz andern Regeln und Verhältnissen eingetheilet ist. Wir haben gesehen,
daß bei den Menschen und vierfüßigen Thieren die Lebensdauer sich beständig nach der
Zeit richtet, welche zum völligen Wachsthum
ihres Körpers erfordert wird, zugleich haben unsere Bemerkungen es zu einer allgemeinen Regel gemacht, daß kein Mensch oder
vierfüßiges Thier seines Gleichen hervorbringen könne, wenn sie nicht vorher den größten Theil ihres Wachsthums erreicht haben.
Die Vögel wachsen geschwinder, und vermehren sich frühzeitiger. Ein junger Vogel
kann seine Füsse gebrauchen, so bald er aus
dem Ei kriecht, und seiner Flügel sich kurz
darauf bedienen. Gehen kann er, so bald
er auf die Welt kömmt, und fliegen lernt er,
so bald er ein Monat lang, oder fünf Wochen, gelebet hat. Der Hahn ist in einem
Alter von vier Monaten schon im Stande,
seines Gleichen hervorzubringen, ob er gleich
erst binnen einem Jahr sein völliges Wachsthum erhält. Die kleinsten Vögel pflegen in
4 oder 5 Monaten ihr Wachsthum zu vollenden. Sie wachsen also geschwinder, und
vermehren sich früher, als die vierfüßigen
Thiere; und doch leben sie verhältnißmäßig
weit länger, als diese. Uiberhaupt leben
Menschen und vierfüßige Thiere sechs oder
sie-

siebenmal länger, als die Zeit ihres Wachsthums dauret. Hieraus würde folgen, daß
ein Hahn oder Papagei, deren Wachsthum
nicht über ein Jahr lang dauret, länger nicht
als etwa 6 oder 7 Jahre hindurch leben
könnte; allein ich habe viele Beispiele vom
Gegentheil gesehen. Mir sind Hänflinge im
Käfig von 14 bis 15 Jahren, Hähne von
20, und Papageien von mehr als 30 vollen Jahren vorgekommen. Ich bin sehr geneigt zu glauben, daß ihr Lebensziel sich
noch viel weiter, als ich hier angegeben, er-
strecken könne 28), und glaube zuversichtlich,

G 3   daß

---

28) Ich habe von einem sehr glaubwürdigen
Manne die Versicherung erhalten, daß ein
Papagei von etwa vierzig Jahren ohne Zu-
thun eines Männchens, wenigstens von seiner
Art, noch Eier gelegt. — Von einem gewissen Schwan hat man erzählet, er wäre 300
Jahre, von einer Gans, sie wäre 80 volle
Jahre, von einem Pelikan, er wäre gerade
so alt, als diese, geworden. Von den Adlern
und Raben ist es schon bekannt, daß sie ein
sehr hohes Alter zu erreichen pflegen. S.
Encyclopedie Art. Oiseau. — Aldrovandus
erzählt von einer Taube, sie habe 22 Jahre
gelebt, und bis zu den letzten 6 Jahren ihres
Lebens immer noch junge Täubchen ausgebrütet. — Willughby versichert von den Hänflin-
gen und Stieglitzen, die ersten pflegten ein Alter von 14, die letztern von 23 vollen Jahren
zu erreichen rc.

                 A. d. B.

daß man eine so lange Dauer des Lebens
bei Wesen, die an sich so zart sind, und
von den geringsten Krankheiten gleich aufge=
rieben werden, keiner andern Ursache, als
dem Gewebe ihrer Knochen zuschreiben kön=
ne, deren Substanz nicht so dichte, zugleich
aber leichter ist, und weit länger porös
bleibt, als bei den vierfüßigen Thieren.
Ihre Knochen können sich also bei weitem
nicht so leicht verhärten, ausfüllen und ver=
stopfen, als die Knochen der vierfüßigen
Thiere. Da nun, wie oben bewiesen wor=
den, die Verhärtung der Substanz bei den
Knochen die allgemeine Ursache des natürli=
chen Todes ist, so muß allemal das Lebens=
ziel desto entfernter seyn, je länger die Kno=
chen eines Geschöpfes weich bleiben; aus
eben diesem Grunde giebt es auch mehr Frauen=
zimmer, als Mannspersonen, welche zum
höchsten menschlichen Alter gelangen; und
eben dis halten wir auch für die Ursache,
warum die Vögel ungleich länger, als die
vierfüßigen Thiere, die Fische aber noch län=
ger als die Vögel zu leben pflegen, weil
die Knochen und Gräten der Fische noch
leichter, und von einer noch dauerhaftern
Geschmeidigkeit sind, als die Knochen der
Vögel.

.Wenn

Wenn wir nun zwischen den Vögeln und vierfüßigen Thieren einen etwas ausführlichern Vergleich anstellen wollen, so werden wir vielerlei besondere Verhältnisse und Beziehungen wahrnehmen, die uns von der Einförmigkeit des allgemeinen Entwurfes der Natur überzeugen können. Unter den Vögeln giebt es, wie unter den vierfüßigen Thieren, sowohl fleischfressende als andere Gattungen, die zu ihrer Nahrung weiter nichts als Früchte, Pflanzen und Samenkörner nöthig haben. Eben die physische Ursache, die es bei den Menschen und vierfüßigen Thieren zur Nothwendigkeit machet, sich am Fleisch und sehr nahrhaften Speisen zu sättigen, muß auch auf die Vögel sich anwenden lassen. Die fleischfressenden sogenannten Raubvögel haben mehr nicht, als einen Magen, und einen viel kürzern Darmkanal, als die andern, welche von Samenkörnern und Früchten leben. 29). Der Kropf der letztern,

G 4

---

2) Überhaupt sind bei den Vögeln, die sich vom Fleische nähren, die Gedärme sehr kurz, und mit einem sehr kleinen Blinddarm versehen. Bei den samenfressenden Vögeln findet man weit längere, weit stärker gefaltete Därme, und oftmals einen ungleich beträchtlichern Blinddarm. S. Mémoires pour servir à l'Histoire des animaux. Art. des Oiseaux.
A. d. W.

tern, welcher den erstern gemeiniglich fehlet, ist bei den Vögeln eben das, was der Wanst oder erste Magen bei den wiederkäuenden Thieren vorstellet. Sie können sich mit leichten und magern Speisen behelfen, weil sie diesen Kropf mit einem großen Vorrath solcher Nahrungsmittel vollstopfen, und folglich durch die Menge der Speisen ersetzen können, was ihnen an Güte fehlet. Sie haben 2 Blinddärme, und einen sehr festen muskulösen Magen, der ihnen die Zermalmung der verschluckten harten Körner trefflich erleichtern kann; da man hingegen bei den Raubvögeln viel kürzere Därme, und gemeiniglich weder Magen oder Kropf, noch einen doppelten Blinddarm antrifft.

Die natürlichen Eigenschaften und Sitten der Vögel pflegen größtentheils von ihren herrschenden Begierden abzuhängen. Wenn man also in dieser Absicht eine Vergleichung zwischen den Vögeln und vierfüßigen Thieren anstellen wollte, so scheint mir der edle großmüthige Adler den Löwen, der grausame unersättliche große Geier den Tiger, die kleinern Geier, Weihen und Raben, die blos nach Luder und verdorbenem Fleische geizen, die Hyänen, Wölfe, Jackals ꝛc. die Falken, Sperber, Habichte und andere Jagdvögel

die

die Hunde, Füchse, Unzen (eine Art von
Tiger) und Luchse; die Eulen, welche nur
zur Nachtzeit oder im Dunkeln sehen, und
auf die Jagd ausfliegen, die Katzen; die
Reiger und Seeraben, welche sich von Fi=
schen zu nähren pflegen; die Biber und Fisch=
ottern; die Spechte oder Baumhacker, weil
sie auf gleiche Art ihre Zunge hervorstrecken,
um Amei n darauf zu fangen, die Amei=
senfresser u. s. w. vorzustellen. Bei den
Pfauen, Hähnen, Putern, und allen mit
Kröpfen begabten Vögeln müßten uns die
Ochsen, Schafe, Ziegen und andere wie=
derkäuende Thiere, um dieser Aehnlichkeit
willen, einfallen. Wollte man also einen
Maßstab der herrschenden Begierden festse=
tzen, und ein Gemälde der unterschiedenen
Lebensarten bei den Thieren entwerfen, so
würde man bei den Vögeln eben die Bezie=
hungen, eben den Unterschied entdecken, den
wir bei den vierfüßigen Thieren bemerket
haben, und vielleicht noch mehr Abände=
rungen bei den erstern wahrnehmen. Die
Vögel haben z. B. noch ganz eigenthümliche
Quellen des Unterhalts, weil ihnen die Na=
tur alle Arten von Insekten, welche die vier=
füßigen Thiere verachten, zum Genuße Preis
gegeben. Fleisch, Fische, beidlebige krie=
chende Thiere, Insekten, Früchte, Samen=

G 5   kör=

körner, Wurzeln, Pflanzen, kurz, alles,
was Leben und Wachsthum hat, ist für ihren Appetit bestimmet, und in der Folge
werden wir sehen, daß bei ihrer Wahl kein
Eigensinn herrschet. Wenn es ihnen an der
einen Art von Unterhalt fehlet, lassen sie
ohne Bedenken sich nach einer andern gelü-
sten. Bei den meisten Vögeln ist der Geschmack fast gar nicht in Betrachtung zu ziehen, oder wenigstens dem Geschmack der
vierfüßigen Thiere weit nachzusetzen. Obgleich die letztern einen minder zärtlichen
Gaum und Zunge haben, als der Mensch,
so beweisen sie doch wenigstens, daß bei ihnen diese beiden Werkzeuge des Geschmacks
empfindlicher und nicht so abgehärtet sind,
als bei den Vögeln, an denen man eine
fast knorpelartige Zunge wahrnimmt. Unter
allen Vögeln haben blos die fleischfressenden
eine weiche Zunge, welche, in Ansehung der
Substanz, etwas Aehnliches mit einer Zunge
der vierfüßigen Thiere zu haben scheint.
Eben diese Vögel müssen also einen feinern
Geschmack als andere Vögel besitzen, besonders da sie auch mit einem stärkern Sinne
des Geruchs begabt zu seyn scheinen, dessen
Feinheit einem stumpfern Geschmack vortreflich
aufhilft. Insofern aber der Geruch und das
Gefühl des Geschmacks bei den Vögeln allemal

mal schwächer und stumpfer, als bei den
vierfüßigen Thieren ist, können sie auch vom
Geschmack nicht sonderlich urtheilen; daher
man sie auch größtentheils ihre Nahrung
blos verschlucken siehet, ohne sie vorher zu
kosten. Das Käuen, welches uns vorzüglich
zum Genuße des Geschmacks behilflich ist,
fällt bei den Vögeln gänzlich hinweg. Gründe genug, warum sie bei der Wahl ihrer
Speise so wenig Eigensinn und Vorsicht beweisen, daß man zuweilen siehet, wie sie
sich plötzlich vergiften, indem sie blos darauf
bedacht waren, sich zu nähren 30).

Die Naturkundigen also, welche die Geschlechte der Vögel nach ihrer Lebensart eingetheilt haben 31), beweisen dadurch die geringe

30) Peterfilie, Kaffee, bittere Mandeln u. s. w.
sind für Hühner, Papageien und andere Vögel ein wahres Gift, indessen genießen sie
diese Gifte mit eben so viel Begierde, als andere Speisen, die man ihnen vorhält.
A. d. W.

31) Der Herr Rektor Frisch, dessen oben ange-
zeigtes Werk in mancherlei Absicht viel Em-
pfehlung verdienet, theilet seine Vögel in 12
Klassen. 1) Kleine Vögel mit kurzem dicken
Schnabel, womit sie die Körner an zween gleichen Theilen aufknacken. 2) Kleine dünn-
schnäblichte Vögel, die von Fliegen und Würmern

ringe Kenntniß, die sie von den Vögeln
überhaupt besitzen, und einen großen Mangel der Ueberlegung, die sie vorher darüber
an=

mern leben. 3) Amseln und Drosseln. 4)
Spechte oder Baumhacker, Kukuke, Wiede-
hopfe, Papageien. 5) Heher und Elster. 6)
Raben und Krähen. 7) Tageraubvögel. 8)
Nachtraubvögel. 9) Zahme und wilde Hühner. 10) Zahme und wilde Tauben. 11)
Gänse, Enten und andere Schwimmvögel.
12) Vögel, welche das Waffer und wafferrei-
che Gegenden lieben. Man siehet augenschein-
lich, daß die Gewohnheit, die Körner an zween
gleichen Theilen zu öfnen, keinen Charakter
ausmachen kann, weil in eben dieser Klaffe
zugleich Vögel, z. B. Meisen vorkommen,
welche dieses nicht zu thun, sondern die Körner ordentlich zu zermalmen pflegen. Ueber-
dies nehmen alle Vögel dieser ersten Klaffe,
die nach Herrn Frisch lauter Samenkörner
effen sollten, eben sowohl Insekten und Würmer zu sich, als die Vögel der zweiten Klaffe.
Wir glauben daher, es wäre beffer gethan,
beide Klaffen mit einander zu vereinigen, wie
Herr von Linné in der 10ten Ausgabe seines
Natursystems 1. Th. S. 85 gethan hat:
oder Herr Frisch, der nun einmal diese Art,
die Körner zu freffen, zum Charakter seiner
ersten Klaffe machen wollte, hätte wenigstens
noch eine brsondere Klaffe von Meisen und
solchen Vögeln, welche die Körner zermalmen,
festsetzen, und aus Hühnern und Tauben, welche sie beide ganz verschlucken, nur eine Klaffe
machen müffen, da er im Gegentheil eine besondere Klaffe für die Hühner und eine andere
für die Tauben bestimmet.

Anm. d. V.

anstellen sollten. Bei den vierfüßigen Thieren wäre dieser Einfall noch eher anzubrin-
gen gewesen, weil ihr Geschmack weit leb-
hafter und empfindlicher, ihr Appetit aber
viel bestimmter ist; ob man gleich mit Grunde sowohl von den vierfüßigen Thieren als
von den Vögeln sagen könnte, daß die meisten, die sich von Pflanzen und andern magern Speisen zu nähren pflegen, in Ermangelung der erstern auch wohl Fleisch genies-
sen würden. Man sieht ja täglich, wie die
Hühner, Puten und andere zu Körnern ge-
wöhnte Vögel die Würmer, Insekten und
Stückchen Fleisch beinahe sorgfältiger, als
die Körner, auflesen. Obgleich die Nachtigal von Insekten zu leben gewohnt ist, kann
sie doch auch mit gehacktem Fleische genähret
werden. Die Eulen lieben von Natur das
Fleisch, weil sie aber in der Nacht fast
nichts als Fledermäuse haschen können, so
lassen sie sich auch wohl bis zur Phalänen-
jagd herab, weil diese Insekten ebenfalls in
der Dunkelheit umherfliegen. Diejenigen
Personen, welche so gern ihre Zuflucht zu
den Endursachen des Schöpfers, beim Bau
seiner Geschöpfe, zu nehmen pflegen, irren
in der That, wenn sie den krummen Schnabel zu einem untrüglichen Merkmal des ent-
schiedenen Appetits nach Fleische machen.
Woll-

Wollte man ihn blos als ein Instrument be=
trachten, welches lediglich dazu bestimmt wä=
re, das Fleisch zu zerreißen, so müßte man
doch zugleich sagen können, warum die Pa=
pageien und andere krummschnablichte Vögel
Körner und Früchte dem Fleische vorzuziehen
scheinen? Die allergefräßigsten Raubvögel be=
gnügen sich, wenn es ihnen am Fleische feh=
let, mit Fischen, Kröten und andern krie=
chenden Thieren. Fast alle Vögel, die blos
von Kö:nern zu leben scheinen, sind wenig=
stens in ihrem ersten Alter von ihren Vätern
und Müttern mit Insekten gespeiset worden.
Nichts kann daher willkührlicher und minder
gegründet seyn, als eine von ihrer Lebens=
art, oder von dem Unterschied ihrer Nah=
rung hergenommene Eintheilung der Vögel.
Nimmermehr läßt sich die Natur eines We=
sens aus einem einzigen Charakter, oder aus
irgend einer natürlichen Gewohnheit bestim=
men. Wenigstens müssen viele Charaktere
zusammengenommen werden. Je größer die
Anzahl derselben ist, um so viel mehr hat
man sich von der Vollkommenheit einer sol=
chen Methode zu versprechen. Indessen ha=
ben wir es oft genug schon gesagt und wie=
derholet, daß nichts, als die besondere Ge=
schichte uns Beschreibung jeder Gattung zu

ei=

einer vollſtändigen Methode behilflich ſeyn
kann.

Da nun die Vögel nichts vom Käuen
wiſſen, obgleich der Schnabel gewiſſermaßen
die Stelle der Kinnladen der vierfüßigen
Thiere zu erſetzen ſcheint; da überdies der
Schnabel das Amt wirklicher Zähne nur höchſt
unvollkommen verrichten kann 32); da ſie
gezwungen ſind, ihre geſammleten Körner entweder ganz oder nur halb zerquetſcht hinter-
zuſchlucken, ohne ſie durch den Schnabel zermalmen zu können; ſo würden ſie dieſe
Speiſe weder zu verdauen, noch ſich dadurch zu nähren im Stande geweſen ſeyn,
wenn ihr Magen eben ſo, wie bei zahnich-
ten Thieren, beſchaffen geweſen wäre. Allein die kornfreſſenden Vögel haben Magen
von einer ſo feſten und dichten Subſtanz,
daß es ihnen leicht wird, mit Beihilfe kleiner verſchluckter Kieſel ihre Speiſe zu verdauen.
So oft ſie dergleichen verſchlucken, pflanzen
ſie gleichſam Zähne in ihren Magen, wo
als-

32) Bei den Papageien und vielen andern Vögeln iſt ſowohl der obere als der untere Theil
des Schnabels beweglich, da man hingegen
bei vierfüßigen Thieren blos an der untern
Kinnlade die nöthige Beweglichkeit findet.
Anm. d. U.

alsdann das Knäten und Zermalmen der Speisen 33) mit weit stärkern Kräften von statten gehet, als bei den vierfüßigen, sogar bei

33) Unter allen Thieren giebt es keine, deren Verdauungsart dem System der Zermalmung günstiger wäre, als die Verdauungsart bei den Vögeln. Ihr harter Magen ist mit allen zu dieser Zermalmung nöthigen Kräften und einer dazu erforderlichen Richtung der Fasern ausgerüstet. Von den Raubvögeln, die sich nicht gern die Mühe nehmen, die äußere Schale der aufgelesenen Körner vorher abzusondern, weiß man schon, daß sie allemal zugleich kleine Steinchen verschlucken, durch deren Beihilfe ihr Magen, indem er sich stark zusammenziehet, solche Schalen zersprenget. Wahrhaftig eine wahre Zermalmung! Die aber nichts anders vorstellet, als was bei andern Thieren die Zermalmung der Speisen mit den Zähnen ist. Sie geschieht bei den Vögeln blos an einem andern Ort, nämlich in ihrem harten Magen, dessen Feuchtigkeit hernach die durchs Reiben und Nagen der kleinen Steine abgeschälte Körner und Früchte folgends auflöset. Vor diesem Magen befindet sich noch ein gewisser Beutel oder Kropf, aus welchem sich eine große Menge von einem weißlichten Saft ergießen muß, weil man sogar nach dem Tode des Thieres durch einen leichten Druck noch etwas davon auspressen kann Herr Helvetius füget noch hinzu, daß man zuweilen im Schlunde des Seeraben (Cormoran) halbverdaute Fische wahrnähme. S. Hist. de l'Acad. Roy. des Scienc. de Paris. Année 1719. p. 37.

A. d. V.

bei fleischfressenden Thieren, die keinen so
harten, sondern einen fast eben so biegsamen
und nachgebenden Magen, als andere Thiere
haben. Man hat Erfahrungen gemacht, wo
durch das bloße Reiben im harten Magen,
unterschiedene Münzen, die man einen Strauß
verschlucken lassen, tief ausgefurcht, und fast
um drei Viertheile abgenutzet waren 34).

Wie

34) Man fand im Magen eines Sträußen an
70 Scheidemünzen, (Doubles, deren 6 einen
Stüber ausmachen) die fast alle um drei Viertheile verzehrt, und durch das abwechselnde
Reiben des Magens und der Kiesel stark geri-
tzet, aber durch keine Art der Auflösung verändert waren. Denn einige dieser Münzen,
die auf der einen Seite vertieft, auf der andern gewölbt aussahen, erschienen auf der ge-
wölbten Seite dermaßen polirt und glänzend,
daß auf derselben gar nichts mehr von der Figur der Münze zu erkennen war. Man fand
sie also auf der einen Seite halb abgenutzt,
auf der andern aber unversehrt, weil die Vertiefung das starke Reiben daran verhindert
hatte, welchen Widerstand eben diese hohe
Seite gewiß der Wirkung einer auflösenden
Feuchtigkeit nicht mit gleichem Erfolg würde
haben entgegensetzen können. S. Memoires
pour servir à l'Hist. des Animaux. T. I. p.
139—140. Ein goldenes spanisches Fünf ha-
lerstück, das von einer Ente verschluckt worden, hatte schon 15 Grane seines Gewichts
verloren, als es die Ente wieder von sich gab.
S. Collect. Acad. Partie étrangére. Tom. V.
p. 105.

Wie die Natur die vierfüßigen Thiere, welche die Wässer oft besuchen, oder kalte Länder bewohnen, mit einem doppelten Pelz oder starken dichten Haaren bekleidet hat, so beschenkte sie auch alle Wasservögel oder gefiederte Bewohner der nördlichen Länder mit häufigen Federn und sehr feinen Dunen oder Pflaumfedern (Duvet). Man kann daher schon aus diesem Kennzeichen das Land, wo sie zu Hause gehören, und das Element, welches ihnen zum Aufenthalt am liebsten ist, errathen. In allen Himmelsstrichen findet man die Wasservögel beinahe gleichstark mit Federn besetzet. Neben dem Schwanz haben sie alle zwo starke Drüsen, worin sich eine ölichte Feuchtigkeit sammlet, deren sie sich bedienen, ihre Federn damit glänzend zu machen, und gleichsam zu lakiren. Dieser Umstand und ihre Dicke machen, daß kein Wasser in sie bringen kann, sondern blos über die Oberfläche derselben herabglitschen muß. An den Landvögeln hat man von diesen Drüsen entweder gar nichts, oder nur geringe Spuren wahrgenommen.

Die fast nackenden Vögel, als der Strauß, Kasuar, Bastartstrauß (Dronte) ꝛc. halten sich beständig, und nur allein in warmen Ländern auf. Alle Vögel der kalten Länder

der sind stark bedeckt, und mit häufigen Federn ausgeschmücket. Die Vögel, welche sich hoch in die Lüfte schwingen, brauchen ihre Federn alle nothwendig, um die Kälte der mittlern Luftgegend aushalten zu können. Wenn man also verhindern will, daß ein Adler sich nicht allzuhoch in die Luft erheben, und vor unsern Augen verschwinden soll, so darf man ihm nur am Bauche die Federn ausrupfen. Er ist alsdann viel zu empfindlich für den Frost, als daß er sich zur gewöhnlichen Höhe schwingen sollte.

Allen Vögeln überhaupt ist es natürlich, auf eben die Art, wie die vierfüßigen Thiere sich haaren, sich zu maustern. Der größte Theil ihrer Federn pflegt ihnen alle Jahr einmal auszufallen, und wieder neu zu wachsen. Die Wirkungen dieser Veränderung sind auch an ihnen weit sichtbarer, als an den vierfüßigen Thieren. Die meisten Vögel stehen zur Mausterzeit viele Ungemächlichkeiten und eine wirkliche Krankheit aus; einige sterben sogar an diesem Federwechsel, und kein einziger kann bei demselben seines Gleichen hervorbringen. Ein vollkommen gut ausgefüttertes Huhn hört in diesem Zustande dennoch auf zu legen. Die organische Nahrung, welche sie

vor

vorher zum Wachsthum der Eier anlegte,
ist jetzt durch die Ernährung und Wachsthum
der neuen Federn gänzlich erschöpft und aufgezehret; es ist auch nicht ehe wieder an
einen Uiberfluß derselben zu denken, bis die
Federn ihr völliges Wachsthum erreichet haben. Diese Mauserzeit pflegt gemeiniglich
gegen Ausgang des Sommers oder im Herbst
einzufallen 35). Die Federn wachsen zu
gleicher Zeit wieder nach, und die Menge
von überflüßiger Nahrung, welche zu dieser
Jahreszeit vorräthig ist, wird größtentheils
durch das Wachsthum dieser neuen Federn
aufgezehret. Nicht eher, als wenn sie zu
vollkommnerm Wachsthum gediehen sind,
oder im Anfange des Frühlings äußert sich
wie-

35) Die Hausvögel, als Hühner 2c. haben gemeiniglich im Herbst ihre Mauserzeit, die Fasanen aber und Rebhühner noch vor Endi-
gung des Sommers. Diejenigen aber, welche
man in den Fasanhäusern und Gärten, besonders heget, maustern sich unmittelbar nach der
Legezeit. Auf dem Felde sind allemal die Rebhühner und Fasanen gegen Ausgang des Julius dieser Veränderung unterworfen; doch
haben die Mütter, die noch ein junges Volk
führen, einige Tage später darauf Anspruch
zu machen. Das Ende des Julius ist auch
bei wilden Enten die gewöhnliche Mauserzeit.
Ich habe diese Bemerkungen eigentlich dem
Jagdlieutenant Herrn Le Roy zu verdanken.
A. d. V.

wieder ein Uiberfluß von guter Nahrung,
welche mit Beihilfe der angenehmen Jahreszeit sie wieder zur Liebe reizet. Jetzt kei-
men alle Pflanzen aus dem fruchtbaren Erdboden hervor, die erstarrten Insekten erwa-
chen wieder, oder kriechen aus ihren Ver-
wandlungshülsen hervor; der ganze Erdboden scheint lauter neues Leben zu seyn. Durch
diese, dem Scheine nach blos für sie be-
wirkte Erneuerung, erhalten sie neue Kräfte,
neues Leben, welches in einen kräftigen
Trieb zur Paarung sich auflöset, und sich
durch Vermehrung des Geschlechtes thätig
erweiset.

Man sollte glauben, das Fliegen müsse
den Vögeln eben so wesentlich, als das
Schwimmen den Fischen und vierfüßigen
Thieren das Laufen zukommen; dennoch wird
man bei allen diesen Geschlechtern in dieser
allgemeinen Regel wichtige Ausnahmen entdecken. Wie sich also unter den vierfüßigen
Thieren einige finden, die nicht gehen, sondern fliegen, als die Roussetten, Rougetten und gemeinen Fledermäuse; andere hingegen, die blos zu schwimmen pflegen, wie
wie die Seehunde, Seekälber, Seekühe,
oder die, gleich den Bibern und Fischottern,
weit leichter schwimmen, als laufen, und

H 3   noch

noch andere, die nach Art eines Faulthie-
res ihres Körpers ihren Körper nicht anders, als höchst langsam von einer Stelle
zur andern schleppen können; so wird man
auch am Strauß, am Kasuar, am Bastartstrauß (Dronte) und Straußkasuar (Thou-
you) Beispiele von Vögeln wahrnehmen,
die nicht fliegen können, sondern, wie andere Thiere, laufen müssen. Andere, z. B.
die Fettgänse und Seepapageien sind wohl
im Stande zu fliegen und zu schwimmen,
aber doch nicht, wie jene, zu laufen. Von
einigen, als von den Paradiesvögeln, weiß
man, daß ihnen sowohl das Vermögen zum
Laufen als zum Schwimmen fehlet, und keine andere Bewegung als das Fliegen möglich ist. Nur scheinet für die Vögel, überhaupt genommen, das Wasser ein bequeme-
res und eigenthümlicheres Element, als für
die vierfüßigen Thiere zu seyn; denn außer
einer geringen Anzahl von Gattungen vermeiden alle Landthiere das Wasser, so viel
sie können, und bequemen sich nicht ehe zum
Schwimmen, bis entweder die Furcht oder
ein dringendes Bedürfniß der Nahrung sie
zu diesem Unternehmen zwinget. Unter den
Vögeln giebt es hingegen sehr viele Gattungen, die sich blos auf dem Wasser aufhalten, und nicht ehe das Land besuchen, als

wenn

wenn es die Nothwendigkeit oder ein beson=
deres Bedürfniß, als die Vorsorge, ihre
Eier für den Uiberschwemmungen in Sicher=
heit zu bringen, erfordert. Daß die Vö=
gel sich weit mehr als die vierfüßigen Land=
thiere auf dem Wasser halten, kömmt wohl
hauptsächlich daher, weil es kaum drei oder
vier Gattungen solcher Thiere giebt, welche
mit Schwimmhäuten zwischen den Fußzehen
begabet sind; da man hingegen unter den
Vögeln wohl dreihundert mit Schwimmfüs=
sen versehene Gattung zählen kann. Uiber=
dies trägt bei diesen die Leichtigkeit ihrer Fe=
dern und ihrer Knochen, sogar die ganze
Form ihres Körpers ungemein viel zu ihrer
großen Fertigkeit im Schwimmen bei. Der
Mensch ist vielleicht unter allen lebenden Ge=
schöpfen das einzige, dem es außerordentlich
viel Mühe kostet, auf dem Wasser zu schwim=
men. Die ganze Form seines Körpers wi=
dersetzt sich durchaus dieser Art von Bewe=
gung. Unter den vierfüßigen Thieren schwim=
men diejenigen viel besser und leichter, die
entweder mehrere Magen, oder einen dicken
und langen Darmkanal haben, weil diese
große innere Hölungen ihren Körper spezi=
fisch leichter machen. Die Vögel, deren
Füsse gleichsam eine Art von Rudern vor=
stellen, deren Leibesgestalt länglicht, und

H 4   nach

nach Art eines Schiffchens zugerundet ist,
deren ganzes Gewicht auch so wenig beträ=
get, daß ihr Körper nicht weiter einsinken
kann, als es eine gerade und sichere Stel=
lung auf dem Waſſer nothwendig erfordert,
sind aus allen diesen Gründen zum Schwim=
men fast eben so geschickt, als zum Fliegen.
Das Vermögen, zu schwimmen, äußert sich
sogar noch früher, als die Fertigkeit im
Fliegen. Man kann dies an den jungen
Enten sehen, die sich lange vorher auf dem
Waſſer herumtaumeln, ehe sie einen Ver=
ſuch wagen, sich in die Luft zu schwingen.

Bei den vierfüßigen Thieren, absonder=
lich bei denjenigen, die blos mit Hufen oder
harten Klauen versehen sind, womit sie nichts
faſſen können, scheinet der Sinn des Ge=
fühls mit den Sinnen des Geschmacks im
Rachen oder Maule vereiniget zu seyn. In=
sofern dieses allein getheilt und so beschaffen
ist, daß mit Hilfe deſſelben die Körper ge=
faſſet, und ihre Form erkannt werden kann,
wenn sie zwischen die Zunge, den Gaumen
und zwischen die Zähne solcher Thiere ge=
bracht werden, muß man wohl diesen Theil
für den vornehmsten Sitz nicht allein des
Gefühles, sondern auch des Geschmacks bei
ihnen halten. An den Vögeln findet man
zwar

zwar das Gefühl dieses Theiles nicht minder
unvollkommen, als an den vierfüßigen Thie=
ren, weil ihre Zungen und Gaumen weni=
ger Empfindlichkeit besitzen: sie scheinen aber
doch über diese Thiere, in Absicht des Ge=
fühls ihrer Krallen, etwas voraus, und in
denselben den hauptsächlichsten Sitz des Ge=
fühls zu haben. Denn sie bedienen sich über=
haupt ihrer Krallen viel öfter, als die vier=
füßigen Thiere, bald um etwas damit zu er=
greifen 36), bald um gewisse Körper damit
zu betasten. Weil inzwischen das Innere
der Vogelkrallen allemal mit einer harten
schwülichten Haut überzogen ist, so kann
man in denselben wohl kein sonderlich zar=
tes Gefühl vermuthen, und die Empfindun=

$\mathfrak{H}$ 5   gen,

36) In der Geschichte der vierfüßigen Thiere
haben wir bewiesen, daß kaum ein Drittheil
derselben sich der Vorderfüsse bedienet, um
etwas damit nach dem Maule zu bringen; da
hingegen die meisten Vögel eine von ihren
Krallen zu dieser Absicht brauchen; ob es ih=
nen gleich viel saurer werden muß, als den
vierfüßigen Thieren, weil sie nur zween Füsse
haben, und sich folglich mit aller Gewalt auf
den einen stützen müssen, wenn sie mit dem
andern etwas halten wollen. Ein vierfüßiges
Thier kann doch in diesem Fall noch auf drei
Füssen stehen, oder sich bequem auf die beiden
Hinterfüsse setzen.

A. d. W.

gen, welche dieser Sinn erregt, müssen allerdings nur wenig Deutlichkeit haben.

Dies war also die Ordnung der Sinnen, wie sie die Natur bei den unterschiedenen Wesen, die wir betrachten, scheinet festgesetzet zu haben. Bei den Menschen ist das Gefühl der erste oder vollkommenste, der Geschmack der zweite, das Gesicht der dritte, das Gehör der vierte, der Geruch aber der letzte von den äußern Sinnen. Bei den vierfüßigen Thieren muß man dem Geruch den ersten, dem Geschmack aber den zweiten Platz einräumen, oder vielmehr beide für einen, und zwar für ihren Hauptsinn halten, auf welchen hernach das Gesicht, das Gehör, und endlich das Gefühl folget. Bei den Vögeln scheinet allerdings das Gesicht den ersten, das Gehör den zweiten, das Gefühl den dritten, der Geschmack und Geruch aber den letzten Rang zu behaupten. Bei allen diesen Wesen richten sich die herrschenden Empfindungen nach eben dieser Ordnung. Der Mensch wird am stärksten durch die Eindrücke des Gefühls, die vierfüßigen Thiere durch die Eindrücke des Geruchs, die Vögel durch die Eindrücke des Gesichtes gerühret. Es ist natürlich, daß auch der größte Theil ihrer Beurtheilungen und Entschließun=

sungen von diesen herrschenden Empfindun=
gen abhänget. Insofern die Eindrücke und
Empfindungen, welche sie durch den andern
Sinn bekommen, weder eben so stark, noch
so zahlreich sind, müssen sie auch allemal den
erstern untergeordnet seyn, und einen etwas
entferntern Einfluß auf die Natur der We=
sen haben. Der Mensch also muß destomehr
Nachdenken besitzen, je feiner und stärker sein
Gefühl ist. Ein vierfüßiges Thier muß eine
weit heftigere Freßbegierde, als der Mensch
besitzen, ein Vogel aber mit weit flüchtigern,
und nach der Schärfe seines Gesichts abge=
messenen Empfindungen begabet seyn.

Es giebt aber noch einen sechsten Sinn,
der, ob er gleich seine Wirksamkeit nur zu
gewissen Zeiten äußert, dennoch stärker, als
die andern alle zu wirken, und alsdann die
herrschendsten Empfindungen, die heftigsten
Bewegungen und innigsten Rührungen her=
vorzubringen scheinet. Ich meine den Sinn
der Liebe. Bei den vierfüßigen Thieren kann
gar nichts mit der Gewalt ihrer Eindrücke
verglichen werden. Nichts kann dringender
seyn, als die Bedürfnisse dieser Eindrücke,
nichts ungestümer, als die dadurch veran=
laßten Begierden. Mit einem unglaublich
lebhaften Eifer pflegen sie einander aufzusu=
chen,

chen, und sich mit einer Art von Wut zu
vereinigen. Bei den Vögeln herrscht mehr
Zärtlichkeit, mehr Standhaftigkeit und mehr
Sittlichkeit in der Liebe, obgleich die physi=
kalischen Anlockungen darzu bei ihnen stär=
ker, als bei den vierfüßigen Thieren, seyn
mögen. Von den letztern weiß man kaum
irgend ein Beispiel der ehelichen Keuschheit,
noch weniger aber von der väterlichen Vor=
sorge für die Jungen anzugeben. Bei den
Vögeln ist es aber eine Seltenheit, Bei=
spiele vom Gegentheil zu finden. Denn wenn
wir unser zahmes Hausgefieder und wenige
Gattungen ausnehmen, so scheinen alle Vö=
gel sich durch ein Bündniß zu vereinigen,
daß wenigstens eben so lange gehalten wird,
als es die Erziehung ihrer Jungen erfordert.

Jedes Eheverbindniß setzet, außer dem
Bedürfniß einer ehelichen Beiwohnung, ge=
wisse nothwendige Anordnungen voraus,
welche sich theils auf das Ehepaar selbst,
theils auf die Früchte der Ehe beziehen. Die
Vögel also, die sich natürlicherweise gezwun=
gen sehen, zur Ausbrütung ihrer Eier Ne=
ster zu bauen, welche die Weibchen aus
Nothwendigkeit anfangen, die verliebten
Männchen aber aus Höflichkeit vollenden hel=
fen, sind in gemeinschaftliche Beschäftigungen
ver=

verwickelt. Es entsteht hieraus unter ihnen
eine stärkere Zuneigung und genauere Ver=
bindung. Die vervielfältigten Bemühungen,
die wechselsweisen Hilfleistungen, die gemein=
schaftlichen Unruhen bestätigen diese Gesin=
nungen immer mehr, und eine zweite Noth=
wendigkeit, nämlich die Sorge, die Eier
nicht erkalten, und die Früchte ihrer Liebe,
wofür sie schon so viele Sorgfalt angewen=
det, nicht umkommen zu lassen, giebt ihren
Verbindungen eine beständigere Dauer. Da
sie das Weibchen unmöglich verlassen kann,
so bemüht sich indessen das Männchen, sei=
ner Gattin den nöthigen Unterhalt aufzusu=
chen, und ihr zu überbringen. Zuweilen
vertritt es wohl gar ihre Stelle, oder setzt
sich zu ihr ins Nest, um die Wärme dessel=
ben zu vermehren, und einigermaßen die
Beschwerlichkeiten ihrer jetzigen Verfassung
mit ihr zu theilen. Die Ergebenheit, welche
die Liebe zum Grunde hat, äußert sich in
ihrer ganzen Stärke, so lange die Brütungs=
zeit währet; sie scheinet aber noch stärker
und ausgebreiteter zu werden, sobald ihre
Jungen die Eier verlassen. Nun genießen
sie ganz neue Vergnügungen, welche zugleich
das Band ihrer Vereinigung immer fester
knüpfen. Die Erziehung ihrer Jungen ist
ein ganz neues Geschäfte, dem sich Vater
und

und Mutter wieder gemeinschaftlich unterzie-
hen. An den Vögeln sehen wir demnach
alles, was von einer ehrbaren Haushaltung
zu fordern ist: nämlich Liebe, die eine un-
getheilte Zuneigung zur Folge hat, und sich
hernach über die ganze Familie verbreitet.
Man begreift aber leicht, daß alles dieses
lauter Folgen der Nothwendigkeit sind, sich
mit unvermeidlichen Besorgnissen und Arbeiten gemeinschaftlich abzugeben. Da nun diese
Nothwendigkeit nur in einer zweiten Klasse
von Menschen statt findet, und alle Menschen der ersten Klasse derselben überhoben
seyn können, darf es uns dann wohl be-
fremdend scheinen, wenn wir sehen, daß
Gleichgültigkeit und Untreue das Loos erhab-
ner Stände sind?

Bei den vierfüßigen Thieren kann blos eine physikalische Liebe, sonst aber keine weitere Zuneigung, keine dauerhafte Zärtlichkeit
zwischen Männchen und Weibchen statt finden. Ihre Vereinigung scheint gar keine
vorhergehende Veranstaltungen, und weder
gemeinschaftliche Bemühungen, noch fortge-
setzte Besorgungen, folglich nichts, was zu
einer Eheverbindung gehöret, zu erfordern.
Das Männchen verläßt gleich nach dem Genuß das Weibchen, um sich entweder bei andern

dern zu befriedigen, oder sich wieder zu er-
holen. Es stellet so wenig einen Gatten,
als einen Vater der Familie vor, weil es
gemeiniglich seine Frau und seine Kinder ver-
kennet. Das Weibchen selbst, weil es mehrern Männchen sich überlassen hat, erwartet
von keinem weitern Beistand oder Vorsorge.
Die ganze Last ihrer Nachkommenschaft und
alle Beschwerden der Auferziehung liegen auf
ihr ganz allein. Sie weiß von keiner andern Zuneigung, als für ihre Jungen. Oftmals ist ein solches Weibchen in dieser Ge-
sinnung beständiger, als die Vögel. Weil
dieses Gefühl hauptsächlich von der Zeit abhänget, wie lange die Mutter ihren Jungen
unentbehrlich ist, insofern sie dieselben mit
ihren eignen Säften erhält und nähret, weil
ferner diese Hilfe bei den meisten vierfüßigen
Thieren, die weit langsamer als die Vögel
wachsen, länger nöthig ist, so muß die Zuneigung dieser Mütter gegen ihre Jungen
von längerer Dauer seyn. Es giebt sogar
unterschiedene Gattungen vierfüßiger Thiere,
wo dieser Empfindung nicht einmal durch
neue Gegenstände der Liebe merklicher Abbruch geschiehet, und wo man die Mutter
mit gleicher Sorgfalt ihre Jungen von zween
bis drei unterschiedenen Würfen führen und
pflegen siehet. Es giebt auch gewisse Gat-
tun-

tungen vierfüßiger Thiere, bei welchen der
Umgang des Männchens mit seinem Weibchen so lange fortgesetzt wird, als das Geschäft der Auferziehung ihrer Jungen dauret. Man kann dieses an den Wölfen und
Füchsen abnehmen. Besonders können die
Reheböcke zu wahren Mustern ehelicher Treue
dienen. Hingegen wird man gewisse Gattungen von Vögeln antreffen, deren gesell-
schaftliche Verbindung nicht länger dauret,
als die Bedürfnisse der Liebe 37). Dergleichen einzelne Ausnahmen können indessen die
allgemeine Wahrheit nicht aufheben, daß die
Natur den Vögeln in der Lieb: mehr Be-
ständigkeit, als den vierfüßigen Thieren,
verliehen habe.

Einen sichern Beweis, daß bei den Vögeln diese Verbindung, diese Sittlichkeit in
der

37) Sobald nur das rothe Rebhuhn anfängt zu
brüten, wird es, wie mir erwähnter Herr Le
Roy versichert, von dem Männchen vergessen,
und alle Sorgen der Auferziehung ihrer Jungen der Mutter allein überlassen. Die Männchen, welche nun das Ihrige bei den Weibchen
gethan zu haben glauben, machen unter einander eine vereinigte Gesellschaft aus, die sich
weiter gar nicht um ihre Nachkommenschaft
bekümmert.
A. d. V.

der Liebe blos durch die Nothwendigkeit einer gemeinschaftlichen Arbeit verursachet wird,
kann man daher nehmen, daß alle Vögel,
die keine Nester bauen, statt einer förmlichen Vereinigung sich ohne Unterschied mit
einander vermischen. Sieht man dieses nicht
genugsam an dem bekannten Beispiel unsers
Hofgefiebers? Der Hahn scheint blos für seine Weibchen etwas mehr Aufmerksamkeit,
als die vierfüßigen Thiere gegen die ihrigen, zu beweisen, weil hier der Paarungstrieb nicht so sehr an bestimmte Zeiten gebunden ist, und ein Hahn sich länger zu einerlei Weibchen halten kann. Darzu kömmt
noch, daß bei ihnen die Legezeit länger dauret, und öfter wiederkömmt, und endlich,
daß die Brütungszeit, weil man den Hühnern immer die Eier wegnimmt, gar nicht so
dringend ist; denn ein Huhn verlanget nicht
eher zu brüten, bis ihre Zeugungskräfte
gleichsam erstorben, und fast gänzlich erschö-
pfet sind. Rechnet man bei den Hausvögeln
zu diesen Ursachen überdieß noch folgende
Umstände, daß es für sie gar keine Nothwendigkeit ist, Nester zu bauen, um sich unsern Augen zu entziehen, und in Sicherheit
zu sezen, daß ein beständ ger Ueberfluß guter Nahrungsmittel sie umringet, daß es ihnen gar nicht schwer wird, ihren Unterhalt

reichlich, und immer an einerlei Stelle, zu finden, daß ihnen die Menschen alle mögliche Bequemlichkeit verschaffen, wodurch sie der Arbeit, der Sorgen und Unruhen überhoben seyn können, welche die andern Vögel empfinden, und gemeinschaftlich ertragen müssen; so wird man bei ihnen sogleich die ersten Wirkungen des Luxus, alle Folgen des Uiberflusses, kurz, Frechheit und Faulheit wahrnehmen.

Uibrigens ist sowohl bei denjenigen Vögeln, deren Sitten wir durch eine gemächliche Pflege verderbt haben, als bei denjenigen, welche noch immer gezwungen sind, gemeinschaftlich zu arbeiten, und sich unter einander selbst behilflich zu seyn, der physikalische Grund ihrer Paarungstriebe, oder der Stoff, die Substanz, welche diese Empfindung hervorbringt, und ihren Wirkungen Realität ertheilet, viel beträchtlicher, als bei den vierfüßigen Thieren. Zwölf bis funfzehn Hühner können sich mit einem Hahn begnügen, der alle Eier, die jedes Huhn binnen 20 Tagen legen kann, auf einmal befruchtet. Er könnte daher, im eigentlichsten Verstande genommen, alle Tage Vater von 300 Küchelchen werden. Ein gutes Huhn ist vermögend, in einem einzigen Jahr, vom

Früh=

Frühjahr biß zum Herbst, hundert Eier zu
legen. Welch ein Unterschied, wenn man
diese große Vermehrung gegen diese kleine
Zahl der Jungen hält, die von den frucht=
barsten Gattungen unserer vierfüßigen Thiere
hervorgebracht werden! Es scheint, als ob
alle Nahrung, welche man diesen Vögeln so
reichlich anbietet, sich in Samenfeuchtigkeit
verwandelte, blos zu ihrem Vergnügen aus=
schlage, und gänzlich zum Vortheil ihrer Ver=
mehrung angewendet werde. Sie stellen
gleichsam eine Art von Maschinen vor, die
wir, in Absicht ihrer Vervielfältigung, gleich=
sam selbst aufziehen, und nach unsern Wün=
schen richten. Wir selbst vermehren ihre
Zahl auf eine fast unglaubliche Art, indem
wir sie häufig zusammenhalten, reichlich näh=
ren, und ihnen alle Arbeit, alle Bemühun=
gen und Unruhen wegen ihrer Bedürfnisse
gänzlich ersparen. Ein wilder Hahn und
Henne bringen in ihrem natürlichen Zustande
nicht mehr Junge hervor, als unsere Wach=
teln und Rebhühner. Und obgleich das Hüh=
nergeschlecht unter den Vögeln das frucht=
barste zu seyn pfleget, so schränkt sich doch
die Anzahl ihrer jährigen Vermehrung im
natürlichen Zustande nur auf 18 biß 20 Eier,
und ihr Paarungstrieb nur auf eine gewisse
Jahreszeit ein. In günstigern Himmelsstri=

J 2   chen

chen könnten sie des Jahres auch wohl zwei
mal sich paaren, und zweimal brüten, wie
man in unserm Klima verschiedene Gattungen
von Vögeln in einem Sommer zwei = auch
wohl dreimal Eier legen stehet. Alle diese
Gattungen aber legen weniger Eier, und brüten auch nicht so lange, als andere. Ob
also gleich die Vögel das Vermögen haben,
sich weit stärker, als die vierfüßigen Thiere,
zu vermehren, so beweisen sie sich doch in
der That in ihrer Freiheit nicht viel fruchtbarer, als diese. Die Tauben und Turteltauben legen mehr nicht, als zwei, die
großen Raubvögel nur drei, höchstens vier,
die meisten andern aber fünf oder sechs Eier.
Blos die Hühner und andere Vögel dieses
Geschlechtes, als Pfauen, Puten, Fasanen,
Rebhühner und Wachteln pflegen eine grös-
sere Menge von Eiern zu legen.

Armuth, Sorgen, Unruhen und übertrie-
bene Strapazen vermindern in allen Wesen
die Kräfte und Wirkungen des Zeugungsvermögens. Das haben wir schon bei den vierfüßigen Thieren gesehen, und können es auch
offenbar an den Vögeln wahrnehmen. Sie
vermehren sich allmal desto stärker, je besser sie gefüttert, geschont und gepfleget werden. Betrachten wir blos diejenigen, welche

sich

ſich ſelbſt überlaſſen, und allen Beſchwerden
ausgeſetzt ſind, welche die Unabhängigkeit
mit ſich führet, ſo werden wir finden, wie
ſie, von ſtäten Bedürfniſſen, Unruhen und
Furcht gequälet, ſich nicht einmal aller Zeu=
gungskräfte, ſo gut ſie könnten, bedienen,
ſondern die Wirkungen derſelben gleichſam
zu ſcheuen, und ſich nach der Beſchaffenheit
ihrer Umſtände zu richten ſcheinen. Sobald
ein Vogel das Neſt gebauet, und etwa 5
Eier gelegt hat, hört er wieder auf zu le=
gen, und iſt hernach blos für die Erhaltung
derſelben beſorget. Die übrige Jahreszeit
wird alsdann zur Brütung und Auferziehung
der Jungen angewendet, und weiter an kein
Eierlegen gedacht. Wenn man aber zufälli=
gerweiſe die Eier zerbricht, oder das Neſt
zerſtöret, ſo baut ein ſolcher Vogel gleich
ein anderes, und legt wieder 3 bis 4 Eier
hinein. Verfährt man damit wieder auf die
vorige Art, ſo fängt ein ſolcher gekränkter
Vogel ſein Vermehrungsgeſchäft zum dritten=
mal an, und pflegt abermals 2 bis 3 Eier
zu legen. Die zweite und dritte Ablegung der
Eier ſcheint alſo gewiſſermaßen von der Will=
führ des Vogels abzuhängen. Wenn aber
die erſte Brut ungehindert von ſtatten gehet,
ſo überläßt ſich ein Vogel, ſo lange dieſe
ſeiner Pflege bedarf, keinen weitern Trieben

J 3   der

der Liebe, keiner von den innern Bewegun=
gen, welche neuen Eiern wieder zu dem pflan=
zenartigen Leben behülflich seyn könnten, das
zu ihrem Wachsthum und zur Ablegung der=
selben unentbehrlich ist. Wofern sich aber
der Tod seiner im Auskriechen oder im An=
wachs begriffenen kleinen Familie bemächtiget,
giebt er dem Paarungstrieb gleich wieder
neues Gehör, und beweiset, durch Hervor=
bringung einer neuen Brut, wie das Zeu=
gungsvermögen bei der ersten Brut nicht so=
wohl erschöpft, als blos unterdrückt gewe=
sen, und daß er allen vorhergehenden Ver=
gnügungen aus keinem andern Grund entsa=
get, als um der Sorge für seine kleine Fa=
milie, als einer natürlichen Pflicht, gehörig
obliegen zu können. Hier ist also die Pflicht
mächtiger, als die Leidenschaft, und mütter=
liche Neigung stärker, als Liebe. Wenig=
stens scheint ein Vogel seine Leidenschaft bes=
ser, als die mütterliche Zuneigung beherr=
schen zu können, und allemal der letzten vor=
züglich zu folgen. Von seinen Jungen muß
man ihn schon gewaltsam abziehen; den Ver=
gnügungen der Liebe hingegen entsagt er frei=
willig, so sehr er auch des Genußes dersel=
ben fähig ist.

Eo

So wie es bei der Begattung der Vögel
bescheidener zugehet, als bei den vierfüßigen
Thieren, so haben sie auch viel einfachere
Mittel, sie zu vollenden. Es pfleget bei ihnen bloß einerlei Art von Begattung statt
zu finden 38); da wir hingegen bei den vierfüßigen Thieren Beispiele von allerlei Stellungen gesehen 39). Nur von einzelnen Gattungen, als von den Hühnern, weiß man,
daß die Weibchen sich dabei mit eingeboge-
nen Füssen an die Erde setzen. Andere,
zum Beispiel die Sperlinge, behalten ihre
gewöhnliche Stellung, und bleiben fest auf
ihren Füssen stehen 40). Alle Vögel brauchen überaus wenig Zeit, sich zu paaren;

J 4

am

---

38) Genus avium omne eodem illo ac simplici
more conjungitur, nempe foeminam mare
supergrediente. Aristot. Hist. anim. L. V.
Cap. VIII.

39) Das Weibchen des Kameels bücket sich nieder, die Elephantin legt sich auf den Rücken,
die Igel stehen einer vor dem andern aufrecht,
oder legen sich auf einander; die Affen begatten sich auf allerlei Art.

A. d. B.

40) Coitus avibus duobus modis, foemina hu-
mi confidente, ut in Gallina, aut stante,
ut in Gruibus; et quae ita coeunt, rem
quam celerrimè peragunt, ut Passeres. Aristot. Hist. anim. L. V. Cap. II.

am geschwindesten sind aber diejenigen fer=
tig, welche, statt sich niederzubücken, auf=
recht stehen bleiben. Sowohl die äußere
Gestalt 41) als der innere Bau der Zeu=
gungstheile sind an den Vögeln ganz anders,
als an den vierfüßigen Thieren. Selbst un=
ter den mancherlei Gattungen von Vögeln
sind eben diese Theile sowohl in Ansehung
ihrer Größe und Stellung, als der Unzahl
des Gebrauchs und der Bewegung merklich
unterschieden 42). Es scheint sogar, als
wenn bei gewissen Gattungen der männliche
Ge=

41) Die meisten Vögel sind mit einer doppelten
oder gabelförmigen Ruthe versehen, die aus
der hintern Oefnung hervortritt. Bei gewis=
sen Gattungen ist dieser Theil von außeror=
dentlicher Größe, bei andern aber kaum zu
bemerken. Die äußere Oefnung des weibli=
chen Geschlechtheiles befindet sich nicht, wie
bei den vierfüßigen Thieren, unter der Oef=
nung des Mastdarmes, sondern über derselben.
Eine Gebährmutter haben sie gar nicht, son=
dern blose Eierstöcke.

J. d. B.

42) Man lese hierüber nach in der Hist. de l'A-
cad. des Scienc. de Paris Année 1715. v.
II. in den Memoires pour servir, à l'Hist.
des animaux. P. I. p. 230. P. II p. 108.
134. 164. P. III. p. 71. in der Collection
academique. Partie Etrangere. Tom. IV. p.
520. 522. 535. & Tom. V. p. 489.

A. d. B.

Geſchlechtstheil wirklich in das Weibchen gebracht, bei andern aber, als ob durch eine bloße Zuſammendrückung oder bloße Be-
rührung die ganze Handlung vollendet würde. Doch werden wir die weitläuftigeren
Nachrichten von dieſem und mehrern Umſtän-
den bei der beſondern Geſchichte jedes Geſchlechts der Vögel am beſten anbringen
können.

Wenn man alle bisher angebrachte Begriffe und Begebenheiten unter einem Ge-
ſichtspunkte vereinigt, ſo wird man finden,
daß der innere Sinn der Vögel (Senſo-
rium) vornämlich mit Bildern angefüllt iſt,
welche ſie durch Hilfe des Geſichtes erhiel-
ten. Ob ſich gleich dieſe Bilder nicht ſon-
derlich tief in ihnen eingedrückt haben, ſo
muß man ihnen doch einen weitläuftigen Umfang eingeſtehen, und ſich vorſtellen, daß
die meiſten ſich auf die Bewegung, auf gewiſſe Abſtände und Räume beziehen. Wenn
ein Vogel eine ganze Provinz eben ſo leicht,
als wir unſern Horizont, überſehen kann, ſo
trägt er in ſeinem Gehirn gleichſam eine geo-
graphiſche Charte aller der Oerter, die er
geſehen. Die Leichtigkeit, womit er dieſe Gegenden wieder durchſtreifen kann, beſtimmt
ihn hauptſächlich, oft Reiſen und Wande-

J 5   run-

rungen vorzunehmen. Da sein Gehör auch
leichtlich durch das geringste Lärm erschüttert
wird, so ist es gar begreiflich, wie ein plötz=
liches Geräusch ihn heftig bewegen, und wie
die Furcht ihn zur Flucht anreizen muß; da
man ihn hingegen durch sanfte Töne und
Lockvögel ohne Mühe nach sich locken kann.
Insofern die Werkzeuge der Stimme bei den
Vögeln eben so kräftig als biegsam und ge=
schmeidig sind, kann es nicht fehlen, er muß
derselben sich fleißig bedienen, seine innern
Empfindungen, seine Leidenschaften dadurch
auszudrücken, und sie den entferntesten Ge=
genden zu verkündigen. Ein Vogel kann sich
auch in der That verständlicher machen, als
die vierfüßigen Thiere, weil er mehrere Zei=
chen in seiner Gewalt hat, und seiner Stim=
me vielfältigere Abwechselungen zu geben weiß.
Da er auch die Eindrücke von den Tönen
leicht zu empfangen, und lange zu behalten
vermag, so pfleget sich das Werkzeug des
Gehörs bei ihm gleichsam als ein wiedertö=
nendes Instrument aufzuspannen. Doch ha=
ben diese ihm beigebrachte und maschinenmäs=
sig wiederholten Töne gar keine weitere Be=
ziehung auf das innere Gefühl eines Vogels.
Der Sinn des Gefühls ertheilt einem solchen
Thier nur sehr unvollkommne Begriffe oder
Empfindungen. Daher bekömmt es auch lau=
ter

ter undeutliche Begriffe von der Form der
Körper, wenn es auch gleich die Oberfläche
derselben aufs deutlichste sehen kann. Nicht
sowohl der Geruch als das Gesicht entdecket
den Vögeln die Gegenwart alles dessen,
was ihnen zur Nahrung dienet. Sie fühlen
überhaupt mehr Bedürfniß, als bestimmten
Appetit, mehr Gefräßigkeit, als Empfind=
samkeit oder Zärtlichkeit im Geschmacke. Ist
es nicht sehr begreiflich, da sich die Vögel
den Händen und dem Gesichte der Menschen
so leicht entziehen können, daß ihnen ein
wildes Naturel und eine zu große Neigung
zur Unabhängigkeit noch übrig bleiben mußte,
als daß man sie zu wirklichen Hausthieren
zähmen könnte? Sind sie nicht viel freier,
viel entfernter, zugleich auch viel unabhängi=
ger von der menschlichen Herrschaft, folglich
im Lauf ihrer natürlichen Gewohnheiten viel
ungestörter, als die vierfüßigen Thiere?
Aus diesem Grunde halten sie sich auch lie=
ber truppweise zusammen, und sind größ=
tentheils mit einem bestimmten Triebe zur
Geselligkeit begabet. Die Nothwendigkeit,
sich in die Sorgen für ihre Familie zu thei=
len, und schon vor Entstehung derselben auf
die Erbauung eines Nestes zu denken, stif=
tet unter ihnen die stärksten Verbindungen,
die sich in eine herrschende Zuneigung ver=
wan=

wandeln, und sich auf die ganze Nachkommenschaft verbreiten. Diese sanften Empfindungen dämpfen hernach die Gewalt auf-
wallender Leidenschaften, sogar der Liebe,
und leiten sie unvermerkt zu jenem keuschen
Betkagen, zu jener Reinigkeit in den Sitten, und zu dem sanftmüthigen Naturel,
das wir an ihnen schon oben gerühmt ha-
ber. Bei der stärksten Anlage zur Liebe,
worin sie einen Vorzug vor allen Thieren
haben, verschwenden sie doch verhältnißmäs-
sig viel weniger Zeugungskräfte, als andere
Thiere. Niemals wird man Ausschweifun-
gen an ihnen gewahr. Sie haben sogar die
Kunst gelernt, ihre Vergnügungen zärtlichern
Pflichten aufzuopfern. Kurz, diese Klasse
flüchtiger Wesen; welche die Natur in den
Augenblicken der freudigsten Laune hervorgebracht zu haben scheinet, müssen dennoch
als ein ernsthaftes bescheidenes Völkchen betrachtet werden, welches uns die schönsten
Veranlassungen zu sittlichen Fabeln und nütz-
lichen Beispielen gegeben.

An=

Anhang.

Obgleich Herr von Buffon faſt alles, und noch darzu auf die angenehmſte Art geſagt hat, was man in unſern Zeiten von der Natur und Lebensart der Vögel wiſſen kann, ſo haben wir doch zum Beſten einiger Liebhaber noch einige zerſtreute Nachrichten anführen wollen, die ſich unſers Erachtens beſſer in einem Anhang als in einzelnen Anmerkungen leſen laſſen.

Vom Gehirne der Vögel merkt Herr Wilughby als etwas Beſonderes an, daß in denſelben viele Dinge, welche man im Gehirne der Menſchen und anderer Thiere findet, gar nicht angetroffen werden, und ſogar alles, was darin enthalten iſt, in Betrachtung gegen andere Thiere, ganz verkehrt an-

angebracht iſt 43). Was mag hiervon der
Grund ſeyn? Wir wollen die Muthmaſſung
des engliſchen Ornithologen anführen, die
Entſcheidung aber dem Nachdenken größerer
Naturforſcher überlaſſen. „Weil das Ge-
„ hirn, ſagt er in ſeiner Ornithologie, den
„ Vögeln mehr zu Bewerkſtelligung des Ver-
„ mögens ertheilt iſt, ſich von einem Orte
„ hurtig nach dem andern zu bewegen, als
„ zur Einbildungskraft und Gedächtniß, ſo
„ waren ſie weder ſo vieler Theile deſſel-
„ ben, noch einer ſo vortheilhaften Lage
„ benöthigt.‟ Mußte die Lage des Gehirns und ſeiner Theile deßwegen aber nicht,
in Abſicht auf ſeine Lebensart und Bedürf-
niſſe, nothwendig die vortheilhafteſte, mußte
ſie nicht gerade ſo, und nicht anders beſchaffen ſeyn, wenn die Natur bei allen ihren
Werken zu den beſten Abſichten ſich immer
der beſten Mittel bedienet? Und wenn dieſes
iſt, ſo bleibt noch die Frage zu entſcheiden
übrig: warum hier eine verkehrte Lage der
Theile des Gehirns nothwendig war?

Die

---

43) v. Alb. v. Haller operum anat. argumenti
    minorum Tom. III. p. 191. de Cerebro
    avium & piſcium.

Die Vögel sind mit Federn bedeckt, wel=
che nach dem Unterschiede der Gattungen von
mancherlei Beschaffenheit sind, und uns auf
allerlei Art vortheilhaft werden können. Die
Wasservögel z. B. verschaffen uns Federn und
Dunen zu weichen Betten. Pfauen und
Straußen dienen mit ihren Federn zu ver=
schiedenen Zierathen, worauf in manchen
Ländern sehr gehalten wird. Wem fällt
nicht sogleich das Wunderbare im Baue je=
der Feder in die Augen? Der Schaft oder
Kiel ist ein steifer, dünner, holer Cylinder,
welcher ihr zugleich Stärke und Leichtigkeit
ertheilet. Nach oben zu ist sie mit einer
Art von Mark angefüllet, wodurch sie bieg=
sam und zähe gemacht, und erhalten wird.
Vom Nutzen der Gänse = und Schwanenfe=
dern zum Schreiben, der Krähen = und Ra=
benfedern aber bei Verfertigung der Klavi=
cymbel und anderer musikalischen Instrumente
haben wir nicht nöthig ein Wort zu sagen.
Allein der ganze Bau und das Wachsthum
derselben ist wohl einiger Aufmerksamkeit wür=
dig. Sie werden alle vom Blut und einer
wäßrigen Feuchtigkeit ernähret. Um sich des=
sen zu versichern, darf man von einem jun=
gen Vogel, der noch nicht pflicke ist, nur
eine dicke Feder zusammendrücken, alsbald
wird man Blut und Wasser herausfließen se=
hen.

hen. Federn und Knochen sind solche Theile,
deren Gefässe sich unsern Augen destomehr
entziehn, je vollkommner sie werden. Man
muß also dergleichen Versuche blos an jungen Vögeln anstellen. Am Ende des Feder-
kiels ist ein kleines Loch, wodurch die Blutgefässe auf eben die Art gehen, wie sie durch
eine kleine Oefnung, die sich am Ende der
Wurzeln befindet, in die Zähne kommen.
Die trockene leichte Materie, welche man aus
dem Federkiel ziehet, wenn er zum Schreiben zugeschnitten wird, ist bei jungen Vögeln ein dicker fleischiger Kanal, der einer
mit Wasser angefüllten Ader gleichet, um
welchen die Blutgefässe herumkriechen. Bei
erwachsenen Vögeln sieht man, daß dieser
Kanal aus vielen kleinen durchscheinenden
Hülsen bestehet, welche so übereinander ge-
stellet sind, daß der Grund von der obern
genau in die Hölung der untern einpasset.
Oben im Kiele werden diese Hälsen Trichtern
ähnlich, deren Röhre sich an die Oefnung
des obersten anschließet. In diese Hülsen ergießen die Blutgefässe ihr Wasser, welches
durch sie bis oben in den Kiel, und hier in
das Federmark dringet, welches zur Linken
und Rechten sich in den Federbärten vertheilet. Es scheint also die Hölung des Kieles
von der Natur bestimmt zu seyn, zu einer
Vor-

Vorrathskammer der Nahrung zu dienen,
und jeder Feder zugleich die erforderliche
Stärke, Leichtigkeit und Geschmeidigkeit zu
geben. Die gütige Natur hat außerdem in
Bewahrung der wachsenden Federn junger
Vögel noch eine vorzügliche Sorgfalt bewiesen. Denn anfänglich sind eben diese Feder-
bärte noch weiter nichts, als eine Art von
Milchbrei. Man findet sie, wie eine Pa-
piertute, in einer langen knorplichen Röhre
zusammengerollet, um sie gegen die Luft
und gegen die Austrocknung in derselben hinlänglich zu schützen. Sobald sie aber stark
genug sind, um von den Wirkungen der Luft
keinen Schaden befürchten zu dürfen, ver-
dorret das Futteral von sich selbst, in welchem sie eingehüllet waren, und pflegt sodann schalenweise abzufallen. Die Fahne
oder der Bart erscheint sodann an den Federn an der einen Seite breit, an der andern schmal, welches zur schnellen Bewegung
der Vögel ein Merkliches beiträgt. Er ist
aus andern sehr dünnen und steifen Federchen zusammengesetzt, welche zwar locker sind,
aber sehr dicht an einander anliegen. An
den Dunen oder Pflaumfedern pflegen diese
Federchen weiter von einander zu liegen,
dünn und rund, wie Härchen zu seyn, und,
in einer regelmäßigen Entfernung, runde

oder längliche Knötchen zu haben. Durchs Vergrößerungsglas gewähren die Federn einem aufmerksamen Beobachter den reizendsten Anblick.

In Ansehung der Farbe behauptet Herr Morton, es ereigne sich nur selten, daß man Vögel anträfe, die eine andere Farbe hätten, als ihre Gattung zu haben pfleget; man hat aber in der Provinz Nordhampton Beispiele genug vom Gegentheile gefunden 44). Vor einigen Jahren wurde nicht weit von Duddington eine weiße Amsel geschossen, und in Edgekot eine andere von eben der Farbe gezeiget. Weiße Krähen sind nicht einmal unter die Seltenheiten dieses Landes zu zählen. Es giebt auch noch mehr Vögel, die zuweilen eine ganz andere Farbe annehmen, als man gewöhnlich bei ihrer Gattung erblicket. Es ließen sich hier allenfalls weiße Raben, weiße Sperlinge, weiße Lerchen u. s. w. zu Beispielen anführen. Uiberhaupt weiß man ja, und Herr von Reaumur hat es ausführlich bewiesen, daß die Farbe der Vogelfedern nicht beständig einerlei bleibe, und die Hähne sowohl als Hühner dieselbe bei der

44) v. Hist. naturelle de la Prov. de Nordhampton par Jean Morton.

der Mauſterzeit gar oft veråndern. Der
Herr Paſtor Schröter in Thangelſtedt hat
hiervon etliche merkwürdige Beiſpiele aufgezeichnet 45). „ Auf einem benachbarten
adelichen Hofe, ſagt er, war eine Henne
im erſten Jahre ganz ſchwarz, und wurde
im folgenden Jahre nach der Mauſterzeit
ſchneeweiß.“ An meinem eigenen Federvieh,
fåhrt er fort, habe ich bemerket, daß einige ganz ſchwarze Hühner nach und nach
weiße Federn bekamen. Alter und Hinfällig-
keit, wovon ſich unſere Haare weiß fårben,
können zwar bei den Hühnern und Vögeln
eine gleiche Wirkung hervorbringen, allein ſie
können unmöglich die einzigen Urſachen ſeyn.
Das Ausfallen der Federn iſt eine Art von
Krankheit, welche an ſich ſchon eine Urſache
der veråndernden Farben an den Federn im
jüngern Alter der Vögel abgeben kann, ſo
wie mancher junge Menſch durch überhåufte
Sorgen, anhaltenden Gram, nagenden Kum-
mer, oder öftere Krankheiten in den beſten
Jahren, mit einem grauen Scheitel, jener
Zierde der Greiſe, zu prangen gezwungen
iſt. Daß die Vögel auch mit einer Art von
Låuſen beſchweret, und wie dieſe beſchaffen
ſind, wird in den Schriften der Harlemer

K 2　　　　　　Ge-

45) S. Mannigfaltigk. II. Jahr, p. 168.

Gesellschaft der Wissenschaften X. Th. 1768.
S. 413. gezeiget. Sie heißen daselbst Vo-
gel-Luis. Pediculus Avium alatus, 36
ungulis inſtructus. An Hippoboſca Hi-
rundinis Linn.? vid. Schaefferi Elem.
Entom. I. p. 170.

Vom Alter der Vögel hat Herr von Buffon schon erwieſen, daß faſt alle Vögel verhältnißmäßig zu einem höhern Alter, als andere Thiere, gelangen. Wir wollen hier
nur noch einige Beiſpiele zur Beſtätigung aus
des Willughby Ornithologie anführen. Er
hat nämlich bei ſeinem Freund einen achtzig-
jährigen Vogel geſehen, den man wegen ſeiner Boßheiten und angerichteten Unordnun-
gen willen tödten mußte, weil er der Sterb-
lichkeit zu ſehr zu trotzen ſchien. Außerdem
erzählt er von einem Diſtelfinken, den man
schon 23 Jahre hindurch in einem Käfig nährte, und ihm alle Wochen den Schnabel und
die Krallen abkürzen mußte, damit er ungehindert freſſen, und ſich ohne Zwang aufrecht halten konnte.

Von den Eiern der Vögel, und beſonders
der Hühner, ſind noch einige Merkwürdigkeiten hin und wieder aufgezeichnet, wovon
die Liebhaber vielleicht hier einige Nachricht
fu-

suchen möchten. Das kleine sogenannte Zwerg-
ei z. B. welches die Schriftsteller Ovum cen-
teninum zu nennen pflegen, ist eigentlich
das letzte, das die Henne im Sommer leget. Ordentlicherweise hat es keinen Dotter, sondern es besteht blos aus dem Eiweiß, oder aus einer Art von zähem Schlei-
me. Ein solches Ei ist nur in dem Fall etwas besonders, wenn eine Henne lauter
Zwergeier leget, wie Herr Morton ein solches Beispiel gesehen zu haben versichert.
Allein, als das letzte von der ganzen Legezeit
eines Jahres betrachtet, kann es, ohne Verwunderung zu erregen, kleiner als gewöhnlich, und unvollkommen seyn. Herr Mal-
pighi hat sich die Mühe genommen, die Ursachen, warum dergleichen Eier unfruchtbar
sind, und niemals Küchlein hervorbringen,
weitläuftig zu erklären. Es giebt aber auch
Eier, welche die gewöhnlichen an Größe
weit übertreffen. Herr Harvey nennt sie
Ova gemellifica, die Aristoteles schon bemerkt zu haben scheinet. Indessen ist gewiß,
daß nur zahme Vögel dergleichen Eier legen.
Sie enthalten einen doppelten Dotter und
doppeltes Eiweiß, worin auch zwei Küchlein zu liegen pflegen, die zwar ausgebrütet, aber nicht leicht am Leben erhalten werden können.

Un-

Unter die merkwürdigen Eier gehören diejenigen, welche vom Harvey Ovum in Ovo
genennet werden, weil in einem größern Ei
noch ein kleineres vollkommnes, mit einer
eigenen harten Schale verborgen liegt. Beispiele solcher Eier und Erklärungen darüber
findet man in des Hrn. Prof. Hanovs Seltenh.
der Nat. und Oekonomie I. B. S. 265 bis
270. in den Berl. Samml. III. B. S.
259. ꝛc. und besonders in der Gaz. litt.
de Berl. 1771. p. 255. Von den sogenannten Spahreiern, Windeiern, und einem frischgelegten Ei, worin zwei Igel gefunden worden, lese man im Hanov. l. c.
S. 315. 316. 318. ꝛc. Oder wer noch
wunderbarere Geschichten von merkwürdigen
Eiern lesen will, dem empfehlen wir das
Journ. des Sçav. 1681. du 20. Janv. &
du 8. Sept. 1690. du 6. Mars 1676.
du 17. Fevr. Hist. de l'Acad. Roy. des
Scienc. de Par. 1706. p. 23. 1710. P.
558. ꝛc.

M . . .

Von

Von den

Raubvögeln.

Eigentlich könnte man wohl sagen, daß alle Vögel vom Raube lebten, weil sie fast alle den Insekten, Würmern und andern kleinen lebendigen Thieren nachjagen, und sie fangen; allein ich verstehe hier unter den Raubvögeln blos diejenigen, welche lauter Fleisch zu fressen, und sogar andere Vögel zu bekriegen pflegen. Wenn ich diese mit den vierfüßigen Raubthieren vergleiche, so findet sich, daß es beziehungsweise viel weniger Vögel als vierfüßige Thiere dieser Art gebe. Man denke sich die Geschlechte der Löwen, Tiger, Pantherthiere, Unzen, Leopar-

K 4

par=

parden, Geparden oder Tigerwölfe, der
Jaguars, Kuguars, Ozelots oder Tigerka-
ßen, der Servals oder Partherkatzen, der
Morgay's, der Wilden = und Hauskatzen;
die Geschlechte der Hunde, der Jakals, der
Wölfe, der Füchse, der Isatis, der Hyänen, Zibethkatzen, Zibeththiere, Genetten,
Foßanen; die noch viel zahlreichere Geschlechte der Wieseln, Steinmarder, Iltiße,
Stinkthiere, der wilden Wieseln (Furets),
der javanischen Wieseln oder Vansiren, der
Hermelinen, gemeinen Wieseln, Zobel, Pha-
raonsratzen, Surikaten, der Vielfraße, Pe-
kans, Wisons, Suliken, der Beutelratzen,
Philander, Kayopollins, Tarser und Pha-
langer, oder surinamischer Ratzen; die Geschlecht: der Roussetten, Rougetten und Fledermäuse, denen man auch wohl noch die
Familie der Ratten beigesellen könnte, welche sich, da sie zu schwach sind, andere Thiere zu überwältigen, unter einander selbst
aufreiben und verzehren. Sollte nicht aus
allen diesen Geschlechtern eine weit größere
Zahl herauskommen, als die Anzahl der
Geier, Sperber, Falken, Geierfalken (Ger-
fauts), der Habichte, der Weihen, Kir-
chenfalken (Cresserelles), Baumfalken (Eme-
rillons), der Ohreulen (Ducs), Horneu-
len (Hibous), gemeinen Eulen, der Wür-

ger

ger und Raben, welche nur allein eine bestimmte und natürliche Begierde nach Fleisch äußern. Es finden sich sogar unter diesen viele, als die kleinen Geier oder Habichte, die Weihen und Raben, welche das Luder den lebendigen Thieren noch weit vorziehen. Folglich läßt sich kaum der fünfte Theil aller Vögel zu den fleischfressenden rechnen, da hingegen die Raubthiere mehr als den dritten Theil aller vierfüßigen ausmachen.

Insofern die Raubvögel weder so mächtig und stark, noch so zahlreich sind, als die vierfüßigen Raubthiere, so können sie auch auf dem festen Lande nicht so viele Verwüstungen anrichten. Es scheint aber, als ob sich die Tyrannei nirgends von ihren Rechten etwas zu vergeben pflege. Denn es finden sich dagegen destomehr Vögel, welche die Wässer auf die unglaublichste Art entvölkern. Unter den vierfüßigen Thieren sind bloß die Bieber, Fischottern, Seehunde, Seekühe oder Wallroße rc. gewohnt, sich von Fischen zu nähren. Unter den Vögeln kann man aber eine große Menge solcher zählen, die, außer den Fischen, gar keinen andern Unterhalt kennen. Wir wollen hier diese Tyrannen des Wassers ohne die Tyrannen der Luft betrachten, und in

K 5

diesem Artikel blos von jenen Vögeln reden,
die, als gute Fischer, von lauter Fischen
leben. Die meisten sind in Ansehung der
Gestalt und ihrer natürlichen Eigenschaften
gar sehr von den fleischfressenden Vögeln un=
terschieden. Die letzteren fassen ihren Raub
mit den Krallen. Sie haben insgesamt ei=
nen kurzen gekrümmten Schnabel, getheilte
Zehen ohne Schwimmhäute, starke Beine,
die gemeiniglich durch die Schenkelfedern be=
deckt werden, und große hakenförmige Kral=
len; da hingegen die andern die Fische mit
ihrem geraden zugespitzten Schnabel fangen,
mit Schwimmhäuten vereinigte Zehen, schwa=
che Klauen oder Krallen, und nach vornehin
gedrehte Füsse haben.

Wenn wir keine anderen, als die bisher
angezeigten, für wirkliche Raubvögel halten,
und noch die Tagevögel von den Nachtvö=
geln absondern, so glauben wir sie nach der
natürlichsten Ordnung vorzustellen. Wir
werden also bei den Adlern, Geiern, Ha=
bichten und Weihen anfangen, und von die=
sen auf die Sperber, Geierfalken und ande=
re Falken kommen, den Beschluß aber mit
Baumfalken und Würgern machen. Viele
dieser Artikel werden eine große Menge von
beständigen Arten und Gattungen enthalten,
wel=

welche durch den Einfluß des Klima entstan=
den sind. Jedem Artikel werden wir die
fremden Vögel beifügen, welche den Vögeln
unseres Himmelsstriches am ähnlichsten zu
seyn scheinen. Bei genauer Beobachtung die=
ser Methode wollen wir nicht allein alle in=
ländischen Vögel, sondern auch zugleich alle
fremden, wovon die Schriftsteller Nachricht
geben, und alle neue Gattungen beschreiben,
die unsere Korrespondenten uns in ziemlicher
Menge zu verschaffen bemüht gewesen.

Alle Raubvögel haben etwas Merkwürdi=
ges an sich, wovon man kaum einen Grund
anzugeben vermögend ist. Ihre Männchen
sind nämlich insgesamt einen Drittheil klei=
ner und schwächer, als die Weibchen; da
hingegen bei vierfüßigen Thieren und andern
Vögel bekanntermaßen die Männchen größer
und stärker, als die Weibchen, zu seyn pfle=
gen. Bei den Insekten, sogar bei den Fi=
schen, findet man zwar auch die Weibchen
immer etwas dicker, als die Männchen; al=
lein hiervon läßt sich auch die Ursache leicht
begreifen. Ihr Leib ist von einer unbe=
schreiblichen Menge Laich oder Eierchen auf=
getrieben, und die zu einer solchen uner=
meßlichen Vermehrung bestimmten Werkzeuge
müssen den Umfang ihres Körpers nothwen=

big

dig vergrößern. Das läßt sich aber auf die
Vögel keinesweges anwenden. Die Erfahrung lehret vielmehr das Gegentheil. Denn
auch unter denjenigen, welche die größte
Zahl von Eiern legen, sind niemals die Weibchen größer, als die Männchen. Die Hühner, Enten, Puten, Fasanhühner, Wachteln, Rebhühner, die wohl 18 bis 20 Eier
hintereinander legen, sind allemal kleiner,
als ihre Hähne; die Weibchen der Adler,
der Geier, der Sperber, der Habichte und
Weihen, die kaum 3 bis 4 Eier legen,
pflegen insgesamt ihre Männchen um einen
dritten Theil an Größe zu übertreffen; daher auch das Männchen aller Gattungen von
Raubvögeln im Französischen die Benennung
Tiercelet erhalten. Dieses Wort ist von
den Franzosen als ein allgemeiner, und
nicht, wie einige Schriftsteller wollen, als
ein besonderer Name, bei den männlichen
Raubvögeln angenommen worden, um dadurch anzudeuten, daß unter den Raubvögeln das Männchen allemal um einen dritten Theil kleiner, als das Weibchen sey.

Bei allen diesen Vögeln ist es zur allgemeinen und natürlichen Gewohnheit geworden, einen Geschmack an der Jagd, und
eine Begierde nach Raub zu empfinden. Sie
schwin=

schwingen sich daher ungemein hoch in die
Luft, sind mit starken Flügeln und Beinen,
mit einem sehr durchdringenden Gesicht, einem dicken Kopf, einer fleischigen Zunge, einem einfachen häutigen Magen, mit engern
und kürzern Eingeweiden, als andere Vögel,
versehen, halten sich am liebsten an einsamen Oertern und wüsten Gebirgen auf, und
bauen ihre Nester gemeiniglich in die Felsen-
klüfte, oder auf die höchsten Bäume. In
der alten sowohl als in der neuen Welt
sieht man unterschiedene Gattungen von
Raubvögeln; einige scheinen sogar nicht einmal ein sicheres und bestimmtes Klima zu haben. Endlich hat man auch noch als gemeinschaftliche Kennzeichen dieser Vögel den krummen Schnabel und vier deutlich von einander abgesonderte Zehen an jedem Fuß zu
betrachten. Doch läßt sich der Adler allemal durch ein deutliches Merkmal vom Habicht unterscheiden. Der Kopf ist nämlich
beim Adler allemal mit Federn bedeckt, beim
Habicht aber kahl, und blos mit Pflaumfedern versehen. Beide sind nun wieder vor
den Sperbern, Weihen, Geiern und Falken
daran leicht zu erkennen, weil sich der Schnabel der letztern gleich bei seiner Wurzel zu
krümmen anfängt, bei den Adlern und Habichten aber erst ein Fleck gerade ausgehet,
uud

und in einiger Entfernung von seinem Ur=
sprung die gewöhnliche Krümmung annimmt.

Die Raubvögel sind auch minder fruchtbar,
als andere. Die meisten legen sehr wenig
Eier. Ich finde daher, daß Herr vor Lin=
né 46) sich irret, wenn er von diesen Vö=
geln saget: überhaupt betrachtet pflegten sie
ungefähr nur vier Eier zu legen. Denn es
giebt einige, wie der Steinadler und Bein=
brecher, welche nur zwei, und wieder an=
dere, als die Kirchen=und Baumfalken, die
wohl sieben Eier legen. In diesem Stück ist
es mit den Raubvögeln wie mit den vierfüs=
sigen Thieren beschaffen. Sie vervielfältigen
sich nach dem umgekehrten Verhältniß ihrer
Größe. Die größten pflegen weniger Jun=
gen, als die kleinern, die allerkleinsten aber
die meisten hervorzubringen. Und mir scheint
unter allen Ordnungen lebender Geschöpfe in
der Natur diese Ordnung allgemein einge=
führet zu seyn. Man könnte zwar hier das
Beispiel der Tauben, die von sehr mittel=
mäßiger Größe sind, und nur zwei Eier,
oder der kleinsten Vögel, die gemeiniglich
nur fünfe legen, wider mich anführen; al=
lein

46) Im Syst. Nat. Ed. X. p. 81. und Ed. XII.
p. 115. Ova circiter quatuor,

lein man muß hier sein Augenmerk auf die
Früchte des ganzen Jahres richten, und nicht
vergeffen, daß die Taube, wenn sie gleich
auf einmal nur zwei bis drei Eier leget und
ausbrütet, vom Frühjahr bis zum Herbst
wohl zwei-drei-bis viermal dieses fruchtbare Geschäft wiederholet. Unter den kleinen
Vögeln giebt es ebenfalls viele, die während
eben dieser Zeit vielmal niften und brüten.
Wenn man demnach die ganze Summe der
jährigen Fruchtbarkeit zusammen in Betrachtung ziehet, so kann man unter gewiffen
Umständen immer mit Wahrheit behaupten,
die Fruchtbarkeit sey bei den Vögeln, wie
bei den vierfüßigen Thieren, defto größer,
je kleiner die Thiere sind.

Alle Raubthiere sind von Natur härter
und graufamer, als andere Vögel. Sie
sind nicht allein unter allen andern am schwe-
reften zahm zu machen, sondern haben auch
faft alle bald in einem höhern, bald gerin-
germ Grade, die widernatürliche Art an
sich, ihre Jungen viel früher, als andere
Vögel, und noch zu der Zeit aus dem Nefte zu jagen, da sie noch ihrer Sorgfalt und
ihrer Unterftützung sehr bedürfen. Sowohl
diese Graufamkeit, als alle übrigen Beweife
ihrer natürlichen Härte, gründen sich auf
eine

eine schon härtere Empfindung, nämlich auf
die Nothwendigkeit und auf das dringende
Bedürfniß ihrer Selbsterhaltung. Alle Thiere, welche vermöge der Bildung ihres Magens und ihrer Eingeweide gezwungen sind,
sich vom Fleische zu nähren, und vom Raube zu leben, werden, wenn sie auch sanft-
müthig zur Welt gekommen wären, blos
durch den Gebrauch ihrer Waffen gar bald
geneigt, andere anzufallen, und sich feind-
selig zu beweisen. Durch wiederholte Anfälle und Kämpfe pflegt endlich die Grausamkeit bei ihnen zur andern Natur zu werden. Da sie blos im Untergang anderer
Thiere die Befriedigung ihrer Bedürfnisse
finden, und sie diesen Untergang nicht anders, als durch beständige Verfolgungen,
befördern können, so fühlen sie bei sich einen
beständigen Hang zur Feindseligkeit, welcher
auf alle ihre Handlungen den stärksten Einfluß hat, alles Gefühl der Sanftmuth in
ihnen ersticket, und sogar der mütterlichen
Zärtlichkeit sichtbaren Abbruch thut. Vom
beschwerlichen Gefühl eigener Bedürfnisse ge-
drückt, hört ein Raubvogel mit Ungeduld
und ohne Mitleiden das fordernde Geschrei
seiner Jungen, deren Heißhunger desto schärfer wird, je mehr sie an Größe zunehmen.
Sobald also den Alten die Jagd schwer ge-
                              macht

macht wird, und es ihnen an Beute zu fehlen anfängt, jagen sie die Jungen aus dem Nest heraus, schlagen sie mit ihren Flügeln, und gehen in den Anfällen ihrer durch den Hunger veranlaßten Wuth oft so weit, ihre Nachkommenschaft selbst umzubringen.

Eine andere Wirkung dieser theils natürlichen, theils angenommenen Härte besteht in der Abneigung von der Geselligkeit. Niemals wird man sehen, daß Raubvögel oder fleischfressende Raubthiere sich mit einander vereinigen. Sie schweifen, gleich den Räubern, einsam herum. Blos das Bedürfniß des Vermehrungstriebes, welches, nach dem Triebe der Selbsterhaltung, unstreitig das stärkste seyn mag, unterhält noch eine Vereinigung zwischen den männlichen und weiblichen Raubthieren. Da sie beide sich ihren Unterhalt verschaffen, und sogar im Kampf mit andern Thieren einander beistehen können; so pflegen sie, auch nach der Befriedigung ihres Paarungstriebes, einander dennoch nicht zu verlassen. Man wird fast allemal ein Paar solcher Vögel an einerlei Ort antreffen, fast niemals aber wird man sie völker- oder familienweise zusammen vereinigt sehen. Die Adler, als die größten un-

ter

ter ihnen, die eben deswegen auch den mei=
sten Unterhalt brauchen, laffen es nicht ein=
mal geschehen, daß ihre Jungen, die sie nun
als ihre Nebenbuhler betrachten, sich in der
Nähe bei ihnen aufhalten dürfen, da doch
alle Vögel und vierfüßige Thiere, welche
sich blos von den Früchten der Erde näh=
ren, mit ihrer Familie zusammen leben, Ge=
sellschaft von ihres Gleichen suchen, sich in grof=
sen zahlreichen Truppen versammlen, und
von keinem andern Zank, von keiner andern
Ursache des Streits wissen, als den der Ver=
mehrungstrieb oder die Zärtlichkeit für ihre
Jungen veranlasset. Denn fast bei allen,
sogar bei den sanftmüthigsten Thieren, pfle=
gen zur Zeit ihrer Brunst die Männchen ei=
ne Art von Wuth, und alle Weibchen, zur
Vertheidigung ihrer Nachkommenschaft, eine
sonst ungewöhnliche Wildheit anzunehmen.

Ehe wir die Geschichte jeder Gattung von
Raubvögeln ausführlich behandeln, können
wir nicht umhin, einige Bemerkungen über
die Methoden anzuführen, deren man sich
bedienet, um diese Gattungen zu erkennen,
und von einander unterscheiden zu können.
Man hat in diesen Methoden den Unter=
schied der Gattungen auf die Farbe, auf ih=

re

re Vertheilung und Abwechselungen, auf die
Flecken, Bande, Streifen, Striche u. f. w.
gegründet. Nur selten glaubt ein Methodist
eine gute Beschreibung geliefert zu haben,
wofern er nicht nach einem selbst gemachten
und beständig einförmigen Entwurf alle Far=
ben der Federn, alle Flecken, Bande und
andere Verschiedenheiten seiner beschriebenen
Gegenstände genau angegeben. Wenn diese
Verschiedenheiten groß, oder wenigstens leicht
zu bemerken sind, so findet er gar keine Be=
denklichkeit, sie zu sichern Merkmalen des
Unterschiedes der Gattungen zu machen.
Folglich nimmt man eben so viele Gattungen
von Vögeln an, als man Verschiedenheiten
in den Farben bemerket. Was kann aber
wohl unsicherer und irriger seyn, als eine
solche Methode? Wir könnten vorläufig ein
ganzes Verzeichniß von einerlei Vögeln an=
geben, die von unseren Namensammlern nach
dieser auf den Unterschied der Farben ge=
gründeten Methode zwei=bis dreimal unter
andern Benennungen angeführet und beschrie=
ben worden. Allein wir können zufrieden
seyn, wenn wir nur die Gründe, worauf
wir dieses Urtheil stützen, werden begreiflich
gemachet, und unsere Leser bis zu der

Quelle

Quelle zurückgeführet haben, woraus diese
Fehler und Irrthümer entspringen.

Alle Vögel überhaupt maustern sich gleich
im ersten Jahr ihres Lebens, und nach dieser
Mauserzeit sehen gemeiniglich die Farben ihrer
Federn ganz anders aus, als vorher. Diese
Veränderung der Farben im ersten Lebens-
alter ist fast allgemein in der Natur, und
erstreckt sich auch auf die vierfüßigen Thiere,
die alsdann, wie man sagt, ihre erste Li-
berei, oder die ursprüngliche Farbe ihres
Pelzes tragen, welche sie aber verlieren,
sobald sie sich zum erstenmal gehäret haben.
Bei den Raubvögeln erfolgt auf die Wirkung der ersten Mauserzeit eine so große
Veränderung der Farben, und ihrer Vertheilung, daß man sich gar nicht wundern
darf, wenn die Verfasser unserer Namen-
verzeichnisse, wovon sich die wenigsten um
die Geschichte der Vögel bekümmert, unter
den verschiedenen Umständen, die sich vor
und nach der Mauserzeit ereignen, aus einerlei Vögeln zwo ganz verschiedene Gattungen gemacht haben. Auf die erste Veränderung folgt noch eine sehr beträchtliche
bei der zweiten, und oft noch eine andere
bei der dritten Mauserzeit. Aus diesem ein-
zi-

zigen Grund also muß ein Vogel, wenn er
nach 6 Monaten oder nach 18 Monaten,
und endlich nach zweien und einem halben
Jahr betrachtet wird, drei ganz unterschiedene Vögel vorzustellen scheinen, besonders
in den Augen derjenigen, welche nichts von
ihrer Geschichte wissen, und keinen andern
Leitfaden, kein anderes Mittel zur näheren
Kenntniß derselben, als die auf ihre Farben
gegründete Methoden, haben.

Indessen sind alle Farben oft einer vollkommnen Veränderung unterworfen. Das
Maustern ist wohl die allgemeine, nicht aber
die einzige Ursache. Es giebt noch eine Menge von andern besondern Ursachen derselben.
Mit dem Unterschiede des Geschlechts ist schon
oft ein großer Unterschied in den Farben verbunden. Uiberdies finden sich Gattungen,
die sogar in einerlei Himmelsstrich, ohne Rücksicht auf das Alter und Geschlecht, merklichen Veränderungen bloßgestellet sind. Noch
viel größer aber ist die Zahl derjenigen,
deren Farben durch den Einfluß unterschiedener Himmelsstriche nothwendig verändert werden müssen. Nichts kann daher
mehreren Irrungen unterworfen seyn, als
das Bestreben, die Vögel, besonders dieje-
L 3   nigen

nigen Raubvögel, von denen hier geredet
wird, aus den Farben und ihren Vermischungen kennen lernen zu wollen. Was läßt
sich aber wohl von einer Eintheilung ihrer
Gattungen erwarten, die auf lauter unbe-
ständige und zufällige Charaktere gegründet ist?

Naturgeschichte

der Adler.

Es giebt unterschiedene Vögel, denen man die Benennung der Adler beigeleget hat. Unsere Namensammler zählen eilf Gattungen bloßer europäischer Adler, ohne die vier ausländischen Gattungen zu rechnen, deren zwo in Brasilien; eine in Afrika, die letzte aber in Indien, sich aufhalten sollen. Die eilf Gattungen, wovon sie reden, bestehen in folgenden;

1) Der gemeine Adler.

2) Der

2) Der weißköpfige Adler.

3) Der weiße Adler.

4) Der schäckichte Adler.

5) Der große weißgeschwänzte Adler.

6) Der kleine weißgeschwänzte Adler.

7) Der Goldadler.

8) Der schwarze Adler.

9) Der große Meeradler.

10) Der kleine Meeradler.

11) Der Fischadler oder St. Martin (Jean-le-blanc).

Wir haben aber schon erinnert, daß unsere neuere Namensammler sich vielweniger angelegen seyn lassen, die Anzahl der Gattungen, wie es dem Zweck aller Beschäftigungen eines Naturforschers gemäß ist, auf ihre gehörige Grenzen einzuschränken, als zu vermehren, weil das letzte weit leichter ist, und bei geringer Mühe viel Aufsehens in den Augen

gen der Unwissenden machet. Die Einschrän=
kung der Gattungen setzt ungemein viel Kennt=
nisse, Nachdenken und Vergleichung voraus,
da hingegen auf der Welt nichts leichter ist,
als die Anzahl derselben zu vermehren. Was
braucht es hierzu weiter, als Bücher und
Naturaliensammlungen durchzustören, und je=
de Verschiedenheit in der Größe, Form und
Farbe als spezifische Charaktere anzunehmen,
hernach aber aus jeder von diesen Verschie=
denheiten, so nichtsbedeutend sie auch seyn
mögen, eine neue von allen andern abgeson=
derte Gattung zu machen? Insofern man sich
aber bemühet, willkührliche Vermehrungen
der Gattungsbenennungen vorzunehmen, häu=
fet man unglücklicherweise zugleich die Schwie=
rigkeiten in der Naturgeschichte, deren Dun=
kelheit blos von jenen Wolken herzuleiten ist,
welche durch eine Anhäufung willkührlicher,
oftmals falscher, jederzeit aber ganz beson=
derer Namen, die niemals den ganzen Um=
fang der Unterscheidungsmerkmale in sich fas=
sen, über die Naturgeschichte verbreitet wer=
den; da man doch nur allein aus der Ver=
einigung aller Charaktere, besonders aus dem
Unterschied oder aus der Aehnlichkeit der
Form, der Größe, der Farben, des Na=
turels und der Sitten schließen kann, ob man

L 5   un=

unterſchiedene oder nur einerlei Gattungen
vor ſich habe.

Wenn wir alſo die vier ausländiſchen Ad⸗
ler, wovon wir in der Folge reden wollen,
jetzt weglaſſen, und noch den ſogenannten
Fiſchadler oder St. Martin (Jean-le-blanc)
aus der Liſte wegſtreichen, weil er ſich von
den Adlern ſo ſehr unterſcheidet, daß man
ihm niemals dieſe Benennung beigeleget hat;
ſo könnte man meines Erachtens die oben
angezeigten eilf Gattungen europäiſcher Ad⸗
ler auf ſechs herunterſetzen, unter welchen
ſich doch nur drei befänden, die den Namen
der Adler beibehalten könnten; denn die drei
andern ſind von den eigentlichen Adlern ge⸗
nugſam unterſchieden, um durch nndere Na⸗
men ausgezeichnet zu werden. Dieſe drei
Gattungen ächter Adler würden daher fol⸗
gende ſeyn:

1) Der Goldadler, den ich den groſ⸗
. ſen Adler (oder Steinadler) nen⸗
nen werde.

2) Der gemeine, oder der Adler von
mittlerer Größe. (Der ſchwarze
Adler.)

3) Der

3) Der gefleckte oder fchäckichte Adler, der bei mir der kleine Adler, bei andern der kleine Steinadler heißt.

Die drei andern find noch:

1) Der weißgeschwänzte Adler, für welchen ich den alten Namen Py-gargue (Fischadler) aufbehalten, um ihn von den drei ersten Gat-tungen zu unterscheiden, von wel-chen er sich durch einige Merkmale zu entfernen anfängt.

2) Der kleine Meeradler, den ich mit seinem englischen Namen Balbusard belegen werde, weil er nicht un-ter die ächten Adler gehöret, und endlich

3) Der große Meeradler, der sich noch weiter von dem Adlergeschlecht un-terscheidet, und aus diesem Grun-de unter seiner alten französischen Benennung Orfraie (Beinbrecher) vorkömmt.

Der

Der große (oder Goldadler) und kleine
(oder ſchäckigte) Adler machen jeder eine
ganz einzelne Gattung aus, der gemeine
(oder ſchwarze) Adler hingegen, und der
Fiſchadler (Pygargue) begreifen allerlei
Veränderungen unter ſich. Die Gattung des
gemeinen Adlers beſteht aus zweierlei Abänderungen; aus dem braunen und ſchwarzen Adler. Vom Fiſchadler ſind aber dreierlei Abänderungen bekannt: nämlich der große
und kleine weißgeſchwänzte, und der weißköpfige Adler. Ich mag hier mit Fleiß den
ganz weißen Adler nicht mit beifügen, weil
ich ihn für keine beſondere Gattung, nicht
einmal für eine beſtändige Art halten kann,
die ſich irgend einer beſtimmten Gattung bei-
zählen ließe. Meines Erachtens iſt er eine
blos zufällige Abänderung, welche durch die
ſtrenge Kälte des Himmelsſtriches, noch öfter
aber durch das Alter des Thieres hervorgebracht wird. In der beſondern Geſchichte
der Vögel wird man ſehen, daß viele unter
ihnen, beſonders aber die Adler, ſowohl
durch das Alter und Krankheiten, als durch
allzulanges Faſten, grau oder weiß werden.

Eben ſo wird man auch leicht einſehen,
daß der ſchwarze Adler eine bloße Abänderung der braunen oder gemeinen Gattung
von

von Adlern, der weißköpfige hingegen und
kleine weißschwänzige als Abänderungen zu
den Gattungen der Fischadler, oder des
großen weißschwänzigen Adlers gehören; daß
hingegen der ganz weiße Adler eine bloß zu=
fällige und einzelne Abänderung vorstellet,
die zu allen Gattungen gerechnet werden
kann. Von den vermeinten eilf Adlergat=
tungen bleiben uns also nichts mehr, als
drei, nämlich der große, mittlere und klei=
ne Adler übrig, weil die vier andern, als
der Fischadler, der Balbuzard oder kleine
Meeradler, der Beinbrecher und sogenannte
St. Martin von den ächten Adlern genug=
sam unterschieden sind, um für sich betrach=
tet, und mit besondern Namen belegt wer=
den zu können. Ich habe zu dem Entschluß,
die Gattungen einzuschränken, destomehr Ur=
sachen und desto stärkere Gründe vor mir ge=
habt, weil schon die Alten von langen Zei=
ten her wußten, daß Adler von unterschie=
dener Art sich recht gern mit einander paa=
ren, und mit einander Junge zeugen, und
weil man von dieser Eintheilung sagen muß,
daß sie von der Eintheilung des Aristoteles
noch am wenigsten abweiche, der mir besser,
als irgend einer unserer Namenkrämer, die
wahren Charaktere und wesentlichen Unter=
scheidungsmerkmale der Gattungen eingesehen

zu

zu haben scheinet. Er nimmt im Adlerge=
schlecht überhaupt sechs Gattungen an, geste=
het aber selbst, unter diesen sechs Gattun=
gen wäre noch ein Vogel mit begriffen, von
dem er glaubte, daß er zu den Geiern ge=
höre 48), und daß man ihn folglich von
den Adlern trennen müßte, weil es in der
That jener Vogel ist, welchen man unter
dem Namen des Alpengeiers oder Geierad=
lers kennet. Es bleiben also nur fünf Gat=
tungen übrig, die erst mit den von mir fest=
gesetzten drei Adlergattungen am besten über=
einstimmen, übrigens aber sich auf eine
vierte und fünfte Gattung, den Fischadler
(Pygargue) und kleinen Meeradler, oder
Balbuzard beziehen. Ich glaubte, das An=
se=

48) Quartum genus (Aquilae) Percnopterus ab
alarum notis appellatum, capite albicante,
corpore majore, quam caeterae adhuc dictae
(Pygargos, Morphnos & Meloenaëtos haec
est; sed brevioribus alis, caudâ longiore.
Vulturis speciem haec refert, Subaquila &
Ciconia montana cognominatur: incolit lu=
cos degener, nec vitiis caeterarum caret &
bonorum, quae illae obtinent, expers est:
quippe quae à Corvo, caeterisque id genus
alitibus verberetur, fugetur, capiatur. Gra=
vis est enim, victu iners; exanimata fert
corpora; famelica semper est & querula cla=
mitat & clangit. Arist. Hist. anim. Libr. IX.
c. XXXII.

sehen dieses großen Weltweisen dürfe mich
nicht abschrecken, die eigentlich sogenannten
Adler von diesen letzten Vögeln abzusondern,
und in diesem Stück allein bin ich mit meiner
Einschränkung der Gattungen von der seini=
gen abgewichen; übrigens bin ich mit ihm
völlig einig, und glaube, so wie er, daß
der Beinbrecher oder große Meeradler so
wenig, als der St. Martinsvogel (Jean-le-
blanc), dessen er nicht gedenket, unter die
eigentlichen Adler gezählet werden darf, be=
sonders da der letzte von diesen so weit ab=
weichet, daß es noch niemand gewagt, ihn
einen Adler zu nennen. Alles dieses wird
sich in den folgenden Artikeln, wo man den
Unterschied jeder von uns beschriebenen Gat=
tung ausführlicher anzeiget, zur Befriedi=
gung und mehreren Deutlichkeit unserer Leser
klärlich entwickeln.

I. Der

I.

Der große Adler.

Der Steinadler. 49)

Man sehe hierbei die 410te illuminirte Platte der Vögel nach.

***

S. I. Tafel.

Die erste Gattung ist der große Adler (1. Tafel, den Belon nach dem Athenäus Königsadler, oder den König der Vögel

49) Der Goldadler. Klein. Landadler, Steinadler. Halle. Sternadler. Ebend. Franz. Grand aigle. Aigle Royal. Aigle noble, doré, roux, fauve. Buff. Le Grand Aigle royal. Belon. Engl. The Golden Eagle. Holl. Arent. Dän. Landörn. Gaaseörn. Pontopp. Schweb. Oern. Span. Aquila coronada. Poln. Orzel przedni. Perf. An si muger. Griech.

Buff. N. d. Vögel I.T.

gel nennet. In der That ist er von einer ächten und edlen Art. Aristoteles 50) nennet

Griech. Ἀετὸς γνήσιος. Arist. Χρυσάετος. Oppian. Hebr. Neser, wie Geßner und Al-drobandus behaupten. Chald. Nisra. Arab. Neser, Achal gagila, Zummach, Aukeb oder Haukeb. Nesir nach dem Afrikaner Leo. Syr. Napan, welches mit Wilhelm Tardiff Meapan, wie er diesen Adler in seinem klei-nen Traktat von der Falkenierkunst auf sy-risch nennet, ziemlich übereinkömmt. Er be-hauptet ebendaselbst, er wäre bei den Grie-chen unter dem Namen Φιλαδελφος, bei den Lateinern hingegen unter dem Namen Milion bekannt; allein diese letzte Benennung ist französisch, und niemals auf diesen Adler angewendet worden. Einige von den alten französischen Schriftstellern haben den Habicht sonst mit dem verdorbenen Worte Milion be-leget.

G. Hallens Vögel S. 174. Knut Leems Nachr. von den Lappen in Finnmarken. Leipz 71. p. 125. Pontoppidans Naturgesch. von Däne-mark in 4to. p. 165. Kleins Vorbereit. zur Vögelhistorie, Leipz. 1760. p. 76. Skopolé Vögel seines Kabinetts, Leipz. 1770. p. 2.

Linn. S. N. Ed. XII. p. 125. Falco Chrysaë-tos cerâ luteâ pedibusque lanátis luteo-fer-rugineis, corpore fusco ferrugineo vario, caudâ nigrâ, basi cinereo-undulatâ. Faun. Suec. 1767. n. 54. Id. nom. Brisson. Av. Edit. Batavina, in 8vo. Tom. I. p. 124. Aquila Chrysaëtos f. aurea. l'Aigle doré. Aquila Germana. Gesn. & Johnst. Chrysaë-tos. Aldrov. Raj. Willughb. Aquila pyrae-naica.

net ihn daher Ἀετὸς γνήσιος, 51) und bei
den Methodisten findet man ihn unter dem
Namen des Goldädlers 52). Er stellet unter
allen Adlern den größten vor. Das Weib=
chen hat wohl drei und einen halben Fuß in
der Länge, von der Spitze des Schnabels
bis an das Ende der Füsse gerechnet, und
mehr als acht und einen halben Fuß im
Durchmesser der ausgespannten Flügel. Er
wie=

naica. Barr. stellaris Belonii. Asterias, Hall.
regalis, Schwenkf. Cf. Vallm. de Bom. Dict.
d'Hist. Nat. Tom. I. p. 164. VIII. 481.
Cours d'Hist. Nat. Tom. III. p. 220. n. 6.
b. B. u. M.

50) Sextum genus (Aquilae) Gnesium, i. e.
verum, germanumque appellant. Unum hoc,
ex omni avium genere, esse veri incorrupti-
que ortus creditur. Caetera enim genera &
aquilarum & accipitrum & minutarum etiam
avium promiscua adulterinaque invicem pro-
creant. Maxima aquilarum omnium haec est,
major etiam, quam ossifraga. Sed caeteras
aquilas vel sesqui altera portione excedit.
Colore est rufa, conspectu rara. Aristot.
Hist. animal. Libr. IX. c. XXXII.

51) Ἀετὸς von ἀιετω mit Gewalt worauflos=
schießen, und γνήσιον, Jovis ales, der Vogel Jupiters. S. Hallen und Klein l. cit.
M.

52) S. die vierte Platte der brittischen Zoolo=
gie, und Brisson l. cit.

wieget sechszehn 53), oft auch achtzehn
Pfund 54). Das Männchen ist allemal klei-
M 2   ner,

53) S. Klein. Ordo Avium p. 40. Von den
kleinischen Goldadlern wog der eine aus Meh-
ringen dreizehn, der andere aus dem Grebi-
ner Walde sechszehn Pfund. S. Kleins Vorb.
zur Vögelh. p. 76.

                                          M.

54) Einer von meinen Freunden, Herr Hebert,
Obereinnehmer zu Dijon, der über die Vögel
sehr gründliche Beobachtungen angestellet, und
mir so viele davon mitgetheilet hat, daß ich ihn
oft mit erkenntlichem Herzen anzuführen Gelegenheit finden werde, schreibt mir von den
Adlern Folgendes: ,,Ich habe, sagt er, in
der französischen Landschaft Bugey zwo Gattungen von Adlern gesehen. Den ersten fieng
man auf dem Schloß von Dorlau, wo man
ihn vermittels einer lebendigen Taube ins Netz
gelocket hatte. Sein Gewicht betrug achtzehn
Pfund. Er war von rothbrauner Farbe, und
eben der große Adler, der in der britt. Zoologie auf der Platte A vorgestellet wird.
Man wurde an ihm besondere Stärke und viel
Bosheit gewahr. Eine Frau, welche bei den
Fasanen zu thun hatte, biß er aufs grausamste in den Busen. Der zweite war fast ganz
schwarz. Beide Gattungen sind mir auch in
Geneo zu Gesicht gekommen, wo man jede
in einem besondern Käfig nährte. Sie haben
alle beide mit Federn bis an die Krallen be-
setz e Füsse. Die Federn ihrer Schenkel sind
so lang, und so häufig und dichte übereinander, daß man bei entferntem Anblick eines dergleichen Vogels glauben sollte, sie ständen oder
säßen auf einer kleinen Erhöhung. In Bugey
                                          hät

ner, und pflegt selten über zwölf Pfund zu
wiegen. Beide haben einen sehr starken
Schnabel, der einem blaulichen Horn ziem=
lich gleichet. Ihre Krallen sind schwarz und
filzig. Die größte oder die hinterste beträgt
oft fünf Zoll in der Länge. Die Augen sind
wohl groß; allein sie scheinen in einer tiefen
Höle zu liegen, welche vom obern Theil der
Augenhöle, wie mit einem überstehenden Da=
che, bedeckt wird. Der Regenbogen im Au=
ge hat eine schöne hellgelbe Farbe, und blitzt
mit lebhaftem Feuer durch die Hornhaut her=
vor. Die glasartige Feuchtigkeit gleicht an
                                            Far=

hält man sie für Zugvögel, weil sie daselbst
blos im Frühling und im Herbste sichtbar
werden.
                                    A. d. V.

Das Hauptkennzeichen des Goldadlers oder wah=
ren Adlers, sagt Hr. D. Günther in einer
Anmerk. zu Skopoli Vogelkabinet, besteht
außer seiner Größe, worin er alle Vögel in
Europa übertrifft, in seinen bis auf die Zehen
mit Federn bekleideten Fängen, die an allen
andern Adlern glatt sind. Er selbst hat in
seiner Sammlung einen Adler, der zwanzig,
also vier Pfund mehr, als der kleinische,
wiegt. Da er mitten im Sommer zu Alten=
berge bei Kahla geschossen worden, läßt sich
hieraus schließen, daß er auch in Thüringen,
oder wenigstens nicht weit von dessen Grenzen,
horsten müsse.
                                        M.

Farbe dem Topas; der trockne feste Kristall im Auge pranget im Schimmer und Glanz eines Diamanten. Der Schlund erweitert sich in einen ansehnlichen Beutel oder Kropf, der wohl ein gutes Nößel Wasser in sich fassen kann. Der darunter gelegene Magen ist nicht völlig so groß, als dieser erste Kropf, aber fast eben so häutig und biegsam. Dieser Vogel ist fett, besonders im Winter, sein Fett ist weiß, und sein Fleisch zwar hart und faserig, aber nicht von einem so wilden Geschmack, als das Fleisch der andern Raub= vögel 55).

Diese Gattung trifft man in Griechen= land 56), in Frankreich auf den Gebirgen der Landschaft Bugey, in Deutschland in den schlesischen Gebirgen 57), in den Wäldern um Danzig 58), auf den karpatischen 59),

M 3   pi=

55) S. Schwenckfeldii Aves Silef. p. 216.

56) S. Ariftotelis Hift. animal. Lib. IX. cap. XXXII.

57) S. Schwenckf. l. cit. p. 214.

58) S. Klein. Ordo Avium. p. 4c.

59) S. Rzaczynsky Auct. Hift. Nat. Polon. p. 360 und 361.

pirenäischen 60) und irrländischen Gebirgen 61)
an. Er wird auch in Kleinasien und Persien
gefunden; denn die alten Perser führten schon
vor den Römern den Adler auf ihren Krie=
gesfahnen, und man hatte schon in den al=
ten Zeiten eben diesen großen, oder diesen
Goldadler, dem Jupiter geheiliget 62).
Man sieht auch aus den Zeugnissen Reisender,
daß er sich in Arabien 63), in Mauritanien
und vielen andern Provinzen von Afrika und
Asien bis zur Tartarei, nur nicht in Si e=
rien und in dem übrigen Theil des nördli=
chen Asiens, aufhält. Fast eben so verhält
sichs in Europa. Diese Gattung, welche
durch=

60) E. Barrere Ornithol. Class. III. Gen. IV.
sp. 1.

61) S. British Zoology. p. 61.

62) Fulvam aquilam, Jovis nunciam. Cicero
de Leg Libro II. Grata Jovis fulvae ro-
stra videbis avis Ovid. Libr. V. Fulvus-
que tonantis armiger. Claudian.

63) Majores (Aquilae) arabico nomine Nesir
vocantur. Aquilas docent Afri, vulpibus &
lupis insidiari, quibuscum proelium ineunt:
verum edoctae aquilae unguibus dorsum &
caput rostro comprehendunt, ut dentibus
morderi nequeant. Caeterum si animal dorsum volvat, aquila non desistit, donec vel
interimat vel oculos illi effodiat. Leon.
Afric. P. II. p. 767.

durchgängig seltsam ist, findet sich noch viel
öfter in unsern mittäglichen als in den ge=
mäßigtern Provinzen; in unsern nördlichen
Gegenden aber, welche über dem 55sten
Grade der Breite liegen, ist er gar nicht
mehr wahrzunehmen; auch im nördlichen
Amerika wird man diesen Adler nicht gewahr,
obgleich der gemeine oder schwarze sich da=
selbst aufzuhalten pfleget. Es scheint also,
der große Adler sey blos in den gemäßigten
und warmen Gegenden des alten festen Lan=
des, wie alle Thiere, geblieben, welchen
die Kälte zuwider ist, und welche darum nie
bis zu dem neuen festen Lande gekommen sind.

Der Adler hat, physikalisch und moralisch
betrachtet, viel mit dem Löwen gemein. Er
besitzt außerordentliche Stärke; folglich muß
man ihm unter den Vögeln die Oberherr=
schaft eben so, wie dem Löwen unter den
vierfüßigen Thieren, einräumen. Die Groß=
muth üben die Adler so gut als die Löwen
aus. Kleine Thiere kommen ihnen eben so
verächtlich, und ihre Anfälle gar nicht be=
merkenswürdig vor. Sie müssen durch das
ungestümme Geschrei der Krähen und Elster
lange hinter einander aufgefordert werden,
ehe sie endlich den Schluß fassen, sie für ih=
ren Frevel mit dem Tode zu bestrafen. Uibri=

M 4 gens

gens verlangt ein Adler kein anderes Gut,
als was er sich selbst verschaffen, keine an=
dere Beute, als die er selbst erhaschen kann.
Unter die Eigenschaften, die er mit dem Lö=
wen gemein hat, gehört auch die Mäßig=
keit. Fast niemals pflegt er sein erhaschtes
Wildpret ganz zu verzehren, sondern immer
die Uiberbleibsel, wie der Löwe, für andere
Thiere liegen zu lassen. So hungrig er auch
immer seyn mag, vergreift er sich doch nie=
mals an Luder. Er lebt so einsam, als der
Löwe, in einer Wüste, deren Zugänge und
Jagdgerechtigkeit er wider alle andere Vö=
gel nachdrücklich vertheidiget. Es ist vielleicht
eben eine so große Seltenheit, zwei Paar
Adler auf einerlei Gebirge, als zwo Löwen=
familien in einerlei Theil eines Waldes anzu=
treffen. Sie halten sich allemal weit von
einander entfernt, damit ihnen der Umfang
ihres Aufenthaltes hinlänglichen Fraß gewäh=
ren könne. Den Vorzug und die Größe ih=
res Reichs schätzen sie blos nach der Menge
des vorräthigen Wildprets, das ihnen zum
Raube dient. Ferner hat ein Adler funkeln=
de und fast eben so gefärbte Augen, wie die
Augen des Löwen 64), eben solche Fänge
oder

64) Oculi Charopi, Charopos color, qui di-
lutam habet viriditatem, igneo quodam splen-
dore intermicantem; qualem in leonum oculis conspicimus. Calep. Diction.

oder Klauen, eben so starken Athem, und macht ein eben so furchtbares Geschrei, als der Löwe 65). Da sie Beide zum Kampf und Raub erschaffen sind, vermeiden sie auch beide die Gesellschaft, und pflegen sich durch gleiche Grimmigkeit, Grausamkeit und Un-bändigkeit furchtbar zu machen. Sie können gar nicht anders, als wenn man sie ganz zeitig und jung aus dem Neste nimmt, ge-zähmet werden. Es gehört viel Geduld und Kunst darzu, einen jungen Adler dieser Art zur Jagd abzurichten. Sein Herr selbst hat von ihm alles zu fürchten, sobald er alt und stark genug wird, Schaden zu thun.

Durch die Zeugnisse gewisser Schriftsteller können wir überführt werden, daß man vor alten Zeiten sich dieses Adlers in Orient ge-wöhnlich zur Jagd bedient. Heutiges Ta-

M. 5   ges

65) Anm. Wir haben den Adler mit dem Lö-
    wen, den Habicht aber mit dem Tiger ver-
    glichen: denn man weiß, daß der Kopf und
    Hals des Löwen mit langen Zotteln und einer
    schönen Mähne behangen, am Tiger aber, in
    Vergleichung mit dem Löwen, fast gänzlich
    kahl sind. Eben so ist es auch mit dem Ha-
    bicht beschaffen, dessen Kopf und Hals ganz
    kahl erscheinen, da hingegen der Adler an
    Kopf und Hals mit häufigen Federn pranget.
                                A. d. U.

ges aber hat man sie aus unsern Falkenier-
häusern verbannet. Sie sind viel zu schwer,
um ohne die größte Unbequemlichkeit auf der
Hand getragen zu werden, auch niemals
zahm, niemals friedlich oder sicher genug,
um ihren Herrn wegen ihres Eigensinns und
ihrer zornigen Uiberfälle außer Gefahr zu sezen. Ihre Schnäbel und Fänger sind krumm
und furchtbar. Zwischen ihren Figuren und
ihrem Naturel herrschet viel Uibereinstimmung. Außer ihren gefährlichen Waffen haben sie einen starken untersetzten Körper, sehr
kräftige Flügel und Beine, feste Knochen,
hartes Fleisch und starre Federn 66), eine
verwegene gerade Stellung, rasche Bewegungen und einen sehr schnellen Flug. Kein Vogel schwingt sich so hoch in die Luft, als ein
Stein = oder Goldadler; daher ihn auch die
Alten den Himmelsvogel, und bei ihren
Wahrsagungen den Gesandten des Jupiter
genennet haben. Sein scharfes Gesicht über-
trift alles; er hat aber, in Vergleichung mit
einem Habicht, nur einen sehr mittelmäßigen
Ge-

---

66) Man glaubt von den Federn der Adler, sie
wären so starr, daß andere Vogelfedern,
wenn man sie darunter mischte, völlig von
starken Reiben durch sie abgenuyt würden.
A. d. V.

Geruch. Bei seiner Jagd bedient er sich also
blos der Augen. Wenn er seinen Raub er-
hascht hat, senkt er sich nieder, um das Gewicht seiner Beute, die er vorher auf die
Erde leget, zu erforschen, und hernach mit
ihr fortzufliegen. Ob er gleich mit sehr starken Flügeln begabet ist, hat er doch sehr
unbiegsame Beine; daher es ihm etwas schwer
wird, sich, besonders wenn er mit Beute
beladen ist, in die Höhe zu schwingen. Er
findet keine Schwierigkeit in Entführung einer
Gans und eines Kranichs; auch Hasen, junge Lämmer und Ziegen hebt er leicht mit sich
in die Lüfte. Wenn er junge Hirschkälber
oder Kuhkälber anfällt, so geschieht es blos,
um sich auf der Stelle an ihrem Blut und
Fleisch zu sättigen, und hernach einige Stücke
mit in sein Nest zu schleppen, welches ganz
platt, und gar nicht, wie die Nester der
andern Vögel, ausgehölet ist; (daher es
auch bei den Franzosen Aire statt Nid genennet wird). Er bauet es gemeiniglich zwischen zween Felsen, an einem trockenen ganz
unzugänglichen Orte; und man behauptet
von einem solchen Neste, daß es gleich für
die ganze Lebenszeit eines Adlers eingerichtet wäre. In der That ist ein Adlersnest
mühsam genug, um nur einmal gebauet zu
werden, und feste genug, um lange zu bau-
en

ren. Es ist gleichsam wie ein Fußboden erbauet, und aus lauter kleinen Ruthen und
Stäben, von fünf bis sechs Fuß in der Länge, zusammengesetzet, welche an beiden Enden fest aufliegen, auch mit biegsamen Zweigen durchflochten, und mit vielen Schilf-und
Heidelagen bedeckt sind. Dieses flache Nest
ist nicht allein viele Fuß breit, sondern auch
fest genug, den Adler, das Weibchen, die
jungen Adler, zugleich aber auch die ganze
Last eines nöthigen Vorraths von Lebensmitteln zu ertragen. Oberwärts hat es keine
Bedeckung, und keinen weitern Schutz, als
den es von den überhängenden Stücken des
Felsens erhält. Die Eier werden vom Weibchen mitten in das Nest gelegt. Mehr als
zwei oder drei pflegen es nie zu seyn, worüber die brütende Mutter, wie man sagt,
gerade dreißig Tage sitzet. Unter diesen Eiern
aber finden sich oft unbefruchtete. Nur höchst
selten werden drei junge Adler in einem Neste gefunden 67). Das gewöhnlichste bei
den-

67). Einer von meinen Freunden versichert mir,
    ein Adlersnest in Auvergne angetroffen zu ha-
    ben, das zwischen zween Felsen aufgebaut,
    und mit drei jungen ziemlich erwachsenen Ad-
    lern besetzt war S. Ornithol. de Salerne.
    p. 4. Anm Herr Salerne scheint blos darum
    diesen Umstand zu erzählen, daß er desto si-
    cherer die vom Ritter von Linné angenommene
                                        Mei-

denselben ist, einen oder zween junge Adler
auszubringen. Dazu kömmt noch, daß die
Mutter, sobald ihre Jungen ein wenig her-
anwachsen, das schwächlichste oder gefräßigste
derselben umbringt. Bloß der Mangel an
Lebensmitteln kann ein so widernatürliches
Verfahren veranlassen. Wenn Vater und
Mutter für sich selbst nicht genugsamen Unterhalt finden, so denken sie vornämlich auf
die Verminderung ihrer Familie, und jagen
die Jungen, sobald sie nur anfangen zum
Fluge hinlänglich reif und kräftig zu werden,
weit von sich hinweg, ohne ihnen jemals einen Besuch oder eine Rückkehr in ihr Gehege
zu erlauben.

Die

Meinung behaupten könnte, daß nämlich ein
Weibchen dieses Adlers vier Eier lege. Indessen finde ich, daß Herr von Linné diesen
Umstand nicht von den Adlern insbesondere,
sondern von den Raubvögeln überhaupt an-
merket, sie pflegten etwa vier Eier zu legen.
Accipitres: Nidus in altis, Ova circiter quatuor. Linn. S. N. Ed. X. T. I. p. 81. Ed.
XII. p. 115. Es ist also sehr wahrscheinlich,
daß dieser Adler von Auvergne, der drei
Junge ausgebrütet haben sollte, nicht von der
Gattung der großen Adler, sondern vielmehr
der kleinen, oder des Halbusard, gewesen sey,
der in der That drei bis vier Eier legt.
H. d. V.

Die jungen Adler haben auf ihren Federn weit hellere Farben, als die alten. Anfänglich sind sie ganz weiß, hernach werden sie blaßgelb, und am Ende hellrothbraun. Das Alter, ein öfterer anhaltender und unbefriedigter Heißhunger, Krankheiten und allzulange Gefangenschaften verhelfen ihnen wieder zu einer weißen Farbe. Man versichert, sie könnten länger als ein Jahrhundert leben, und stürben auch dann mehr aus Unmöglichkeit, ihren Unterhalt zu suchen, als vor großem Alter; denn ihr Schnabel nimmt im Alter eine so große Krümmung an, daß er für sie ganz unbrauchbar wird. Doch ist an Adlern, die man in Vogelhäusern aufbehalten hat, bemerkt worden, daß sie ihren Schnabel stark wetzen, und in vielen Jahren keinen merklichen Anwachs desselben zu fürchten haben.

Man hat auch die Beobachtung gemacht, daß es gar wohl angehe, sie mit allerlei Fleisch, sogar mit anderm Adlerfleisch, zu nähren, und daß, in Ermanglung des Fleisches, ihrem Heißhunger auch Brod, Schlangen, Eidechsen u. s. w. sehr willkommen wären. Wenn sie noch nicht gezähmt oder kirre gemacht worden sind, hacken sie grausam auf Hunde, Katzen und Menschen ein, die sich

ihnen zu nähern wagen. Von Zeit zu Zeit
pflegen sie ein starkes, weit ertönendes,
kläglichts Geschrei lange hintereinander hören
zu lassen. Ans Trinken denket ein Adler nur
selten, in seiner Freiheit vielleicht gar
nicht 68), weil das Blut erwürgter Opfer
seinen Durst hinlänglich abkühlet. Sein Aus-
wurf ist allemal weich und feuchter, als bei
andern, sogar feuchter, als bei solchen Vögeln, welche viel und fleißig zu saufen gewohnt sind.

Blos auf diese große Gattung von Adlern läßt sich die angführte Stelle des Leo
aus Afrika und aller andern afrikanischen und
asiatischen Reisebeschreiber Zeugniß anwenden,
die einstimmig behaupten, daß dieser Vogel
nicht allein Lämmer, Ziegen und junge Gazellen mit sich in die Luft nimmt, sondern
auch, wenn er abgerichtet ist 69), Füchse
und Wölfe stößet 70).

(Anm.

68) Daher ist ihre Zunge, wie auch der untere
Theil des Schnabels, wie eine Rinne ausge-
höhlt, um das Blut von der frischgefangenen
Beute bequemer verschlucken zu können, weil
kein Adler oder Habicht Wasser zu seinem Ge-
tränke sucht. Klein l. c. p. 77.

M

69) Daß es schwer und sogar gefährlich ist, einen Adler zur Jagd abzurichten, hat schon
Herr

(Anm. Die Jagdverſtändigen haben die
Beobachtung gemacht, daß große Raubvö-
gel, folglich auch vor allen andern dieſer
Stein-

Herr von Buffon oben geſaget. Indeſſen hat
man doch hin und wieder einige nicht ganz
mißlungene Verſuche gemacht. „ Die Jungen,
ſagt Herr Halle l. c. p. 176. die man aus
dem Neſte genommen, lernen Haſen, Füchſe
u::d Rehe angreifen. Man erziehet ſie an dunkeln Orten, gewöhnt ſie auf der Hand zu ſi-
zen, und die erſten Verſuche an jungen Vögeln zu machen. Um ſich derſelben zu verſichern, werden ihnen die Schwanzfedern zu-
ſammengenäht, oder die Pflaumfedern am
Burzel berupfet Man trägt ſie auf Hand-
ſchuhen mit verkapptem Auge. So oft ſie ein
Thier gefänglich einbringen, bekommen ſie zur
Belohnung einen anſehnlichen Theil von der
Beute. Die Spanier und andere Völker, in
deren Nachbarſchaft unſer großer Adler hor-
ſtet, verſtehen ſich darauf, durch ſeine Gegenwart ihre Finanzen zu vergrößern. Sie pflegen ihm nämlich die geraubte Beute wieder
abzunehmen, und in ihrer Küche keinen Mangel zu ſpüren, ſo lange der Adler Junge hat.
In Oberkrain wird er zuweilen bei den auf-
geſteckten Biſſen der Schwanenhälſe oder Fuchs-
eiſen gefangen. (S. Stopoli l. c. p. 2.)

M.

70) Der Kaiſer zu Thibet hatte viele zahmge-
machte Adler, die ſo hitzig und heißhungrig
ſind, daß ſie auf Haſen, Rehböcke, Gemſen
und Füchſe ſtoßen. Es giebt unter denſelben
ſo-

Stein = oder Goldadler, alle Morgen ihr Ge=
wölle werfen, oder die Haare und Federn
ausspeien, die sie von dem durch sie am vo=
rigen Tage gestoßenen Raube oder Aezung
im Kropfe gesammlet haben. Ohne diese
tägliche Ausleerung würden sie nicht vermö=
gend seyn, das geringste zu schlagen oder
zu fangen. Ich selbst habe in meiner Samm=
lung ein solches Gewölle von einem thürin=
gischen großen Adler aufbehalten, das aus
lauter Fuchs = und Rehhaaren zu bestehen,
und als eine haarige Kugel, an Gestalt
und übriger Beschaffenheit, einem Seeball
(Pila marina) zu gleichen scheinet.

Die Adler, sagen die Naturkundiger, ha=
ben deswegen ihre Beine so stark mit Fe=
dern besetzet, damit sie nicht allein wider
die Risse und wider das Kratzen der Vögel
mit ihren Krallen, wenn sie dieselben mit
ihren Klauen fangen, sondern zugleich wider
die Kälte des Schnees geschützet wären, der
sich

---

sogar einige, die sich nicht scheuen, einen
Wolf mit Ungestüm anzufallen, und ihn der=
maßen zu quälen, daß er mit leichter Mühe
gefangen werden kann. S. Marc. Paul. Livr.
II. p. 56.

U. b. V.

sich auf hohen Gebirgen, als ihrem gewöhn=
lichen Aufenthalt, so häufig zu finden pfle=
get. Zur Bewahrung wider die Kälte über=
haupt sind ihnen auch die Pflaumfedern sehr
behilflich. S. Abh. zur Naturgesch. der Thie=
re und Pflanzen. II. B. S. 30.

M . . .

II.

Der gemeine Adler. 71)

S. die 409te illumin. Kupferplatte.

S. II. und III. Kupferplatte.

Die Gattung des gemeinen Adlers ist nicht so rein, die Art auch nicht so edel, als die Art (Race) des großen Adlers. Sie besteht schon aus zwo Spielarten, dem braunen 72) und schwarzen Adler 73).

N 2   Ui =

---

71) Adler. Aar. Engl. Eagle. Schwed. Orn. Span. Aquila conoida. Griech. A'ɛłòς, Mɛλαινάɛ¹ος.

72) Der kurzschwänzige Steinadler (mit weißem Ring am Schwanze). S. Hallens Vögel. p. 179. n. 117. Der Kurzschwanz mit weißem Ringe. Kleins Vögel. p. 78. III. Aquila simpliciter. Briſſon. Aves. Tom. I. p. 121. n. 1. Aquila. Aigle. Edit. Par. p. 419. Linn. S. Nat. Ed. XII. p. 125. n. 6. Falco fulvus cerâ flavâ pedibusque lenatis fuſco-ferrugineis, dorſo fuſco, caudâ faſciâ albâ. Aldrov. Ornith. I. p. 17. Willughb. Ornith. 18. Tab. 1. & Raji Aves 6. n. 2. Aquila fulva

Aristoteles hat sie zwar nicht namentlich
unterschieden, sondern unter der Benennung
Μελαιναέ᾿ος, des schwarzen, oder schwärzlichen

fulva f. Chryſaëtos, caudâ annulo albo cin-
cta, Gaz. Besl. Tab. XVI. Aquila Alpina ſa-
xatilis. Edw. Av. Tom. I. p. 1. Seeligmanns Vögel. I.B. Tab 1. Der weißgeſchwänzte Adler. Aquila caudâ albâ ameri-
cana. L'Aigle à queue blanche. Memoires
pour ſervir à l'Hiſt. des animaux. Tom III.
p. 89. Voyage de la Baye de Hudſon. Tom.
I. p. 54. Cours d'Hiſt. Nat. Tom. III. p.
219. 5.

Anm. Willughby und Ray haben die Beiwörter Fulvus und Chryſaëtos, die eigentlich dem
großen Adler zukommen, hier unrecht angebracht, weil der gemeine Adler allemal schwärzlich braun, und weder gelb, noch goldfarbig
ist. Auch Edwards und der Verf. der Reise
nach Hudſonsbai hätten den weißen Schwanz
nicht als einen Charakter dieses Adlers anführen sollen, weil man ihn sonst leicht mit
dem Fiſchadler (Pygargue) verwechseln kann,
welcher den ächten weißgeſchwänzten Adler vorſtellet, und wirklich einen ganz weißen Schwanz
hat, welcher bei dem gegenwärtigen blos zum
Theil weiß erſcheinet; daher ihn auch Herr
v. Linné als eine Spielart des gemeinen betrachtet.
                                    v. B. u. M.

73) Der ſchwarze Adler. Hallens Vögel. p. 180,
n. 118. Melanaëtus, Valeria. Gesn. Le-
poraria. Ariſt. Gerfane. Petit aigle noir.
λαγώφανος Ebend. Kleins Vögel ꝛc. p 78.
a. IV. Der Haſenadler. Schwarze Adler.
                                    Fr. ꝛch

lichen Adlers 74) zusammen genommen, und
er hatte vollkommen recht, als er diese von
der vorhergehenden Gattung absonderte, weil
sie von jener wirklich 1) in der Größe, 2)
in den Farben, 3) in ihrem natürlichen Be-

N 3   tra=

Frisch Vögel. I. Th. Tab. 69. Der schwarz-
braune Adler. Aquila Melan-ëtos. Aigle 2.
F. 2 Zoll. Briſſon Aves. Tom. I. p. 126.
n. 8. Melanaëtus ſ. aquila nigra l' Aigle
noir. Edit. Paris. p. 434. Linn. S. Nat. Ed.
XII. p. 124. n. 2. Melanaëtus. Falco, cera
luteâ pedibusque femilanaris, corpore ferrugineo - nigricante, ſtriis flavis. Aquila Valeria. Gesn. Av. 203. Aldrov. Ornith. I. p.
107. Tab. p. 199. 200. Raj. Av. 7. n. 4.
Will. Ornith. 30. T. 2. Alb. Aves 2. p.
2. Tab. 2. Schwenckf. p. 218. Aquila nigra.
Belon. Hiſt. des Oiseaux. p. 92. l'Aigle
noir. Hiperionis Avis aliorum. Charlet. Cours
d' Hiſt. Nat. Tom. III. p. 220. n. 7. Engl.
Black-Eagle.

Anm. Melanaëtus wird er von seiner Schwärze,
Valeria darum genennet, weil dieser Vogel
mit seinem Körper und Klauen, oder Fängern, sehr viel vermag. Klein I. e.

b. B. u. M.

74) Tertium genus (Aquilæ) colore nigricans,
unde nomen accepit, ut pulla & fulvia vo-
cetur. Magnitudine minima, (minor) ſed
viribus omnium præſtantiſſima (præſtantior)
colit montes & ſylvas ac Leporiaria cogno-
mi natur. Una hæc fœtus ſuos alit atque
educit: pernix, concinna, polita, apta, in-
trepida, ſtrenua, liberalis, non invida eſt;

me-

Lagen, und ihren Gewohnheiten, merklich unterſchieden iſt. Denn die gemeinen Adler, ſowohl der ſchwarze, als der braune, ſind allemal viel kleiner, als der vorhergehende große. Die Farben ſind beim großen Adler beſtändig überein, beim gemeinen aber, wie man ſiehet, ſehr veränderlich. Vom großen Adler hört man oft ein klägliches Geſchrei; da hingegen der gemeine braune und ſchwarze ſeine Stimme nur ſelten erhebet. Der gemeine Adler füttert alle ſeine Jungen im Neſte, ziehet ſie auf, und leitet ſie alle in ihrer erſten Jugend: Vom großen haben wir aber geſehen, daß er ſie, ſobald ſie nur ihre Flügel brauchen können, aus dem Neſte verjaget, und ihrer eignen Willkühr überläßt.

Es ſcheint leicht erweißlich zu ſeyn, daß der braune und ſchwarze Adler, die ich hier unter einerlei Gattung zuſammenbringe, wirklich nicht von unterſchiedner Gattung ſeyn können. Man darf ſie nur unter einander, ſogar nach denjenigen Charakteren vergleichen, welche die Methodiſten in der Abſicht angenom=

amodeſta etiam, nec petulans, quippe quæ non clangat, neque lippiat aut murmuret. Ariſtot. Hiſt. Anim. Lib. IX. cap. XXXII.

A. d. V.

genommen, sie von einander zu trennen. Beide
haben fast einerlei Größe, fast einerlei, nur
mehr, oder weniger dunkelbraune Farbe; bei=
de sind an den obern Theilen des Kopfes
und Halses nur mit wenigem Rothbraun,
am Ursprunge der großen Federn aber mit
einem hellen Weiß bezeichnet. Ihre Schen=
kel und Beine sind auf einerlei Art bedeckt,
und mit Federn gezieret. Beide haben ei=
nen nußfarbigen Ring im Auge. Die Haut,
welche die Wurzel des Schnabels überziehet,
ist an beiden hellgelb. Die Farbe des Schnabels spielt aus dem Hornfarbigen ins Blaue.
Die Zehen sind gelb, und die Krallen schwarz,
Ihr ganzer Unterschied besteht also in der
Art, wie die Farben auf ihren Federn vertheilet sind. Ist aber dieses wohl hinläng=
lich, zwo verschiedne Gattungen auszumachen,
besonders wenn die Anzahl der Aehnlichkeiten
die Anzahl der Verschiedenheit so weit und
offenbar übersteiget.

Ich habe mir also gar kein Bedenken
daraus machen dürfen, diese beide Adler un=
ter einer einzigen Gattung zusammenzubringen,
und sie den gemeinen Adler zu nennen, weil
dieser in der That, unter allen Gattungen
von Adlern, am häufigsten vorkömmt. Ari=
stoteles hat, wie schon erinnert worden,

N 4 eben

eben die Einſchränkung beobachtet, ohne derſelben beſonders Erwähnung zu thun. Doch
ſcheint ſie Theodorus Gaza, ſein Uiberſetzer,
bemerket zu haben, weil er das Wort Mɛ-
λαιᾶς'ος nicht ſowohl durch Aquila nigra,
ſondern vielmehr durch Aquila nigricans,
pulla fulvia, überſetzt hat, worunter beide
ſchwärzliche Abänderungeu dieſer Gattung begriffen ſind, obgleich die eine mehr Gelb in
ihrer Miſchung hat, als die andere. Ariſtoteles, deſſen Genauigkeit ich oft bewun-
dern muß, pflegt immer zugleich Namen und
Zunamen der beſchriebenen Sachen anzugeben. Der Beiname dieſer Gattung von Vögeln, ſagt er, iſt Aɛtός λαγωφονος, der
Haſenadler. In der That ſtoßen zwar auch
andre Adler auf Haſen, dieſer aber vor allen andern am häufigſten. Die Haſen machen ſeine gewöhnlichſte Jagd, und eine Aezung, oder Beute aus, die er allen andern
vorziehet. Die Lateiner, vor Plinius Zeiten, legten dieſem Adler den Namen Valeria bei, quaſi valens viribus 75) weil er
vielmehr Stärke, als andere Adler, nach
Beſchaffenheit ſeiner Größe, zu haben ſcheint.

Die Gattung des gemeinen Adlers iſt viel
zahlreicher, und in ungleich mehrern Gegenden

75) Melanaëtos o Graecis dicta, eademque Valeria. Plin. Hiſt. Not. Lib. X. Cap. III.

den anzutreffen, als der große. Dieser
findet sich nur in den warmen und gemäßigten Gegenden des alten festen Landes; der
gemeine hingegen liebt vorzüglich die kalten
Länder, und horstet sowohl auf dem alten,
als neuen festen Lande. Man sieht ihn in
Frankreich 76), in Savoyen, in der Schweiz
77), in Deutschland 78), in Polen (79) in
Schottland 80), auch in Amerika an den
Gegenden von Hudsonsbai 81).

N 5 · Die=

76) Auf den Gebirgen der Landschaften Bugey,
Dauphiné und Auvergne.

v. B.

77) S. Gazoph. Rup. Besler. Tab. XVI. Aquila Alpina saxatilis.

78) Aquila nigra melanaetos, aquila pulla,
fulva, valeria, leperaria 2 - - Colit sylvas &
montes: Hyeme apud nos (in Silesia) ma-
ximè apparte. Schwenckfeldi Av. Silef. p. 218.
219. it. Klein Ord. Avium p. 42.

79) Rzáczynsky Auct. Hist. Nat. Polon. p. 42.

80) Sibbaldi Scotia illustrata. P. III. p. 14.

81) In diesem Lande, (nämlich in den angrenzenden Gegenden von Hudsonsbai) giebt es
viel in Ansehung der Form und ihrer Stärke,
sehr ansehnliche Vögel. Dahin gehört unter
andern der weißgeschwänzte Adler, der beinahe so groß, als ein indianischer Hahn, oder
Puter ist. Er hat eine platte Krone, einen
kurzen Hals, breite Brust, starke Schenkel.
nach

Dieſer Adler, ſagt Hr. Hallen, fängt, ohne Unterſchied, vierfüßige Thiere, Schlangen und Vögel. Er verſchlingt die Fiſche ſo, daß er den Kopf derſelben zuerſt in den Rachen

nach Verhältniß ſeines Körpers ungemein lange und breite Flügel, die oberwärts ſchwärzlich, an den Seiten aber heller ſind. An der Bruſt iſt er weißgefleckt, an den Flügelfedeern aber ganz ſchwarz. Der ausgebreitete Schwanz iſt oben und unten weiß, und nur an den äußern Enden der Federn ſchwarz, oder braun. Die Keulen ſind mit ſchwarzbraunen Federn bedeckt, unter welchen, an gewiſſen Stellen, weiße Pflaumfedern hervorſchimmern, die Schenkel aber bis auf die Füſſe mit röthlichbraunen Pflaumfedern beleget. Jeder Fuß hat vier dicke, ſtarke Krallen, deren drei vorwärts ſtehen, eine aber nach hinten gerichtet iſt. Sie haben einen Ueberzug von gelben Schuppen, und ſind mit ungemein ſtarken, ſpitzigen, ſchwarzglänzenden Fängern bewaffnet. ſ. Voyage de la Baye' de Hudſon, par Ellis à Par. 1749. in 12mo. Tom. I. p. 54 und 55 mit einer ſaubern Abbildung, oder Ellis Reiſe nach Hudſons Meerbuſen. Götting. 1750. p. 38. Tab. 3. f. 2.

Anmerk. Man ſiehet augenſcheinlich aus dieſer Beſchreibung, daß eigentlich unter dieſem der gemeine braune, und nicht der Fiſchadler (Pygargue) verſtanden werde, und daß ihn folglich der Verfaſſer nicht hätte den weißgeſchwänzten Adler nennen ſollen. Inzwiſchen finde ich, daß die meiſten engliſchen Naturforſcher in dieſen kleinen Irrthum verfallen ſind, weil ſie die weiße Farbe des Schwanzes, als den Hauptcharakter dieſes Adlers angenom-

chen bringt. Sein Koth ist wässerig, wie
verdünnter Kalk, und stinkend. Bisweilen
pflegt er zu saufen. Seine gewöhnliche Stimme ist grob, fast wie die Stimme des Raben, den er an der Größe zweimal übertrifft.
Vor Hunger, und aus Furcht, läßt er sie
wohl in höhere Töne übergehen. Das Nest
verlegt er in bergichte Wälder, wo große Flüsse nahe vorbeiströmen. Seine gemeinsten
Angriffe treffen die wehrlosen Hasen. Zu manchen Zeiten wird er auch das Schrecken der
größten Raubvögel. Er ist gelehrig, abgerichtet zu werden, und stößet, mit überleg-
ter Mäßigung, allmählig in schiefer Linie auf
den Raub herab, wenn er denselben an of-
nen Orten wahrnimmt. „) M.

genommen haben. Der Verfasser der brittischen Zoologie (Hr. Pennant) ist dem Ray
und Willughby treulich nachgefolgt, und hat
diesen Adler durch eben diesen Charakter (Ringtail Eagle) bezeichnet, ob er gleich weder
gelbroth (fulvus) noch goldfarbig (Chrysaë-
tos) ist, und der Charakter des weißgeschwänz-
ten Adlers dem Fischadler viel rechtmäßiger,
und schon von Aristoteles Zeiten her, zukömmt.

A. d. V.

III.

III.

Der kleine Adler. 82)

S. IV. Kupfertafel.

Die dritte Gattung ist der gefleckte, welchen ich den kleinen Adler genennet habe, und welchen Aristoteles genau schil-

---

82) Der kleine Adler, oder Steinadler. Entenadler. Der klingende Schellentenadler. Aquila anataria. Aquila clanga, Morphno congener. Engl. Rough-footed Eagle. Raj. s. Kleins Vögel. ic. p. 79. n. VI. Frisch Vögel. I. Th. Tab. 71. Der Steinadler, Gänseadler. Buteo. Busart. Hallens Vögel. p. 182. n. 120. Entenadler. Schelladler Brisson. Av. ad. Batav. in 8vo. Tom. I. p. 122. n. 4. Aquila naevia. L'Aigle tacheté. Ed. Par. p. 426. Le petit aigle. Buff. Aigle Canardiere. Kolbe. Part. III. p. 139. Griech. Πλάγγος, Κλάγγος, Μόρφνος, Arab. Zimiech.

Anm. Aldrobandus Tom. I. de Avibus p. 214, Johnston, Willughby, Ray und Charleton haben diesen Vogel blos für einen Verwandten des Morphnus gehalten, und Morphno congener

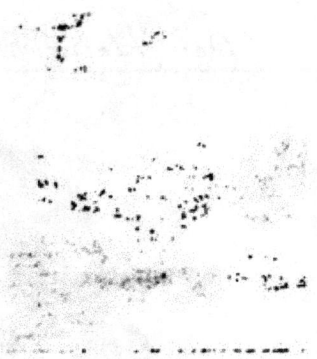

schildert 83), wenn er ihn einen klagenden
Vogel, mit geflecften, oder schäcfichten Ge=
fieder, nennet, der kleiner; und nicht so
stark ist, als die andern Adler. In der That
beträgt seine Länge nicht über zween und ei=
nen halben Fuß, von der Spitze des Schna=
bels bis an die Fußsohlen gerechnet. Seine
Flügel sind verhältnißmäßig noch kürzer; denn
wenn sie ausgebreitet sind, pflegt ihr größ=
ter Durchmesser nicht über vier Fuß auszuma=
chen. Man hat ihn Aquila planga, oder
clanga, den klagenden, oder schreienden Ad=
ler genennet, und es ist gewiß, er hätte
keinen schicklichern Namen erhalten können,
weil er fast beständig ein jämmerlich klagen=
des Geschrei hören läßt. Anataria, oder
Entenadler, heißt er, weil er die Enten vor=
züglich stößet; Morphna hingegen, weil sei=
ne

gener genennt; es scheint mir aber unrecht
zu seyn, da er den Μόςφνος der Griechen
selbst vorstellet.

83) Alterum genus aquilæ magnitudine secun
dum & viribus, Planga aut Clanga nomine
saltus & convalles & lacus incolere solitum,
cognomine anataria & morphna à macul-
pennae, quasi neviam dixeris; cujus Ho
merus etiam meminit in exitu. Priami. Arist-
Hist. a nim. Libr. IX. C. XXXII.

ne dunkelbraunen Federn an den Beinen, und
unter den Flügeln mit häufigen weißen Fle=
cken bezeichnet sind, am Hals aber ein gros=
ses weißliches Band erscheinet.   Unter allen
Adlern läßt sich dieser am leichtesten zäh=
men. 84)   Er ist schwächer, und weder so
herzhaft, noch so verwegen, als die andern.
Die Araber nennen ihn Zemiech 85) um
ihn von dem großen Adler, der bei ihnen
Zumach heißet, unterscheiden zu können.
Der

84) Hr. Klein hat über drei Jahre lang einen
solchen zahmen Adler bei sich ernähret.   So
oft er ihm Freiheit gab, hat er sich ihm viele
Stunden hindurch zur Linken auf den Tisch ge=
setzt, und jede Bewegung der rechten Hand
beobachtet, womit er schrieb.   Zuweilen hat
er mit seinem Kopf Hrn. Kleinens Mütze ge=
strichen, und, wenn er ihn unter dem Kinn
kützelte, ganz hell geklinget.   Er geng zwi=
schen den andern Vögeln im Garten, sonder=
lich zwischen den Möven herum, und fraß
nichts weiter, als frisch Ochsenfleisch.   S.
Kleins Vogelhist. p. 80. Ejusd. Ordo Avium.
p. 41. 42.
b. B. u. M.

85) Es giebt zwo Gattungen von Adlern, wo=
von die eine durchaus Zummach, die andere
Zemiech heißet. .. Der Zumach stößt Hasen,
Füchse, Gazellen; der Zemiech Kraniche, und
kleinere Vögel. S. Fauconnerie de Guill.
Tardif. Lib. II. Cap. II.
A. d. V.

Der Kranich ist seine größte Beute, woran
er sich waget, außerdem stößt er gemeiniglich nur Enten, kleinere Vögel und Mäuse. 86)
Obgleich die Gattung nicht an jedem Orte
sehr zahlreich ist, so findet man sie doch
allenthalben, in Europa 87), in Asien 88)
und Afrika, bis zum Vorgebirge der guten
Hoffnung 89) vertheilet. In Amerika scheint
er

86) Mures ut gratum cibum devorare solet;
aviculas etiam, anates & columbas venatur.
Schwenckf. Av. Silef. p. 220.

87) Z. B. um Danzig, auch wohl, doch sparsamer, in den schlesischen Gebirgen. S. Schwenk.
l. c. p. 220.

· A. d. W.

88) In Griechenland wird er ebenfalls angetroffen, weil ihn schon Aristoteles mit anführet.
Nach Chardins Zeugniß ist er auch in Persien wahrgenommen worden, und in Arabien
heißt er Zemiech, oder der schwache Adler.

A. d. W.

89) Mir scheint es eben der Adler zu seyn,
den Kolbe in seiner Beschr. des Vorgeb. der
guten Hoffnung Fr. 1745. 4to, S. 385 den Entenabler, Entenstoßer, aquila anataria nennet, weil sie die Enten gern verfolgen
und fressen. Er hat sie oft sehr hoch in die
Luft steigen gesehen, mit jungen Enten in den
Klauen; de sie gleich in der Luft zerfleischten
und auffraßen.

h. B. u. M.

er aber unbekannt zu seyn. Denn mich dünkt,
nachdem ich die Nachrichten der Reisebeschreiber unter einander verglichen, daß der Vogel, den sie den Adler von Orenoque nennen, mit gegenwärtigem zwar etwas Aehnliches, in Ansehung der mancherlei Farben
auf den Federn, hat, aber doch als ein
Vogel, von ganz anderer Gattung zu betrachten ist.

Wenn dieser kleine Adler, der weit ge-
lehriger, und viel bequemer zu zähmen, auch
so nicht schwer auf der Hand zu tragen, und für
seinen Herrn minder gefährlich, als die beiden vorigen, ist, eben so beherzt wäre befunden worden, so hätte man denselben gewiß zur Jagd abgerichtet. Er besitzt aber
eben so viel Zaghaftigkeit, als Neigung zum
Klagen und schreien. Ein gut abgerichteter
Sperber ist schon fähig, ihn zu überwinden
und zu stoßen 90). Außerdem weiß man
aus

90) Auf diese zaghafte Gattung bezieht sich folgende Stelle des Hrn. Chardin, (in seiner Voyage, Londres 1686. 292 pp.) „Es giebt auch
auf den bei Tauris in Persien gelegenen Gebirgen Adler, deren ich einen von den Bauern für fünf Sous verkaufen sahe. Vorneh-
me Leute jagen diesen Vogel mit Sperbern,
und diese Art von Jagd ist unstreitig eben so
seltsam, als wunderbar. Die Art, wie der
Sper-

aus den Zeugnissen unserer von der Falkenierkunst handelnder Schriftsteller, daß man,
wenigstens in Frankreich, nie eine andere,
als die beiden ersten Gattungen von Adlern,
den großen Adler nämlich, oder den Goldadler, den braunen und schwärzlichen, oder
den gemeinen, zur Jagd abgerichtet hat.
Wenn man dieses thun will, muß man sie
ganz jung fangen; denn ein erwachsner Adler ist nicht allein ungelehrig, sondern auch
auf keine Weise zu bändigen. Sie müssen
lauter Wildpret von der Art zu fressen bekommen, auf welche sie künftig stoßen sollen. Zu ihrer Abrichtung wird viel mehr
und anhaltendere Sorgfalt erfordert, als zur
Abrichtung anderer Stoßvögeln. Beim Artikel der Falken wollen wir eine kurze Nachricht von dieser Kunst mittheilen. Hier will
ich nur noch einige besondere Merkwürdigkeiten

Sperber den Adler stößt, besteht hauptsächlich darin, daß er erst weit über ihn empor
flieget, hernach mit größter Geschwindigkeit
auf ihn herab fährt, seine Fänger in die
Seiten des Adlers einschlägt, und ihm, in
beständigem Fluge, den Kopf unaufhörlich mit
seinen Flügeln zerklopfet. Indessen geschieht
es zuweilen, daß der Sperber und Adler, beide zugleich, aus der Luft auf die Erde fallen. „

A. d. V.

keiten anführen, die man von den Adlern sowohl im Zustand ihrer Freiheit, als in ihrer Gefangenschaft, aus Beobachtungen weiß.

Das Weibchen, das bei den Adlern sowohl, als bei den andern Gattungen von
Raubvögeln, weit größer, als das Männchen ist, und sich im freien Zustande weit
muthiger, beherzter und lustiger beweiset,
scheint in der Gefangenschaft alle diese letztern Eigenschaften zu verlieren; daher man
die männlichen Adler am liebsten zur Jagd
abrichtet. Im Frühjahr, wenn die Zeit
anrückt, wo ihr Paarungstrieb in ihnen erwachet, suchen sie zu entfliehen, um ein Weibchen zu finden; wenn man sie also zu dieser
Jahrszeit in der Jagd üben wollte, so würde man in Gefahr seyn, sie zu verlieren,
wofern man sich nicht etwa der Vorsicht bedienet, durch heftige Purgirmittel diese Begierden zu ersticken. Man hat auch schon
angemerkt, wenn ein Adler, indem er von
der Hand gelassen wird, erst gegen die Erde sinkt, hernach aber in gerader Linie sich
in die Lüfte schwinget, daß dies ein Merkmal seiner vorhabenden Flucht sey. In diesem Fall muß er, durch Vorwerfung seiner
gewöhnlichen Aezung, oder seines Futters,
eiligst wieder zurück gelocket werden. Wenn
er

er ſich aber, während ſeines Flugs, in einem Kreis über ſeinem Herrn herumſchwinget, ohne ſich weit von ihm zu entfernen, ſo iſt es ein Zeichen ſeiner Zuneigung und Ergebenheit, wobei man von ſeiner Flucht nichts zu fürchten hat. Es iſt auch ſchon oft bemerkt worden, daß ein zur Jagd abgerichteter Adler gern auf Habichte und kleinere Raubvögel ſtößet, welches in dem Fall, wo er blos den Trieben der Natur folget, nie zu geſchehen pflegt. Im natürlichen Zuſtand fällt er dergleichen Vögel nicht als einen Raub an, ſondern blos, um ihnen eine glücklich erhaſchte Beute ſtreitig zu machen, und abzujagen.

Ein in Freiheit lebender, ungezähmter Adler jagt niemals allein, außer zu der Zeit, wo das Weibchen genöthigt iſt, auf den Eiern, oder bei ihren Jungen zu bleiben. Weil dieſes gerade in die Jahrszeit einfällt, wodurch die Zurückkunft wandernder Vögel, das Wildpret ſich häufig darzubieten anfängt, ſo wird es ihm leicht, ſattſamen Unterhalt für ſich und ſein brütendes Weibchen zu finden. In allen andern Jahrszeiten ſcheinen das Männchen und Weibchen auf der Jagd gemeinſchaftliche Sache zu machen. Man ſieht ſie faſt beſtändig zuſam=

men,

men, oder wenigstens nicht weit von einander entfernt. Die Einwohner der Gebirge, welche die beste Gelegenheit haben, sie zu beobachten, geben vor, daß einer von beiden immer auf die Sträucher und Büsche schlägt, wenn indessen der andere auf einem Baum, oder Felsen, das aufgejagte Wildpret, als einen Raub, erwartet 91). Bisweilen schwingen sie sich zu einer Höhe, wo man sie aus den Augen verlieret; ohnerachtet einer so großen Entfernung aber, kann man ihre Stimme noch sehr deutlich wahrnehmen. Ihr Geschrei gleicht alsdann dem Bellen eines jungen Hundes.

Obgleich der Adler sehr gefräßig ist, so kann er doch lange Zeit ohne Nahrung leben, besonders in seiner Gefangenschaft, wo es ihm am Bewegung fehlet. Ich habe mir von einem sehr glaubwürdigen Manne sagen laßen,

91) Vom Hasenadler haben die alten Jäger eine gleiche List bemerket, seinen Raub aufzujagen. Er fasset nämlich, wie die Jagdbücher versichern, große Steine in seine Fänge, und läßt sie aus der Luft in die Büsche fallen, um damit seinen Raub, die Hasen, zu schrecken, wenn er in freiem Felde keine Leute wahrnimmt. S. J. Tänzers Notabilia venatoris, 5. Aufl. Nürnb. 1731. 8vo. S. 129.
M.

laſſen, daß einer von den gemeinen Adlern
in einer Fuchsſchlinge gefangen worden, und
fünf ganzer Wochen, ohne die mindeſte Nah=
rung, zugebracht, auch nicht eher entkräftet
geſchienen habe, als in den letzten acht Ta=
gen, nach deren Verfließung man ihn töb=
tete; damit er nicht allzulangſam verhungern,
und ſterben möchte.

Uiberhaupt lieben zwar die Adler einſame
Gegenden und Gebirge; man wird ſie aber doch
nicht leicht auf den Gebirgen ſchmaler Halb=
inſeln, oder anderer kleiner Inſeln, antref=
fen. Sie horſten auf dem feſten Lande der
alten und neuen Welt viel lieber, weil es
auf den Inſeln lange nicht ſo viel Thiere
giebt, als auf dem feſten Lande. Die Al=
ten haben ſchon angemerkt, daß auf der In=
ſel Rhodus niemals Adler geſehen worden;
daher ſie es für ein wunderbares Abenteuer
hielten, daß zu der Zeit, als der Kaiſer
Tiberius auf dieſer Inſel war, ein Adler ſich
auf dem Hauſe, das er bewohnte, nieder=
ließ. In der That ſind auf den Inſeln die
Adler blos als Gäſte zu betrachten, die ſich
nie lange verweilen, am wenigſten aber da=
ſelbſt zu horſten pflegen. Wenn alſo die
Reiſebeſchreiber von Adlern reden, deren Hor=
ſte, oder Neſter an den Ufern der Wäſ=

ſer,

fer, und auf Inſeln gefunden worden, ſo
können dadurch nie unſre bisher beſchriebenen
Adler angeb...et, ſondern es müſſen vielmehr die Meeradler (Balbuzards), und Beinbrecher (Orfraies), darunter gemeinet ſeyn,
welches Vögel von ganz anderm Naturell
ſind, die mehr von Fiſchen, als vom Wildpret leben.

Hier laſſen ſich die anatomiſchen Beobachtungen, welche mit den innern Theilen der
Adler angeſtellt worden, am beſten anbringen, und ich kann, ſonder Zweifel, aus keiner zuverläßigern Quelle ſchöpfen, als aus
den Abhandlungen der Mitglieder unſerer
Akad. der Wiſſenſchaften, welche zween Adler, einen männlichen und einen weiblichen,
von der gemeinen Art, zergliedert haben 92).
Nach-

92) Obgleich die Herren Perrault, Charras und
Dodard im II. Band ihrer Abhandl. zur Naturgeſch. der Thiere und Pflanzen, Leipz. 1757,
4to, p. 33 in den Gedanken ſtanden, die beiden
von ihnen beſchriebenen und zergliederten Adler gehörten zur Gattung des großen, oder
Goldadlers (Chryſaëtos); ſo erkennet man doch
leicht aus ihrer eignen Beſchreibung, und aus
der Vergleichung ihrer Merkmale, mit den von
uns angegebnen, daß dieſe beide nicht von
der Gattung der großen, ſondern der mittlern, oder gemeinen Adler waren.
A. d. V.

Nachdem sie gesagt, daß die Augen der Adler tief im Kopfe lägen, und von einer Isa-
bellfarbe, mit einem topasartigen Schimmer,
wären; daß die durchsichtige Hornhaut eine
große Ausbiegung machte, das Bindhäutchen
aber (la conjonctive) lebhaft roth aussä-
he; und daß von den großen Augenliedern
jedes vermögend wäre, das ganze Auge zu
bedecken; haben sie von den innern Theilen
besonders noch angemerkt, daß ihre Zunge
vorn knorpelich, in der Mitte hingegen flei-
schig, die Kehle viereckicht, und nicht, wie
bei den meisten Vögeln mit geraden Schnäbeln zugespitzt wäre; daß ihr sehr weiter
Schlund sich unterwärts immer mehr aus-
dehne, um daselbst den Magen zu bilden,
der nicht so dicht und hart, wie bei andern
Vögeln, sondern biegsam und häutig, wie
der Schlund, nur auf dem Grund etwas
stärker wäre; daß diese beiden Hölungen, sowohl am Ende des Schlundes, als des Magens, wegen ihrer vorzüglichen Weite, mit
der Gefräßigkeit eines dergleichen Thieres im
vollkommensten Verhältniß stünden; daß die
Eingeweide, wie bei andern fleischfressenden
Thieren, sehr klein wären; daß man bei
den männlichen Adlern gar keinen Blinddarm,
bei den weiblichen aber einen doppelten, und
jeden derselben ziemlich weit, und über zwei

D 4   Zoll

Zoll lang, anträfe; daß die Leber ungemein
groß, und sehr lebhaft roth, ihr linker Lappen aber größer, als der rechte; daß die
Gallenblase wohl so dick, und eben so gestaltet sey, als eine Kastanie; daß die Nieren, in Vergleichung mit andern Vögeln,
verhältnißmäßig nur klein, die männlichen Hoden ungefähr einer Erbse groß wären, und
aus dem Fleischfärbigen ins Gelbe fielen.
Den weiblichen Eierstock, und den Gang desselben, haben sie von eben der Beschaffenheit, wie bei den andern Vögeln gefunden 93).

93) Man sehe nach in den angeführten Abhand.
zur Naturgesch. der Thiere nnd Pflanzen ꝛc.
II. Th p. 36 — 40, oder Memoires pour servir à l'Hist. des Animaux. Part. II. Art.
Aigle.

Buff. A d.Vögel I.T.

IV.

Der Fischadler. 94)

S. die 411. der illuminirten Platten.

_____

S. V. und VI. Platte.

Die Gattung des Fischadlers scheint mir
wieder aus drei Spielgattungen, als
1) dem großen 95), 2) dem kleinen 96)
D 5   und

_____

94) Griech. Πύγαργος. Lat. Aquila albicilla.
Hinularia. Franz. Pygargue. Schw. Hafs-
Orn. Norw. Fisk-om. Dän. Fisk-örn. S. Leems
Finnmärk. Lappen p. 126. Nota. Pontopp. Dä-
nemark 4to, p. 165. Krainisch. Poſteina. Ital.
Avoltoio. Aquilone.

95) Der große Fischadler. Kleins Vogelb. p. 77.
II. Der Weißkopf Gelbschnabel Aquila. Py-
gargus. Albicilla. Skopoli Vögel seines Kabi-
nets ꝛc. mit D. Günthers Anmerk. p. 3. Der
weißgeschwänzte Adler. Steingeier, Weißkopf,
Gelbschnabel. Briſſ. Av. I. p. 123. n. 5. Aqui-
la. Albicilla. L'Aigle à queue blanche. Engl.
Fawn-killing-eagle. Linn. S. N. XII. p. 126.
Falco Albicilla seu Pygargus. Gesn. Av. 205.
Johnſt. Av. Tab. 2. & 3. p. 5. Pygargus.
                                       Willugh-

und 3) dem weißköpfigen Fischadler 97) zu
bestehen. Die ersten beiden sind nicht bloß
in der Größe, der letzte hingegen fast in
gar nichts weiter vom ersten, der mit ihm
einerlei Größe hat, unterschieden, als daß
er auf dem Kopf, und am Hals etwas weiß-
ser aussiehet. Aristoteles gedenket bloß der
Gattung, ohne sich auf die Abänderungen
beson=

Willughby Orn. p. 31. Ornithol. de Salerne.
La grande Bondrée blanche p. 8.
M.

96) Der kleine Fischadler. Der braunfahle Ad-
ler. Aquila Pygargus. Aigle brunâtre. Frischs
Vögel I. Th. Tab. 70. Briss Av. I. p. 124.
n. 6. Aquila Albicilla minor. Petit aigle
à quenë blanche. Pygargus Hinularia Charl.
& Sibbaldi. Engl. Erne. & petit Pygargue.
Buff. Aquila Pygargus. Rzac. Gesn. Johnst.
M.

97) Der weißköpfige Fischadler. Hallens Vögel.
p. 177. n. 115. F. 8. Der weißköpfige Adler,
mit halb weißem Schwanze. Ebend. p. 178.
No. 116. Der weißköpfige Adler, mit glattem
Kopf. Queue blanche. Catesby I. Tab. I.
Seeligm. I. Tab. II. Aquila capite albo.
Aigle à tête blanche. Ed. Par. p. 422. Briss.
Av. I. p. 122. n. 2. Aquila leucocephalus.
L'Aigle à tête blanche. Buff. Ed. Gall. T.
I. p 138. Pygargue à tête blanche. Engl.
Bald-Eagle. Linn. S. N. Ed. XII. p. 124.
n. 3. Falco Leucocephalus.
M.

beſonders einzulaſſen 98). Eigentlich ſcheint
er bloß vom großen Fiſchadler zu reden,
weil er ihm den Beinamen Hinularia; giebt,
welcher andeutet, daß eigentlich die jungen
Rehböcke, Hirſche und Damhirſche (Hinuli)
den beliebteſten Raub dieſer Vögel ausma=
chen. Eine Eigenſchaft, welche dem kleinen
Fiſchadler unmöglich beigeleget werden kann,
da er viel zu ſchwach iſt, auf ſo große Thie=
re zu ſtoßen.

Die Merkmale, wodurch man die Fiſch=
adler von den eigentlichen Adlern (N. I. II.
III.) unterſcheiden kann, ſind: 1) die kah=
lern Füſſe. Die Adler ſind bis an die Kral=
len mit Federn bedeckt; an den Fiſchadlern
findet man den ganzen untern Theil der Bei=
ne völlig entblößt. 2) Die Farbe des Schna=
bels, die bei den vorigen Adlern bräunlich
ſchwarz, bei dieſen aber gelb, oder weiß,
erſcheinet. 3) Der weiße Schwanz, wo=
von

---

98) Aquilarum plura ſunt genera. Unum quod
Pygargus ab albicante cauda dicitur, ac ſi
Albicillam nomines. Gaudet hæc planis &
lucis & oppidis; Hinularia à nonnullis vo-
cata cognomine eſt. Montes etiam ſylvas-
que, ſuis freta viribus, petit. Reliqua genera raro plana & lucos adeunt. Ariſt. Hiſt.
Anim. L. IX. C. XXXII.

von die Fischadler den Namen der weißge=
schwänzten Adler bekommen, weil ihr Schwanz
in der That oben und unten durchaus eine
weiße Farbe hat.   Außerdem unterscheiden
sie sich auch von den vorigen Adlern durch
einige natürliche Gewohnheiten.   Die Fisch=
adler pflegen sich nie an einsamen Orten,
oder Gebirgen, aufzuhalten, sondern viel=
mehr die Ebenen und Waldungen vorzuzie=
hen, welche nicht weit von bewohnten Oer=
tern aßgelegen sind.   Sie scheinen auch, wie
die gemeinen Adler, (No. II.) die kältern
Himmelsstriche den andern vorzuziehen. Man
findet sie daher in allen mitternächtlichen Pro=
vinzen Europens 99).   Der große Fischad=
ler

99) Der Ritter v. Linné behauptet (in seiner Fau=
na Suec. 1761. p 19. n. 35), daß der Fisch=
adler sich in allen schwedischen Wäldern auf=
halte, — von der Größe einer Gans, das
Weibchen aber weißer, als das Männchen,
zu seyn pflege.

Hr. Klein gedenket eines dergleichen Adlers aus
dem grebenischen Walde von 9 1/2 Pfund. S.
dessen Vogelh. p. 78. Der Fischadler, welchen
Hr. Skopoli l. c. anführet, war aus Ober=
krain, und größer als ein Hahn.   Derjenige
hingegen, den Hr. D. Günther in seinem Ka=
binet aufbehält, und welcher zu Fröhlichen
wiederkunft, einem fü.stl. Jagdschlosse bei
Kahla, im Winter auf dem Fuchseisen gefan=
gen worden, ist wohl dreimal so groß, als
ein

ler hat, wo nicht mehr, doch faſt eben ſo
viel Stärke und Größe, als der gemeine
Adler (No II.), wenigſtens iſt er noch be=
gieriger auf den Raub, verwegner, und we=
niger für ſeine Jungen beſorget. Er bringt
ihnen eine kurze Zeit hindurch ihr Futter,
und jagt ſie aus dem Horſt, ehe ſie noch
recht fähig ſind, ihren Unterhalt ſelbſt ſchaf=
fen zu können. Man will ſogar behaupten,
daß, ohne den liebreichen Beiſtand, des
Beinbrechers 100), der ſie willig in ſeinen
Schutz nimmt, nur ſehr wenige beim Leben
bleiben würden. Er brütet gemeiniglich zwei,
bis drei Jungen in einem Horſt, oder Neſt,
aus, welches auf dicke große Bäume gebauet
worden. Die Beſchreibung eines dergleichen
Hor-

ein Hahn, und hatte friſch 15 Pfund gewo-
gen; woraus man ſchlieſſen kann, daß er zu
den großen Fiſchadlern gehöre.

M.

100) Quæ offifraga appelatur, nutricat bene
& ſuos pullos & aquilæ; cum enim illa ſuos
nido ejecerit: hæc recipit eos & educat, mit-
tit namque ſuos aquila, antequam tempus ſit,
adhuc parentis operam deſiderantes, nec vo-
landi adeptos facultatem. Pulli a parente eji-
ciuntur & pulſantur. Dejecti vociferantur,
periclitanturque; ſed offifraga recipit eos
benigne & tuetur & alit dum, quantum ſatis
adoleſcant. Ariſtot. Hiſt. Anim. Lib. IX. C.
XXXIV.

Horstes findet man im Willughby, und vielen andern Schriftstellern, welche ihn übersetzt, oder ausgeschrieben haben. Es besteht aus einem ganz platten Boden, wie der Horst eines großen Adlers, und hat oberwärts keine weitere Bedeckung, als die darüber hängenden Blätter der Bäume. Ubrigens ist es aus kleinen Ruthen und Zweigen geflochten, worauf unterschiedene Schichten von Heidekraut, und andern Pflanzen, abwechselnd über einander liegen.

Das widernatürliche Verfahren, dieser Vögel, ihre Jungen zu verstoßen, ehe sie noch im Stande sind, sich selbst zu nähren, welches die Fischadler, die großen (No. I.) und kleinen gefleckten Adler (No. III.) mit einander gemein haben, ist ein Beweis, daß eben diese drei Gattungen viel gefräßiger, zugleich aber auch auf ihrer Jagd viel nachläßiger und träger seyn müssen, als der gemeine (No. II.) der seine Jungen sorgfältig abwartet, reichlich nähret, mütterlich anführet, fleißig zur Jagd abrichtet, und nicht ehe von sich entfernet, als wenn sie stark genug sind, ohne fernern Beistand sich erhalten zu können. Die Jungen erben ihren Antheil von der sanftern Gemüthsart ihrer

Ael-

Aeltern. Daher sind auch die jungen Ad=
ler, von der gemeinen Gattung, sanftmü=
thig und ruhig; da hingegen die Jungen des
großen (No. I.) und des Fischadlers, sobald
sie nur einigermaßen erwachsen sind, nicht ei=
nen Augenblick Ruhe halten, sondern sich im
Neste selbst beständig um die vorräthige Nah=
rung zangen und schlagen. Das geht so
weit, daß oft ihr Vater, oder die Mutter,
sich entschließen müssen, einen dieser Zänker
umzubringen, um dem Streit ein Ende zu
machen.

Man kann auch noch hinzufügen, daß der
große, und der Fischadler, weil sie gemei=
niglich nur auf große Thiere stoßen, sich
meistentheils auf der Stelle sättigen, ohne
vom Raub etwas mitnehmen zu können.
Folglich können sie nur selten eine Beute zum
wegtragen machen. Da sie nun kein verdor=
ben Aas in ihren Horsten aufzubehalten pfle=
gen, so müssen sie, natürlicherweise, nicht
selten Verlegenheit und Mangel empfinden.
Dem gemeinen Adler hingegen, welcher täg=
lich Hasen und kleine Vögel stoßen kann,
wird es ungemein leicht, seine Jungen mit
überflüssiger Nahrung zu versorgen. Man
hat auch schon angemerkt, besonders von
den

den Fischadlern, die sich oft in der Nähe
bewohnter Oerter aufhalten, daß es bei ihnen gewöhnlich ist, mitten am Tage nur einige Stunden zu jagen, des Morgens aber,
des Abends und in der Nacht, auszuruhen;
da hingegen der gemeine Adler (Aquila valeria) wirklich auf seiner Jagd viel muthiger, fleißiger und unermüdeter ist.

V.

V.

Der kleine

Fluß = oder Meeradler 1).
Der Balbusard.

S. die 414te illuminirte Platte.

S. VII. Kupfertafel.

Der Balbusard ist derjenige Vogel, welcher von unsern Methodisten der Meeradler genennet wird 2). In Burgund heißt
er

1) Der kleine Meeradler. Fischaar. Der Fluß-
adler. Buff. Rohrfalke. Halle. Lat. Aquila
marina. Ital. Anguista piombina. Polnisch.
Orzelmarsky. Schweb. Bläfot. Fisk-orn.
Engl. Balbuzard. Bald-Buzzard. Franz. Le
Balbuzard. In Burg. Craupêcherot ou Cor-
beau - Pêcheur aut Crofpecherot. Gesn.
Griech. A'λιαﬀloc. Briff. Aves. I. p. 126.
Ed. Par. p. 440. Tab. 34. Haliætus, ſ. Aquila

ma-

226

er auch Craupècherot oder Fischerrabe,
weil das Rabengeschrei die Sylbe Krau oder
Kraw auszudrücken scheinet. Eben diese Be-
nen=

marina. Aigle de mer. British Zoology
Tab. A. I. Balbuzardus Anglorum. f. Will.
Ornith. p. 37. Pont. Dänem. p. 165. Fifk-
aar. Aldrov. Av. I. p. 188. 190. Haliætus.
Ibid. p. 211. Morphnos. Gesn. Av. 74.
Falco, Cyanopoda. Kolbens Vorgeb. der
guten Hoffn. 4to. p. 386. Cours d'Hist. Nat.
III. p. 220. Aigle marine. Huard. Linn. S.
Nat. Ed. XII. p. 129. n. 26. Haliætus. Fal-
co Faun. Suec. p. 22. n. 63. Aquila Pyræ-
naica. Barr.

M.

2) Ich habe ihn zur bequemen Unterscheidung
vom Beinbrecher, der auch Meerabler heißt,
den kleinen Meerabler genennet. Man hat
sich überhaupt bei den in unsern Methodisten
angeführten Benennungen wohl zu hüten,
daß man den kleinen Meerabler oder Balbusard weder mit dem großen, oder dem Beinbrecher, noch mit dem oben (N. III.) beschriebenen kleinen Stein- oder Entenabler verwech-
selt, um so vielmehr, da ihn Bellonius auch
Orfraie, wie den Beinbrecher, nennet, und
Brisson aus Versehen den Kolbe hier mit anführet, welcher nicht sowohl unsern kleinen
Meerabler als vielmehr den eigentlichen Entenabler (aigle Canardiere) beschreibt. Die ge-
nerischen Beiwörter: Clanga, Planga, Per-
cnos, Morphnos im Brisson können ebenfalls
nur auf den kleinen Adler (No. III.) angewendet werden.

M.

nennung, (nämlich Balbuzard) führt er auch
in einigen andern Sprachen, besonders im
Englischen. Die burgundischen Bauern haben
ihn, nebst vielen andern englischen Wörtern,
in ihrer Bauernsprache beibehalten, unstreitig noch von der Zeit an, da sich die Engelländer unter Karl dem Vten und VIten
in dieser Provinz aufhielten. Eeßner, welcher zuerst sagte, daß dieser Vogel in Burgund Crospecherot genennt würde, hat
allerdings dieses Wort sehr unrichtig aufge-
schrieben, weil er das kauterwelsche Französisch der Burgundier nicht verstehen konnte.
Das eigentliche Wort ist Crau und nicht
Cros, es wird auch weder als Cros noch
als Crau, sondern Craw, oder schlechtweg
Crâ ausgesprochen.

Nach genauer Untersuchung dieses Vogels
muß man gestehen, daß er kein eigentlicher
Adler sey, ob er gleich mit den Adlern mehr
Aehnlichkeit als mit allen übrigen Raubvögeln hat. Erstlich ist er viel kleiner z), und

P 2   hat

z) Bei den Balbusards herrscht unter den Männchen und Weibchen in Ansehung der Größe
schon ein merklicherer Unterschied, als unter
den eigentlichen Adlern. Der kleine Meeradler, den Brisson beschreibt, und welcher unstreitig ein Männchen seyn mochte, war, bis
an

hat weder das Ansehen oder die Figur, noch den gewöhnlichen Flug eines Adlers. Seine Lebensart und natürliche Gewohnheiten sind auch eben so merklich von der Lebensart eines wirklichen Adlers, als sein Appetit, unterschieden, indem er blos von Fischen lebt, die er einige Fuß tief aus dem Wasser hervorholet 4). Ein sicherer Beweis, daß die Fi=

an die Krallen gerechnet, nicht über einen Fuß und sieben Zoll lang, und mit ausgespannten Flügeln etwa fünf Fuß und drei Zoll breit. An einem andern, den man mir brachte, betrug die Länge des Körpers nicht über einen Fuß neun Zoll, und die Flügel waren kaum fünf Fuß und sieben Zoll weit ausgespannet. Das Weibchen hingegen, was die Herren Verrault, Charras und Dodart in ihren Abhandl. zur Naturg. ꝛc. II. Th. p. 29. unter dem Namen Haliætus beschrieben, hatte von der Spitze des Schnabels an bis an das Ende des Schwanzes zween Fuß neun Zoll; vom Ende des einen Flügels aber bis an das andere, wenn sie ausgebreitet waren, 7 1/2 Fuß. Dieser Unterschied ist so beträchtlich, daß man leicht auf den Zweifel gerathen könnte, ob auch der von diesen Gliedern der Pariser Akademie beschriebene Vogel ein wirklicher Balbusard oder Traupécherot gewesen, wenn es nicht aus andern Merkmalen klar wäre.

A. d. V.

4) Aristoteles hat sich durch alle diese Verschiedenheiten dennoch nicht abhalten lassen, den Balbuzard unter die Adler zu setzen. „Quintum Aquilae genus est, heißt es in Hist. ani-

Fische wirklich seine gewöhnlichſte Nahrung
ſind, läßt ſich daher nehmen, weil ſein Fleiſch
P 3 ſo

animal. (L. IX Cap. XXXII.) quod Haliætus, hoc eſt aquila marina vocatur, cervice
magna & craſſa, alis curvantibus, cauda
lata Moratur haec in littoribus & oris.
Accidit huic ſaepius, ut, quum ferre quod
ceperit nequeat, in gurgitem demergatur.‟
Allein man muß wiſſen, daß ehemals die Grie-
chen alle Raubvögel, die am Tage nach Beute
flegen, unter den drei Geſchlechtsnamen:
Ἀε'ος, Γρυψ, Ἱεραξ, Aquila, vultur,
accipiter, oder Adler, Geier und Sperber
begriffen, und wenig Gattungen durch ſpezifi-
ſche Namen in dieſen drei Geſchlechtern unterſchieden. Das mag unſtreitig der Grund ſeyn,
warum Ariſtoteles den Balbuſard unter die
Adler gebracht hat. Ich begreife nicht, wie
Herr Ray, der ſonſt ein ſo gelehrter und genau prüfender Schriftſteller iſt, verſichern können, daß unter dem Balbuſard und Beinbrecher, oder unter dem kleinen und großen Meeradler einerlei Vogel zu verſtehen ſey, da ſie
doch Ariſtoteles ſchon ſo genau unterſcheidet,
und jeden in einem beſondern Kapitel abgehandelt hat? Der einzige Grund, wodurch
Ray ſeine Meinung unterſtützet, iſt dieſer,
daß der Balbuſard, um die Anzahl der Adler
vermehren zu können, viel zu klein, und folglich auch nicht der ſogenannte Haliætus ſey.
Er bedenket aber nicht, daß der Morphnus
oder kleine Adler (No. III.), auf welchen
eben dieſer Vorwurf paſſet, von den Schriftſtellern ſo gut unter die Adler gezählet worden,
als der Haliætus vom Ariſtoteles, und daß
der Balbuſard unmöglich mit dem Beinbrecher
zu verwechſeln ſey, weil Ariſtoteles alle Unter-
ſchei-

so ſtark nach Fiſchen riechet. Ich ſelbſt habe
dieſen Vogel zuweilen über eine Stunde lang
auf einem an einem Teiche ſtehenden Baum
ſitzen und lauren geſehen, bis er einen groſ-
ſen Fiſch erblickte, auf welchen er ſtoßen,
und ihn in ſeinen Krallen entführen konnte.
Er hat kahle, gemeiniglich blauliche Schenkel.
Doch giebt es auch einige mit geiblichen Schenkeln und Füſſen. Die Fänger ſind ſchwarz,
ungemein groß und ſehr ſpitzig, die Füſſe
und Zehen ſo ſteif, daß man ſie gar nicht
biegen kann, der Bauch ganz weiß, der
Schwanz breit, der Kopf groß und dick.
Er unterſcheidet ſich daher von den Adlern
auch dadurch, daß er an den Füſſen und
hinterwärts an der untern Hälfte der Beine
nicht mit Federn bedeckt, und ſeine hintere
Kralle kürzer als die andern iſt; dahingegen
bei den Adlern die hintere Kralle durchgängig den längſten vorſtellet. Ferner iſt er
noch darin von den Adlern unterſchieden,
daß er einen ſchwärzern Schnabel hat, daß
die

ſcheidungsmerkmale ſo deutlich angiebt. Ich
habe blos darum dieſe Anmerkung gemacht,
weil dieſer Irrthum des Herrn Ray von den
meiſten Schriftſtellern, beſonders von den engliſchen, durch beſtändige Wiederholung beinahe
verewiget worden.

A. d. V.

die Füſſe, die Zehen und die Haut, welche
die Wurzel des Schnabels deckt, beim Bal=
buſard gemeiniglich blau, bei den Adlern
aber gelb ſind. Uibrigens wird man zwi=
ſchen den Zehen des linken Fuſſes keine Spu=
ren von einer Schwimmhaut gewahr, ob ſie
gleich der Archiater von Linné ausdrücklich
benennet 5); denn die Zehen beider Füſſe
ſind auf gleiche Weiſe von einander abge=
ſondert, und nirgends etwas von einer
Schwimmhaut wahrzunehmen. Es iſt ein ge=
meiner Irrthum, daß dieſer Vogel mit ei=
nem Fuß ſchwimme, wenn er indeſſen den
andern braucht, um Fiſche zu fangen; ein
Irrthum, der auch den Ritter von Linné
zu dem angeführten Mißverſtändniß verlei=
tet 6) hat! Herr Klein behauptete vorher
P 4 eben

---

5) S. Nat. Ed. X. p. 91. Ed. XII. p. 129.
Haliætus - - - victitat piſcibus majoribus,
Anatibus; Pes ſiniſter ſubpalmatus.

6) Herr Kolbe l. c. ſagt: „Weil ich den Meer=
adler nie auf dem Lande des Vorgebirges,
ſondern blos auf dem Meere geſehen, ſo kann
ich nicht bekräftigen, was einige ſagen, daß
er einen Fuß, wie ein Gänſefuß, ums Schwim=
mens willen habe, der andere aber zum be=
quemern Fiſchfang mit einer großen, krummen
und ſcharfen Klaue bewaffnet ſey.“ Obwohl
eine Nachricht von ähnlicher Art Gelegenheit
mag gegeben haben, daß der Archiater von
Linné dieſem Adler ebenfalls einen mit halben
Schwimm=

eben dieses vom Beinbrecher oder großen
Meeradler 7), allein mit eben so wenig
Grunde; denn weder vom kleinen Meeradler noch vom großen läßt sich erweisen, daß
er an irgend einer Zehe des einen oder des
andern Fußes mit einer Schwimmhaut versehen sey. Die erste Quelle dieses Irrthums
ist in des großen Alberts Schriften zu suchen, welcher vorgegeben, der eine Fuß dieses Vogels gleiche dem Fuß eines Sperbers,
der andere dem Fuß einer Gans: allein dieses Vorgeben ist nicht allein falsch, sondern
völlig abgeschmackt, und ohne Beispiel in der
Natur. Man muß erstaunen, wenn man
sieht, wie schwer es einem Gesner, Aldrovandus, Klein und Linné geworden, sich
über die alten Vorurtheile zu erheben. Aldrovandus behauptet sogar mit kaltem Blu-
te,

Schwimmhäuten versehenen Fuß beigeleget hat,
möchte ich nicht gern entscheiden.

M.

7) S. dessen Vogelhist. p. 79. „damit er sich,
heißt es daselbst, mit seiner Beute desto leichter aus dem Wasser, welches er mit seinem
Schuß tief zertheilt, erheben möge, hat die
Natur die Zehen des linken Fußes einigermaßen durch eine Membrane mit einander
vereiniget."

M.

te, daß es der Wahrscheinlichkeit gar nicht entgegen wäre: „Denn, setzt er sehr zu= „ versichtlich hinzu, ich weiß ja, daß es „ auch Wasserhühner giebt, deren Füsse „ halb mit Schwimmhäuten versehen, und „ halb gespalten sind." Ein neuer Um= stand, der eben so wenig Grund hat, als der erste!

Uibrigens kömmt es mir gar nicht be= fremdend vor, daß Aristoteles diesen Vogel Haliaetos oder Meeradler genennet hat; ich kann aber gar nicht begreifen, wie alle, die alten sowohl als neuern Naturforscher, diese Benennung ohne Bedenken, und ich möchte sagen, ohne Uiberlegung beibehalten konnten; da doch der Balbusard gar nicht aus vor= züglicher Neigung die Meerküsten besuchet. Man trifft ihn viel häufiger mitten auf dem festen Lande an, das nahe bei Flüssen, Tei= chen und andern süssen Wässern liegt, und er ist in Burgund, als dem eigentlichen Mit= telpunkt von Frankreich viel gemeiner, als auf irgend einer unserer Seeküsten. In Grie= chenland giebt es überhaupt nur wenig süsses Wasser, und das feste Land wird fast allent= halben in kleinen Abständen vom Meer um= ringet und durchkreuzet; Aristoteles hat also in seinem Vaterlande gesehen, daß diese Fisch=

P 5

jä=

jäger ihrem Raub immer an den Ufern des
Meeres auflauerten, und sie deswegen Meer=
adler genennet. Wäre er aber mitten in
Frankreich oder Deutschland 8), in der
Schweiz 9) oder einer andern vom offnen
Meer entfernten Gegend zu Hause gewesen,
wo sie häufig vorkommen, so hätte dieser
große Weltweise sie vielmehr Flußadler oder
Adler der süssen Wässer genennet. Ich ma=
che blos deswegen diese Anmerkung, damit
man einsehen möge, daß ich nicht ohne hin=
länglichen Grund die Benennung des Meer=
adlers verworfen, und an dessen Stelle die
spezifische Benennung Balbusard gewählt ha=
be,

8) Hanc aquilam (Haliætum) nuper accepi à
   nobili domino Nic. Zeidlitz in Schildau,
   quam servitor ejus bombardae globulo, dum
   in Bobero pisces venaretur, interfecerat.
   Mirae pinguedinis avis, quae tota piscium
   odorem spirabat .... Non solum circa mare
   moratur, verum etiam ad flumina & stagna
   Silesiae nostrae degit, & arboribus insidens
   piscibus insidiatur. Schwenkf. Av. Siles.
   p. 217.

9) Gesner behauptet, eben dieser Vogel finde
   sich auch in der Schweiz an vielen Orten,
   und horste auf gewissen Felsen nahe beim
   Wasser und in tiefen Thälern. Er setzet hinzu,
   daß man ihn auch abrichten und bei der Fa=
   sanenjagd brauchen kann.

be, um zu verhindern, daß man diesen Vo=
gel nicht mit den Adlern vermenge 10).

Aristoteles versichert 11), ein jeder von
dies:n Vögeln sey mit einem sehr durchdrin=
genden Gesichte begabet. „„ Die Alten, sagt
„ er, zwingen ihre Jungen, in die Sonne
„ zu sehen, und bringen dasjenige gleich um,
„ welches ihren Glanz nicht ertragen kann.''
Dieser Umstand, wovon ich nicht Gelegenheit
gehabt, Erfahrungen zu machen, die ihn
bestättigen könnten, kömmt mir sehr unwahr=
scheinlich vor, ob er gleich von vielen Schrift=
stellern angeführt, oder vielmehr wiederholt,
und sogar allgemein gemacht worden, weil
man

10) Herr Salerne stand in einem erwieseren Irr=
thume, da er behauptete, der Vogel, welcher
in Burgund Craupécherot hieße, wäre der
Weinbrecher oder große Meeradler. Vielmehr
ist unter seinem sogenannten Sumpffalken
(Faucon de marais) der Craupécherot ange=
deutet worden. S. dessen Ornithol. in 4to.
Paris 1767. p. 6. 7. wo dieser Fehler zu ver=
bessern ist.

11) At vero marina illa (aquila) clarissimi oculorum acie est, ac pullos adhuc implumes
cogit adversos intueri solem, percutit eum,
qui renitet & vertit ad solem: tum cujus
oculi lacrymarint, hunc occidit, reliquam
educat. Aristot. Hist. animal. Libr. IX.
Cap. XXXIV.

man von allen Adlern erzählet, sie zwängen
ihre Jungen, mit unverwendeten Augen in
die Sonne zu sehen. Wie schwer ist nicht
eine solche Beobachtung zu machen? Darzu
kömmt noch, daß ein Aristoteles, auf dessen
Zeugniß dieses Vorgeben sich allein gründet,
lange nicht genugsam in Ansehung der Jun=
gen dieses Vogels unterrichtet zu seyn schei=
net. Er giebt vor, daß er nur zwei Jun=
gen ausbrüte, und noch dasjenige von bei=
den tödte, welchem der Glanz der Sonne
zu blendend wäre. Nun wissen wir aber,
daß er oft vier, und nur selten weniger als
drei Eier leget, und überdies alle seine Jun=
gen erziehet.

Anstatt auf steilen Felsen und hohen Ber=
gen sich aufzuhalten, wie die Adler, sucht er
vielmehr niedrige morastige Gegenden an Tei=
chen und fischreichen Seen. Mich dünket auch,
daß man vielmehr vom Beinbrecher als vom
Balbusard behaupten könne, was Aristote=
les von seiner Jagd auf die Meervögel sa=
get 12). Vom Balbusard weiß man ja,
daß

---

12) Vagatur haec (aquila) per mare, littora,
unde nomen accepit, vivitque avium mari=
narum venatu; aggreditur singulas. Arist.
l. c.

daß er vielmehr ein guter Fischer als ein star=
ker Jäger ist, und mir ist noch nie gesagt
worden, daß er sich von den Ufern entfern=
te, um den Möven und andern Meervögeln
den Krieg anzukündigen. Es scheinet viel=
mehr, daß er blos von Fischen lebet. Wer
sich noch die Mühe genommen, den Leib die=
ses Vogels zu eröfnen, hat allemal in sei=
nem gefüllten Magen lauter Fische gefunden,
und sein Fleisch, das, wie schon erinnert
worden, stark und blos nach Fischen riechet,
ist ein sicherer Beweis, daß er sich, we=
nigstens die meiste Zeit und am liebsten, mit
lauter Fischen beköstiget. Gemeiniglich ist er
sehr fett, und kann, wie die Adler, viele
Tage fasten, ohne dadurch beschweret oder
entkräftet zu werden 13). Er ist auch lange
nicht so wild und grausam, als der Fischaar
(Pygargue), und man sagt von ihm, daß
er

13) Captus aliquando Haliætus à doctissimo
quodam Mellico, moribus satis placidus vi-
sus fuit ac tractabilis & famis patientissimus.
Vixit septem dies absque omni cibo & qui-
dem in altâ quiete ... Carnem oblatam re-
cusavit, pisces sine dubio voraturus, si ex-
hibitae fuissent, cum certo constaret, eum
hisce vivere. Aldrov. Ornith. Tom. I. Lib.
II. p. 195.

er eben so bequem zur Fischerei, als andere
Vögel zur Jagd, abzurichten wäre.

Nachdem wir nun die Zeugnisse der Schrift=
steller mit einander verglichen haben, so
scheint mir die Gattung des Balbusard eine
der zahlreichesten unter den großen Raubvö=
geln, und fast allgemein in Europa, im
mittäglichen Theile von Norden, von Schwe=
den bis nach Griechenland; ja er scheint so=
gar in viel wärmern Ländern, als in Egypten,
bis nach Nigritien in Afrika, nicht einmal
eine große Seltenheit zu seyn 14).

Ich habe in einer der vorhergehenden An=
merkungen dieses Artikels gesagt, unsere be=
nannten Mitglieder der Akademie der Wis=
senschaften hätten einen weiblichen Balbusard
oder

14) Mich deucht, folgende Stelle könne nicht
leicht auf einen andern Vogel, als den Bal=
busard, angewendet werden. „Man zeigte
uns in Nigritien eine Menge Vögel, und un=
ter andern zweierlei Adler, deren eine Gat=
tung sich von ländlicher Beute, die andere
hingegen von Fischen nährte. Die letztenen=
nen wir die Nonne, weil die Farben ihrer
Federn der Kleidung einer Karmeliternonne
mit ihrem überhängenden weißen Schulter=
band gleichen. Ihr Gesicht ist weit schärfer,
als das Gesicht der Menschen. S. Relation
de la Nigritie par, Gaby. à Paris 1689.

oder Haliætus beſchrieben 15), und ſeine
Länge auf zween Fuß neun Zoll, von der
Spitze des Schnabels bis ans Ende des
Schwanzes gerechnet, den Durchmeſſer ſeiner ausgebreiteten Flügel aber auf $7\frac{1}{2}$ Fuß
geſetzet; da hingegen andere Naturforſcher
den Körper des Balbuſard nur zween Fuß
lang, den Durchmeſſer ſeiner ausgeſpannten
Flügel aber fünf und einen halben Fuß breit
angegeben. Durch eine ſo große Verſchie-
denheit könnte man auf die Gedanken gebracht werden, die Herren der Akademie der
Wiſſenſchaften hätten einen ganz andern viel
größern Vogel, als den Balbuſard, beſchrieben. Sobald man indeſſen ihre Beſchreibung mit der unſrigen zuſammenhält, kann
man deswegen keinen weiteren Zweifel hegen.
Denn unter allen Vögeln dieſes Geſchlechts
iſt wohl der Balbuſard noch der einzige,
der zu den Adlern gerechnet werden könnte,
der einzige, der blaue Beine und Füſſe, einen ganz ſchwarzen Schnabel, oder, nach
Beſchaffenheit ſeiner Größe, lange Beine und
kurze Füſſe hat. Ich glaube daher mit erwähnten Herren der Akademie, daß ihr Vogel der wahre Haliætus des Ariſtoteles,

oder

15) v. Mémoires pour ſervir à l'Hiſt. des Animaux. Part. II. Art Aigle.

ober unfer Balbufard, und zwar eines der
größten Weibchen diefer Art gewefen, welches von ihnen befchrieben und zergliedert
worden.

In Anfehung der innern Theile ift der
Balbufard nur wenig von den Adlern unter-
fchieden. Die Herren Perrault, Charras
und Dodart haben keinen andern beträchtlichen Unterfchied, als blos in der Leber, die
viel kleiner im Balbufard ift, in den beiden
Blinddärmen des Weibchens, die ebenfalls
nicht fo groß waren, in der Lage der Milz,
die bei den Adlern unmittelbar an der rechten Seite des Magens anhängt, am Balbufard aber unter dem rechten Lappen der
Leber fich befindet, und in der Größe der
Nieren gefunden, welche beim Balbufard faft
eben fo, wie bei denjenigen Vögeln befchaf-
fen waren, bei welchen diefelbe in Vergleichung mit andern Thieren fehr groß gefunden werden, da fie hingegen bei den Adlern
fehr klein zu feyn pflegen.

VI.

VI.

Der Beinbrecher. 16).

Man sehe die 112te und 415te illuminirte Platte.

S. unsere VIII. Kupfertafel.

Der Beinbrecher wird von unsern Methodisten der große Meeradler genennet, und ist wirklich beinahe so groß, als
der

16) Der Beinbrecher. Der große Meeradler.
Klein und Kolbe. Großer Hasenadler. Buff.
Gänseadler. Pont. Der bartige Adler. Franz.
Orfraye, l'Orfraie, Freneau, Bris-os, Os-
fraque, Offraie, Grand aigle de mer. Briff.
L'Aigle barbu ou quelque espece de Vau-
tour. Bel. Offifrague. Kolb. Casseur d'os.
Lat. Offifraga. Ital. Aquilastro, Anguista
barbata. Engl. Sea-eagle, Osprey. Poln.
Orzel-lomignat. Dän. Gaase-örn. Span.
Quetrantabuessos und Chebalos Albrov. Schles.

Buff. Naturg. der Vögel. 1. B.   Q   Staß,

der Steinadler (No. 1.) Es scheint so,
gar, als ob sein Körper verhältnißmäßig
länger wäre, doch ist er mit kürzern Flügeln
versehen. Denn der Beinbrecher hat von
der Spitze des Schnabels biß an die Spitze
der Fänger drei und einen halben Fuß in der
Länge, zugleich aber nicht mehr, als ungefähr sieben Fuß im Durchmesser seiner aus-
ge=

Skast. Gr. Φήνης. Not. Die Alten, sagt
Herr von Buffon, gaben diesem Vogel den
Namen des Beinbrechers, weil sie bemerkt
hatten, daß er mit seinem Schnabel die Knochen der Thiere, die er gestoßen, zerhackte.
Kolbe meinet hingegen l. c. p. 385. dieser
Name komme von seiner Geschicklichkeit her,
die Schalen der Landschildkröten zu zerbrechen.
„Man weiß, fährt er fort, aus dem Vale-
rius Maximus Lib. IX. de mortibus non vul-
garibus, daß Achylus durch eine Schildkröte
getödtet worden, die ein solcher Adler ihm auf
den Kopf herabfallen ließ, weil er seinen kahlen Scheitel für einen Stein angesehen." Cf:
Hallens Vögel. p. 181. n. 119. Der Meeradler. Kleins Vogelhist. p 79. V. Bein-bre-
cher. Pontopp. Dän. p. 166. Gänseadler.
Gesn. Av. 263. Aldrov. Orn. I. p. 222. Tab.
225. 228. Brunnich. Ornith. 13. Willughb.
Orn. 29. T. I. Rai. Av. 7. n. 3. Nisus ve-
terum. Immissulus aliorum. Briss. Av. Tom.
I. p. 125. n. 9. Ed. Par. p. 437. Aquila
ossifraga. Rzac. & Schwenkf. Bell. Charl.
Johnst. Grand aigle de mer. Linn. S. N.
Ed. XII. p. 124. Ossifragus. Falco. Cours
d'Hist. Nat. Tom. III. p. 120. n. 8. M.

gespannten Flügel. Da hingegen die Länge des großen Adlers gemeiniglich nur drei Fuß und zween bis drei Zoll, die Breite der ausgespannten Flügel aber wohl acht bis neun Fuß beträgt.

Dieser Vogel ist also schon seiner Größe wegen sehr merkwürdig, übrigens aber an folgenden Merkmalen deutlich zu erkennen: 1) an der Farbe und Figur seiner Fänger, die glänzendschwarz aussehen, und einen vollkommnen Halbzirkel bilden; 2) an seinen Beinen, die am untern Theile kahl und mit einer gelbgeschuppten Haut bedeckt sind; 3) an seinem vom Knie herabhangenden Federbart, wovon er den Namen des bartigen Adlers erhalten.

Sein liebster Aufenthalt ist nahe bei den Ufern des Meeres, oder auch oft mitten auf dem platten Lande, nahe bei fischreichen Flüssen, Seen und Teichen. Er stößt nur auf die größten Fische, ohne sich dadurch vom Raube des Wildprets abhalten zu lassen. Da er sehr groß und stark ist, nimmt er mit leichter Mühe Gänse, Hasen, Lämmer, sogar junge Ziegen mit sich fort. Aristoteles versichert, daß die Weibchen der Beinbrecher nicht allein mit ihren eigenen Jun-

gen

gen sehr zärtlich umgiengen, sondern sich so=
gar anderer von ihren Eltern zu früh ver=
stoßener junger Adler mitleidig annähmen,
und sie eben so reichlich nährten, als ob sie
zu ihrer Familie gehöreten. Ich finde doch
aber dieses sonderbare Vorgeben, das alle
Naturforscher treulich wiederholt haben, nir=
gends durch Erfahrungen bestätigt. Mir
kömmt es daher besonders darum zweifelhaft
vor, weil dieser Vogel überhaupt nur zwei
Eier leget, und gemeiniglich nur ein Junges
erziehet. Man sollte daher glauben, daß
er sich in ziemlicher Verlegenheit befinden
müsse, wenn er eine so zahlreiche Familie
besorgen und ernähren sollte. Indessen fin=
det man in des Aristoteles Geschichte der
Thiere nicht leicht einen Umstand, welcher
nicht wahr oder zum wenigsten auf eine
Wahrheit gegründet wäre. Ich selbst habe
viele bestätiget, welche mir eben so verdäch=
tig als dieser vorkamen. Daher ich de=
nenjenigen, die Gelegenheit haben, diesen
Vogel zu beobachten, die Bemühung em=
pfehle, sich von dem Grund oder Ungrund
dieses Vorgebens aus Erfahrungen zu über=
zeugen. Einen Beweis, daß Aristoteles fast
in allen Stücken richtig sahe, und immer der
Wahrheit gemäß erzählte, findet man, ohne
ihn weit herzuholen, in einem andern Um=
stand,

ſtand , welcher anfänglich noch außerordentlicher ſchien , und eben ſo vieler Beſtätigung
bedurfte. „ Der Beinbrecher , ſagt er ,
„ hat ein ſchwaches Geſicht, ſchlechte und
„ gleichſam durch ein Wölkchen verdunkelte
„ Augen" 17). Es ſcheint alſo, als ob
dieſes eigentlich die Urſache ſey, welche ihn
bewogen, den Beinbrecher von den Adlern
abzuſondern, und ihn unter die Eulen und
andere Vögel zu ſetzen, die am Tage nicht
gut ſehen können. Wenn man aus dem,
was ſich hieraus folgern läßt, einen Schluß
ziehen wollte, ſo müßte man dieſes Vorgeben allerdings nicht allein verdächtig, ſondern ganz falſch finden. Alle, die bis jetzt
dem Beinbrecher auf ſeinen Spuren nachge-
gangen, haben zwar deutlich bemerket, daß
er des Nachts helle genug ſehen konnte, um
Wildpret und ſogar Fiſche zu ſtoßen; ſie
haben aber nicht wahrgenommen, daß er ein
ſchwaches Geſicht hätte, und am Tage keinen
vortheilhaften Gebrauch davon zu machen
wüßte. Er zielt im Gegentheil mit ſeinem
Blick ſehr weit nach dem Fiſch, den er ſtoſ-
ſen will, und verfolgt mit vieler Lebhaftig-
Q 3 keit

---

17) Parum Oſſifraga oculis valet; Nubeculâ
enim oculos habet laeſos. Ariſt. H. An. L.
IX. Cap. XXXIV.

keit alle Vögel, die er zu seinem Raub aus-
erlesen hat. Wenn er langsamer als die Adler flieget, so geschieht es vielmehr um der
kürzern Flügel als um der blöden Augen
willen. Inzwischen hat sich doch Aldrovandus, durch die Hochachtung für den angeführten großen Weltweisen getrieben, die
Mühe genommen, die Augen des Beinbrechers aufs allersorgfältigste zu untersuchen,
und hat gefunden, daß die Oefnung des
Sternes im Auge 18), die gemeiniglich nur
durch die Hornhaut bedeckt wird, bei diesem Vogel noch mit einer andern ungemein
zarten Haut überzogen war, die wirklich dem
                                        Schei-

18) Sed in oculo dignum obfervatione eft,
quod Uvea, quae homini in pupilla perfo-
ratur, tenuiſſimam quandam membranulam
pupillae praetenfam habeat: atqui hoc eft,
quod Philofophus dicere voluit... fubtiliſſimam illam membranam nubeculam vocans.
Iſtaec tamen, ne prorfus viſionem praepe-
diret, quod retro & ab lateribus nigro, ut
homini, colore imbuta, & fubftantia paulo
craſſior fit; itaque partem, quae iridis am-
bitu clauditur, fubtiliſſimam, omnisque coloris expertem & exacte pellucidam natura
fabricata eft; hoc ipfum vifus detrimentum
nonnihil refarcire poteft fuperciliorum aut
fupernae orbitae oculorum partis prominen-
tia, quae ceu tectum, oculos fuperne ope-
rit Aldrov Ornith. Tom. I. p. 226. Edit.
Francof. Lib. II. p. 120.

Scheine nach einen kleinen Flecken mitten auf
der Oefnung des Augensterns bildet.   Er
hat aber zugleich beobachtet, wie das Nach=
theilige dieser Bildung durch die vollkommene
Durchsichtigkeit des runden Theiles, welcher
den Stern umgiebt, und bei andern Vögeln
undurchsichtig und von dunkler Farbe ist,
ersetzet zu seyn scheinet.

Die Bemerkung des Aristoteles ist also
recht gut und seine Beobachtung richtig, daß
der Beinbrecher ein kleines Wölkchen auf den
Augen hat.   Allein es folgt nur hieraus noch
nicht, daß er viel schlechter, als andere Vö=
gel sehen müsse, weil das Licht ungemein
bequem und häufig in den kleinen vollkomm=
nen durchsichtigen Zirkel eindringen kann,
welcher den Augenstern umgiebt.   Es läßt
sich hieraus nur schließen, daß dieser Vogel
auf der Mitte aller Gegenstände, die er an=
siehet, einen Fleck oder dunkles Wölkchen
wahrnehmen und also von der Seite besser,
als gerade zu, sehen müsse.   Inzwischen ist
bereits erinnert worden, wie man aus allen
seinen Unternehmungen keinen Beweis ziehen
könne, daß er in der That ein schlechteres
Gesicht, als andere Vögel, habe.   Es ist
freilich ausgemacht, daß er sich lange nicht
so hoch, als die Adler in die Lüfte schwinget,

auch

auch in seinem Fluge nicht so schnell ist, als
diese, und seinen Raub nicht in einer so großen
Entfernung ausforschet und verfolgt ; es ist
also wahrscheinlich, daß er weder ein so hel=
les, noch durchdringendes Gesicht, als ein
Adler hat : allein es ist eben so gewiß, daß
er auch nicht mit so schlechten Augen, als die
Eulen, versehen ist, welche am Tage ganz
dunkel bleiben, weil er seinen Raub am Ta=
ge so gut, als des Nachts, besonders des
Morgens und Abends aufsuchet und ver=
folget 19).

Wenn man die Bildung der Augen des
Steinbrechers und der Nachteulen oder an=
derer Nachtvögel mit einander vergleichet,
so wird man gar bald gewahr, daß die
Verschiedenheit unter beiderlei Augen sehr
merklich ist, und sehr unterschiedene Wirkun=
gen

___

19) Ich bin durch Augenzeugen überführet worden, daß der Beinbrecher des Nachts Fische
stößt, und alsdann, wenn er aufs Wasser
niederschießet, in weiter Entfernung ein großes
Geräusche hören lässet. Herr Salerne behauptet ebenfalls, daß der Beinbrecher, wenn er
auf einen Teich sich niederläßt, um seinen
Raub zu fangen, einen Lärm verursache, der,
besonders zur Nachtzeit, erschrecklich anzuhö-
ren ist. S. dessen Ornith. p. 6. A. d. V.

gen hervorbringet. Die Nachtvögel sehen
blos darum schlecht oder gar nichts am Tage, weil ihre Augen gar zu empfindlich sind,
und nur sehr wenig Licht brauchen, um die
Gegenstände deutlich zu erkennen. Ihr Augenstern ist völlig offen, und ist nicht mit
einer solchen Haut oder einem solchen Wölkchen, als das Auge des Beinbrechers, bedecket. Bei allen Nachtvögeln, bei den Katzen und einigen andern vierfüßigen Thieren,
welche im Dunkeln sehen können, ist der Stern
rund und von einem großen Durchmesser,
so lange derselbe nur den Eindruck eines schwachen Lichts, als z. B. der Abenddämmerung,
empfindet; er verlängert sich aber senkrecht
bei den Katzen, oder ziehet sich konzentrisch
zusammen bei den Nachtvögeln, sobald nur
das Auge durch ein stärkeres Licht getroffen
wird. Diese Zusammenziehung ist ein Beweis, daß dergleichen Thiere blos darum
schlecht sehen, weil sie allzugute Augen haben, indem sie nur ein sehr geringes Licht
brauchen, um alles zu erkennen; da hingegen bei andern Vögeln das ganze Tages-
licht erfordert wird, und sie desto besser sehen können, je heller es ist. Wie vielmehr
würde nicht der Steinbrecher mit seinem Wölkchen auf dem Stern eines Uiberflusses vom
Lichte, mehr, als irgend ein anderer Vo-

gel,

gel, benöthigt seyn, wenn diesem Fehler nicht
auf eine andere Art abgeholfen wäre? Am
allermeisten ist Aristoteles deswegen, daß er
diesen Vogel unter die Nachtvögel setzet,
aus dem Grunde zu entschuldigen, weil er
in der That eben sowohl des Nachts als am
Tage seiner Beute nachstellet. Bei hellem
Lichte sieht er nicht so gut, als der Stein=
adler (No. 1.), im Dunkeln aber auch
vielleicht schlechter, als die Nachteule. Er
zieht aber mehr wesentlichen Vortheil, als
alle beide, aus dieser ihm eigenthümlichen
Bildung der Augen, die eben so weit von
der Bildung der Augen bei den Tagevögeln,
als bei den Nachtvögeln, unterschieden ist.

So viel Wahrheit ich in den meisten Ge=
schichten und Nachrichten des Aristoteles von
den Thieren angetroffen, so viele Irrthü=
mer und Unrichtigkeiten scheinen mir in sei=
nem Traktate vom Wunderbaren (de Mi-
rabilibus) enthalten zu seyn. Man findet
in selbigen sogar gewisse Begebenheiten, wel=
che demjenigen geradezu widersprechen, die
er in seinen andern Werken erzählet. Ich
kann mich daher nicht enthalten zu glauben,
daß dieser Traktat sich gar nicht von diesem
Weltweisen herschreibet, und man ihm auch
selbigen gewiß nicht würde zugeeignet haben,

wenn

wenn man sich die Mühe nehmen wollen,
die darin enthaltene Sachen mit seinen in der
Geschichte der Thiere befindlichen Meinungen
zu vergleichen. Plinius, dessen Geschichte
der Natur größtentheils aus dem Aristoteles
genommen ist, hat bloß darum so viele zwei=
deutige und falsche Nachrichten darin ange=
bracht, weil er ohne Unterschied aus allen
Werken schöpfte, die man dem Aristoteles
(zum Theil fälschlich) zueignete, hernach aber
die Meinungen aller folgenden Schriftsteller
sammlete, welche mehrentheils auf pöbel=
hafte Irrthümer gegründet waren. Ohne
uns weit von unserm Gegenstand entfernen
zu dürfen, können wir ein deutliches Bei=
spiel hiervon anführen. Aristoteles bezeich=
net, wie man gesehen, die Gattung des
Balbusard in seiner Geschichte der Thiere
vollkommen deutlich, weil er sie zur fünften
Gattung seiner Adler machet, und ihr sehr
unterscheidende Charaktere beileget. In dem
Traktat vom Wunderbaren aber heißt es,
der kleine Fluß = oder Meeradler (Haliætus)
mache keine besondere Gattung aus. Pli=
nius, der diese Meinung noch weiter aus=
dehnte, behauptet nicht allein, daß die Bai=
busards keine eigene Gattung wären, und
von der Vermischung unterschiedener Adler=
gattungen entständen, sondern auch, daß die

Jun=

Jungen der Balbusards nicht wieder kleine
Balbusarde , sondern Beinbrecher wären,
von welchen junge Habichte gezeugt würden,
die hernach wieder große Habichte hervor=
brächten , welche nichts weiter zu erzeugen
vermögend wären 20). Was für eine Reihe
unglaublicher Nachrichten in dieser einzigen
Stelle! Was für abgeschmackte Sachen, wo=
von sich in der Natur gar nichts Aehnliches
denken läßt! Wenn wir auch die Grenzen
der möglichen Veränderungen in der Natur
noch so weit ausdehnen, und in Erklärung
dieser Stelle so viel höfliche Nachsicht, als
möglich ist, anwenden, folglich auf einen
Augenblick annehmen, die Balbusards wären
in der That Früchte der Vermischung unter=
schiedener Adlergattungen , und wären frucht=
bar, wie es die Bastardarten einiger ande=
rer Vögel sind ; wenn wir zugeben, sie
brächten eine zweite Bastardart hervor, die
sich der Gattung der Beinbrecher näherte,
wenn die erste Vermischung etwa mit einem
Bein=

---

20) Haliæti suum genus non habent, sed ex
diverso aquilarum coitu nascuntur. Id qui-
dem, quod ex iis natum est, in offifragis
genus habet, e quibus vultures praegene-
rantur minores & ex iis magni, qui omnino
non generant. Plin. Hist. Nat. Libr. X.
Cap. III.

Beinbrecher und einem andern Adler geschehen; so haben wir alles Mögliche zugestanden, ohne die Gesetze der Natur offenbar zu verstoßen. Wenn man aber hierauf
noch sagen wollte, daß von diesen in Beinbrecher verwandelten Balbusards kleine Habichte hervorgebracht würden, die wieder
größere unfruchtbare Habichte zeugten, so ver-
dunkelt man den Funken der Wahrscheinlichkeit beider angeführten Meinungen, die schon
schwer zu glauben waren, durch drei andere, welche durchaus keinen Glauben verdienen. Obgleich im Plinius viele Sachen auf
geradewohl hingeschrieben worden, so kann
ich mich doch nicht bereden, daß er auch
der Urheber dieser drei lächerlichen Grillen
sey. Ich vermuthe vielmehr, daß der
Schluß dieser Stelle gänzlich unterschoben
worden.

Uibrigens ist es gewiß, daß die Beinbrecher niemals kleine Habichte, und diese niemals große zur ferneren Zeugung untüchtige
Bastardgeier hervorgebracht haben. Jede
Gattung, jede besondere Art von Habichten
bringt ihres Gleichen hervor. So verhält
sichs auch mit jeder Gattung von Adlern,
und so ist es auch mit dem Balbusard und
Beinbrecher beschaffen, und alle Mittelgat-
tun-

tungen, die etwa durch eine Vermischung
der Adler untereinander entstanden seyn mö=
gen, haben beständige Arten ausgemacht,
die sich wie andere Gattungen erhalten und
fortdauern. Besonders können wir uns völ=
lig überzeugt halten, daß der männliche Bal=
busard mit seinem Weibchen lauter Junge
von seines Gleichen erzeugen, und wenn je=
mals ein Balbusard einen Beinbrecher her=
vorbringt, so kann es unmöglich durch die
Gattung selbst, sondern es muß durch seine
Vermischung mit einem Beinbrecher geschehen.
Es würde sich also mit einer solchen Vermi=
schung des männlichen Balbusard und einem
weiblichen Beinbrecher gerade so, wie mit
einer Vereinigung des Ziegenbocks und ei=
nes Schafes verhalten, woraus ein Lamm
entstehet, weil das Schaf bei der Zeugung
den vorzüglichsten Einfluß hat, so wie bei
der andern Vermischung ein Beinbrecher zum
Vorschein kommen würde; denn überhaupt
sind in diesem Falle die Weibchen immer die
herrschende Partei, und es pflegen sowohl
alle fruchtbare Bastarde der Gattung ihrer
Mutter zu gleichen, als auch die wahren
oder unfruchtbaren Bastarde mehr von der
Gattung der Mutter als des Vaters an sich
zu haben.

Was

Was die Möglichkeit dieser Vermischung
des Balbusard mit einem Beinbrecher und
der aus derselben entstehenden Frucht glaub-
lich macht, ist vorzüglich die Aehnlichkeit ihres Appetits, ihres Naturels und sogar die
Figur dieser beiden Vögel. Denn ob sie
gleich in Ansehung der Größe sehr unterschieden sind, indem der Beinbrecher fast noch
halb so groß ist, als der Balbusard, so
haben sie doch in Ansehung des Verhältnisses
ihrer Theile viel Aehnlichkeit mit einander.
Beide sind, in Betrachtung der Länge ihres
Körpers, mit kurzen Flügeln und Beinen
versehen, der untere Theil der Beine sowohl, als die Fässe, sind an beiden kahl;
beide fliegen weder eben so hoch, noch eben
so schnell, als die Adler; beide sind bessere
Fischer als Jäger, und halten sich am liebsten an solchen Orten auf, die nicht weit
von fischreichen Wässern und Teichen entfernt
liegen; beide sind auch in Frankreich und andern gemäßigten Ländern sehr gemein; doch
pfleget allemal der Beinbrecher, als ein grös-
serer Vogel, nur zwei, der Balbusard aber
vier Eier zu legen 21). An diesem ist ge-
mei-

21) Der große Meeradler oder sogenannte Beinbrecher horstet auf den höchsten Eichen, und
bauet ein außerordentlich breites Nest, worein
er nicht mehr als zwei große, ganz runde,
sehr

meiniglich die Haut, welche die Wurzel des
Schnabels bedecket, nebst den Füssen blau;
am Beinbrecher aber ist eben diese Haut nebst
den Schuppen am untern Theile der Beine
und an den Füssen gewöhnlichermaßen dun=
kelgelb. Es herrschet auch eine Verschieden=
heit in Vertheilung der Farbe auf ihren Fe=
dern: allein aller dieser kleinen Abweichun=
gen unerachtet, sind beide Vogelgattungen
doch nahe genug mit einander verwandt,
um

sehr schwere, schmutzigweiße Eier leget. Vor
einigen Jahren fand man einen im chambar=
dischen Thiergarten. Seine beiden Eier schickte
ich dem Herrn v. Reaumur, das Nest konnte man
aber nicht losmachen. Im Jahr 1766 wurde
das Nest eines Adlers zu St. Laurent-des-
Eaur im Walde bei Briau ausgenommen,
worin ein einziger junger Adler befindlich war,
welchen der Postmeister dieses Ortes erziehen
lassen. Zu Nellegarde hat man im orleanischen
Forst einen Beinbrecher getödtet, welcher des
Nachts immer die größten Hechte aus einem
Teiche wegfischte, der vormals dem Herzog
von Antin gehörte. Zu Seneley in Solagne
wurde nachher ein anderer in dem Augenblick
getödtet, da er am hellen Tage sich mit ei=
nem großen Karpfen in die Luft schwingen
wollte. Der Balbusard (den Herr Salerne
Faucon de Marais nennet) hält sich zwischen
dem Schilf längs den Ufern auf, legt jedes=
mal vier weiße Eier von elliptischer Figur,
und nähret sich von Fischen. S. Ornithologie de Salerne. p. 5. 7.

A. d. V.

um sich vermischen zu können. Gewisse von
ähnlichen Fällen entliehene Gründe überzeugen mich auch von der Fruchtbarkeit einer
solchen Vermischung, und lassen mich glauben, daß ein männlicher Balbusard mit einem weiblichen Beinbrecher wirkliche Beinbrecher zeuge, daß aber der weibliche Balbusard mit einem männlichen Beinbrecher Ba-
stardbalbusards hervorbringe, und daß eben
diese Bastarde, sie mögen Beinbrecher oder
Balbusarde seyn, da sie fast alle die Natur
ihrer Mütter annehmen, nur einzelne Züge
vom natürlichen Charakter ihres Vaters an
sich behalten, wodurch sie von den ächten
Beinbrechern und Balbusarden unterschieden
werden können; so findet man zum Beispiel
gelbfüßige Balbusards und blaufüßige Beinbrecher, obgleich sonst ein Balbusard blaue,
der Beinbrecher aber gelbe Füsse haben sollte. Dergleichen Abwechselungen der Farbe
können leicht von der Vermischung dieser beiden Gattungen entstehen. Man findet auch
Balbusarde, dergleichen die erwähnten Herren der Akademie der Wissenschaften einen
beschrieben, die viel größer und stärker als
die gewöhnlichen sind; hingegen trifft man
auch Beinbrecher an, die lange die gewöhnliche Größe nicht haben, deren Kleinheit aber

weder dem Geschlecht, noch dem Alter, folg‑
lich keiner andern Ursache zugeschrieben wer‑
den kann, als der Vermischung mit einer
kleinen Gattung, nämlich des Balbusards
mit einem weiblichen Beinbrecher.

Insofern dieser Vogel einer der größten
Vögel ist, und sich aus diesem Grunde nur
wenig vermehret, folglich auch das ganze
Jahr hindurch nur zwei Eier leget, wovon
er oft nur ein Junges erziehet, ist wohl
die Gattung nirgends häufig anzutreffen,
aber doch allenthalben zerstreuet. Man fin‑
det sie fast in ganz Europa, und es scheint,
als ob sie sogar auf dem festen Lande
der alten und neuen Welt sehr bekannt
wären, und nicht selten auch die Seen
des mitternächtlichen Theiles von Afrika be‑
suchten 22).

22) Mich dünkt, folgende Stelle der Voyage au
pays des Hurons par Sagar Théodat p. 297.
sey blos vom Beinbrecher zu verstehen. „Es
giebt noch eine Menge von Adlern, welche in
ihrer Sprache Sondaqua genennet werden.
Sie horsten gemeiniglich an den Ufern der
Wässer, oder an andern Abgründen ganz oben
auf den höchsten Bäumen oder Felsen, und
sind folglich ungemein schwer zu bekommen.
Doch haben wir unterschiedene solche Nester
ausgenommen, aber nie mehr als einen, höch‑
stens

stens zween junge Adler darin angetroffen.
Ich hatte mir vorgenommen, einige zu erziehen, als wir von den Huronen unsern Weg
nach Quebek nahmen; allein theils weil sie
beschwerlich zu tragen, theils auch, weil wir
nicht vermögend waren, ihnen so viele Fische
zu schaffen, als sie brauchten, schmausten wir
sie mit einander auf, und ließen sie uns recht
wohl schmecken; denn sie waren noch jung,
und von zartem Fleische.

H. d. V.

VII.

VII.

Der Lerchengeier 23).

S. die 413te illuminirte und unsere IX. Platte.

Ich habe diesen Vogel am Leben gesehen, und einige Zeit hindurch füttern lassen. Er war im Jahr 1768 im Augustmonat ge-fan-

23) Der Lerchengeier. St Martin der große. Der weiße Hans. Franz. Jean-le-blanc ou premier Oiseau St. Martin, Belon. Hist. Nat. des Ois. p. 103. Fig. p. 104. Brisson. Av. Vol. I p. 127. n. 11. Ed. Parif. p. 443. Pygargus. Jean-le-blanc. Pygargi primum ge-nus Johnst. Secundum genus Aldrov. Eini-ge haben diesen Vogel den weißschwänzigen Ritter, Chevalierblanche - queuë genennt, vielleicht weil er auf etwas hohen Füssen ein-hertritt. S. Ornithol. de Salerne p. 24. Das Männchen ist leichter und weißer, als das Weibchen, besonders auf dem Bürzel; es hat einen langen Schwanz und seine reize b-gelbe

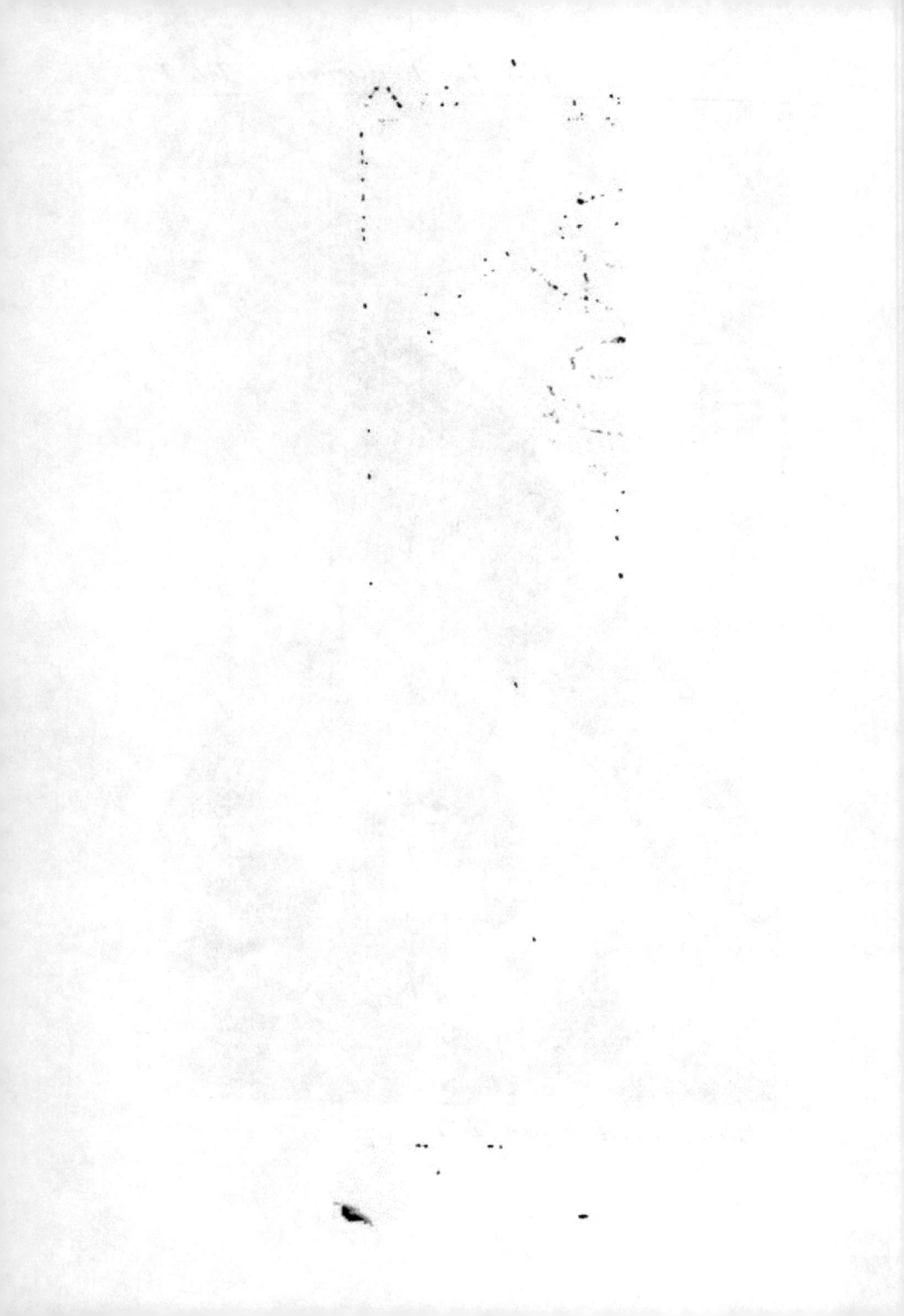

fangen worden, und schien im Jenner 1769
zu seiner völligen Größe gediehen zu seyn.
Seine Länge, von der Spitze des Schnabels
bis an das Ende des Schwanzes, betrug
zween Fuß, bis an die Spitze der Krallen
aber einen Fuß und acht Zoll. Sein Schnabel hatte 17 Linien, von seiner Krümmung
bis an den Winkel seiner Oefnung gerechnet.
Die Länge des Schwanzes machte 10 Zoll
aus, und er konnte seine Flügel auf ungefähr fünf Fuß und ein Zoll ausbreiten.
Wenn sie zusammengeleget waren, ragten sie
ein wenig über die Spitze des Schwanzes
hervor. Der Kopf, der obere Theil des
Halses, Rücken und Bürzel waren aschfar-
bigbraun; doch erschienen alle Federn, mit
welchen die benannten Theile bedeckt waren,
an ihrem Ursprunge weiß, in ihrer ganzen
übrigen Ausdehnung aber braun. Die letzte
Farbe bedeckte das Weiß dergestalt, daß
man, um es wahrzunehmen, die Federn

R 3   auf-

gelbe Füsse. Ebend. Anm. Bellonius und einige seiner Nachfolger haben diesen Vogel für
einen Fischadler (Pygargue) gehalten; allein
mit Unrecht, wie man sich leicht überzeugen
kann, wenn man das, was unter dem Artikel
von den Fischadlern (No. IV.) gesagt worden,
mit demjenigen vergleichet, was wir vom Lerchengeier zu melden haben.

A. d. V.

aufheben mußte. Hals, Bruſt, Bauch und
Seitentheile waren ganz weiß, und mit langen braunrothen Flecken gezieret. Queer
über den Schwanz liefen dunkelbraune Banden. Die Haut, welche die Wurzel der
Naſe deckt, hat eine ſchmutzigblaue Farbe.
Die Naſenlöcher ſind neben dieſer Haut
wahrzunehmen. Die Farbe des Regenbo-
gens im Auge iſt ſchön zitrongelb oder einem
orientaliſchen Topas ähnlich. In der Jugend waren die Füſſe mit einer unanſehnli-
chen Fleiſchfarbe überzogen, die ſich aber im
zunehmenden Alter, ſo wie die Haut an
der Wurzel des Schnabels, ins Gelbe verlieret. Die Räume zwiſchen den Schuppen,
welche die Haut an den Beinen decken,
ſchienen röthlich, und in der Ferne, ſogar
im erſten Jahre, durchaus alles gelb zu
ſeyn. Wenn er eben gefreſſen hatte, wog
dieſer Vogel drei Pfund vier Unzen, als er
noch jung war.

Der ſogenannte Lerchengeier unterſcheidet
ſich ſtärker, als alle vorhergehende Vögel,
von den Adlern. Mit den oben beſchriebenen Fiſchadlern (No. IV.) hat er weiter
nichts gemein, als die federloſen Beine und
die weiße Farbe der Steiß= und Schwanz=
federn. Die Theile ſeines Körpers haben

gt-

gegeneinander ein ganz anderes Verhältniß.
Der Körper selbst, in Absicht auf den ganzen Vogel betrachtet, ist viel größer als
der Körper des Fischadlers. Er hat, wie
oben erinnert worden, nur zween Fuß in
der Länge, von der Spitze des Schnabels
bis an das Ende der Füsse gemessen, und
nur fünf Fuß im Durchmesser seiner ausgespannten Flügel; dagegen ist sein Leib im
Durchmesser fast eben so groß, als der
Körper des gemeinen Adlers (No. II.),
der in der Länge mehr als zween und einen halben Fuß, im Durchmesser seiner ausgespannten Flügel aber über sieben Fuß hat.
Die angegebenen Verhältnisse scheinen ziemlich viel Aehnlichkeit unsers Lerchengeiers mit
dem Balbusard (No. V.) oder kleinen
Meeradler zu verrathen, der ebenfalls in
Vergleichung mit seinem Körper nur kurze
Flügel hat. Er ist aber nicht, wie dieser,
mit blauen Füssen versehen. Er hat auch
viel dünnere und verhältnißmäßig weit längere Beine, als irgend einer unter den
wirklichen Adlern. Ob er also gleich in einigen Stücken mit den Adlern, besonders
dem Fischadler und Balbusard, übereinkömmt,
macht er doch eine ganz eigene von beiden
sehr unterschiedene Gattung aus. In Ansehung der Farbenordnung auf seinen Federn

R 4   und

und eines andern Charakters, der mich oft stutzig machte, hat er auch von den Weihen etwas an sich; daß er nämlich in gewissen Stellungen, vornämlich wenn man ihm gerade ins Gesicht sieht, einem Adler, von der Seite hingegen, oder in andern Stellungen, einem Weihen gleichet. Mein Zeichenmeister und einige andere Personen haben eben diese Bemerkung gemacht. Sonderbar genug ist es, daß diese Zweideutigkeit in der Figur mit eben so viel Zweideutigkeit im Naturel verbunden zu seyn scheinet. In der That besitzt unser Lerchengeier einen Theil der natürlichen Eigenschaften sowohl des Adlers als des Weihen. Er ist also gewissermaßen als eine Mittelgattung zwischen diesen beiden Vögelgeschlechtern zu betrachten.

Mir schien es, als ob dieser Vogel am Tage sehr scharf sehen könnte, und sogar das stärkste Licht nicht scheuete. Denn er drehete seine Augen sehr gern auf die Seite, wo das stärkste Licht hineinfallen konnte, und warf seinen Blick sogar gerade nach der Sonne. Wenn man ihn schüchtern machte, lief er sehr schnell, und verdoppelte die Geschwindigkeit seines Laufs mit Hilfe der Flügel. Wenn er sich in einem Zimmer befand, gab er sich alle Mühe, an das Feuer zu kommen,

ob

ob er gleich die Kälte ziemlich ertragen kann;
denn man hatte ihn zur Winterszeit viele
Nächte hindurch unter freiem Himmel sitzen
lassen, ohne daß er dadurch beunruhiget zu
werden schien.

Er wurde zwar mit rohem blutigen Fleische
gefüttert; wenn man ihn aber eine Weile hun=
gern ließ, nahm er auch wohl mit gekochtem
Fleische vorlieb. Mit seinem Schnabel zerriß
er alles Fleisch, was ihm vorgelegt wurde,
und schluckte ziemlich große Bissen davon hin=
unter. Er trank niemals, wenn man um
ihn war, auch so lange nicht, als er noch
jemand von Ferne wahrnahm. Sobald er
sich aber allein und an einem bedeckten Orte
befand, hat man ihn trinken und dabei mehr
Vorsicht anwenden gesehen, als eine so ein=
fache Handlung zu erfordern scheint. Man
ließ ein Gefäß mit Wasser in der Nähe ste=
hen. Er machte, wenn er es wahrnahm,
den Anfang damit, daß er sich lange und
genau nach allen Seiten umsah, um sich
gleichsam vorher zu versichern, daß er auch
allein wäre. Hierauf trat er näher zum Ge=
fäße, und schauete nochmals rund um sich
her. Nach langen zweifelhaften Uiberlegun=
gen tauchte der schüchterne Vogel endlich den
Schnabel zu wiederholtenmalen bis an die

R 5 Au=

Augen ins Waſſer. Es iſt wahrſcheinlich, daß alle Raubvögel nur eben ſo verſtolen ſaufen. Vielleicht geſchieht es darum, weil dieſe Vögel keine Feuchtigkeit anders zu ſich nehmen können, als wenn ſie den Kopf bis über die Oefnung des Schnabels oder bis an die Augen eintauchen, welches keiner von ihnen waget, ſo lange ſie noch das mindeſte zu befürchten haben. Indeſſen war unſer Lerchengeier nur in dieſem einzigen Punkte mißtrauiſch. In allen andern Stücken ſchien er gleichgültig und ſogar ziemlich dumm zu ſeyn. Boshaft und falſch hat er ſich nie gezeiget. Man konnte ihn anfaſſen, ohne ihn empfindlich zu machen. Er hatte ſogar einen kleinen Ausdruck des Vergnügens in ſeiner Gewalt. Wenn man ihm zu freſſen gab, ließ er immer die Töne Kö .. Kö von ſich hören. Er war aber allem Anſcheine nach niemanden beſonders zugethan. Im Herbſte wird er fett, und ſetzt in allen Jahreszeiten mehr Fleiſch an, als die meiſten andern Raubvögel 24).

In

24) Der Menſch, dem ich die Sorge für mein Federvieh aufgetragen, hat mir von dieſem Vogel nachſtehenden Bericht abgeſtattet: „Als ich ihm unterſchiedene Nahrungsmittel, als Brod, Käſe, Weintrauben, Aepfel u. ſ. w. vor-

In Frankreich iſt er ſehr gemein, und,
nach Belons Bericht, giebt es daſelbſt faſt
keinen Landmann, der dieſen Vogel nicht
ken-

vorgelegt, hat er von allen dieſen Sachen gar
nichts berühret, ob er gleich ſchon vier und
zwanzig Stunden hungern müſſen. Ich
ließ ihn hierauf noch drei ganze Täge hungern. Auch nach Verfließung dieſer Zeit blieben alle dieſe Nahrungsmittel unberührt liegen. Man kann alſo dreuſte behaupten, daß
er von dergleichen Speiſen, auch beim ſtärk-
ſten Heißhunger, nichts zu ſich nehme. Ich
habe ihm auch Würmer vorgelegt, deren Genuß er eben ſo beharrlich ausgeſchlagen. Als
ich ihm einen in den Schnabel ſteckte, gab er
ihn wieder von ſich, ob er ihn gleich ſchon
zur Hälfte verſchlukt hatte. Feld- und Haus-
mäuſe, die man ihm vorlegte, fiel er mit
großer Begierde plötzlich an, und verſchlukte
ſie, ohne ihnen einen einzigen Fang mit ſeinem
Schnabel zu geben. Ich merkte, wenn er
zwo, bis drei kleine Mäuſe, oder nur eine
große Maus verſchlukt hatte, daß er ein un-
ruhiges Anſehen bekam, als ob er irgend einen Schmerz empfände. Seinen Kopf ließ
er in dieſem Fall, anſtatt ihn munter empor
zu heben, mehr, als gewöhnlich, niederſinken,
und blieb ſechs, auch wohl ſieben Minuten
in dieſem Zuſtand, ohne ſich mit etwas anderm zu beſchäftigen. Er ſah ſich nicht, wie
er ſonſt gemeiniglich zu thun pflegte, nach
allen Seiten um. Ich glaubte ſogar, man
hätte ſich ihm völlig nähern können, ohne
daß er zu ſich ſelbſt gekommen wäre, ſo ernſt-
lich ſchien er mit der Verdauung der ver-
ſchlukten Mäuſe beſchäftiget zu ſeyn. Ich legte

kennen, und wegen seiner Hüner fürchten sollte. Von ihnen hat er eben die Benennung Jean-le-blanc erhalten 25), weil er

in

te ihm hernach Frösche und kleine Fische vor. Die letztern hat er nie berührt, von den erstern aber halbe Dutzende, zuweilen mehr, auf einmal verzehret. Er verschlukt sie aber nicht ganz, wie die Mäuse, sondern ergreift sie erst mit seinen Fängern, um sie vorher in Stücke zu reißen, und so zu verzehren. Ich ließ ihn einst ganzer drei Tage bei rohen Fischen hungern, die er aber hartnäckig verachtete. Die Mäusefelle gab er, wie ich bemerken konnte, in lauter Ballen, eines Zolls larg, von sich. Als ich sie einige Zeit in Wasser eingeweicht hatte, fand ich, daß diese Ballen blos aus den Haaren und aus der Haut, ohne Beimischung der mindesten Spur von einem Knochen, bestanden. In einigen dieser Ballen entdeckte ich Körner von geschmolzenem Eisen, und einige Stückchen Kohlen."

A. d. V.

25) Die Bauern und andere Bewohner der Dörfer kennen, zu ihrem größten Schaden, einen Raubvogel, den sie Jean-le-blanc nennen. Er ist ihrem Federvieh noch weit gefährlicher, als der Geier. S. Belon. Hist. des Oiseaux p 103.... Dieser Jean-le-blanc, oder Lerchengeier stößt auf den Dörfern die Hüner, Vögel und Kaninchen. So verwegen ist er. Unter den Rebhünern richtet er große Verwüstungen an, und frißt allerlei Arten kleiner Vögel. Denn er fliegt verstohlner Weise an den Hecken und an den Wäldern her-

in der That wegen der weißen Farbe seines
Bauches, der untern Fläche seiner Flügel,
des Bürzels und Schwanzes merkwürdig ist.
Indessen hat man als gewiß anzunehmen,
daß nur das Männchen diese Merkmale der
Farbe offenbar an sich träget. Das Weibchen
ist fast überall grau, und nur auf dem Bür=
zel mit einer schmuzig weißen Farbe bezeich=
net. Es ist auch, wie bei andern Raubvö=
geln, größer, dicker, und schwerer, als das
Männchen. Es nistet ganz nahe an der Er=
de, in Gegenden, welche mit Heide = und
Farrenkraut, mit Genisten und Binsen be=
deckt sind; zuweilen auch wohl auf den Fich=
ten und andern hohen Bäumen. Gemeinig=
lich legt ein Weibchen drei Eier von einer
grauen, ins schieferartige spi lendenFarbe 26).
Das Männchen versorgt seine Gattin, so lan=
ge diese brütet, und sich mit Pflege und Er=
ziehung der Jungen beschäftiget, mit über=
flüßiger Nahrung. Es hält sich immer in
der Nachbarschaft bewohnter Oerter, beson=
ders um die Dörfer und Meiereien auf. Hier
befleißiget sich der sorgfältige Gatte auf den
Raub

herum, und es giebt, mit einem Worte, kei=
nen Bauer, der ihn nicht kennet. Ebend.
A. d. B.

26) S. Ornithol. de Salerne. p. 23. 24.

Raub und Entführung der Hüner, jungen
Puten, und zahmen Enten, und wenn es
ihm an Hofgefieder mangelt, so stößt er auf
junge Kaninchen, Rebhüner, Wachteln und
andere noch kleinere Vögel. Im Nothfall
ist er auch mit Feldmäusen und Eidexen zu=
frieden.

Insofern diese Vögel, besonders die Weib=
chen, kurze Flügel, und einen dicken Leib
haben, kann ihr Flug nicht anders, als
schwer seyn, und keinen sehr hohen Schwung
erlauben. Man sieht sie beständig niedrig
fliegen 27), und ihren Raub nicht sowohl in
der Luft, als auf der Erde fangen. Ihr
Geschrei besteht in einem durchdringenden Ge=
zische, das man aber nur selten von ihnen
hört. Sie gehen blos des Morgens und
Abends auf Raub aus, und pflegen den übri=
gen Theil des Tages zu ruhen.

Man

---

27) Wer ihn im Fluge betrachtet, entdeckt an
ihm eine Aehnlichkeit mit einem in der Luft
schweifenden Reiger. Denn er schlägt eben so
mit seinen Flügeln, und schwingt sich nicht
schwebend in die Lüfte, wie andere Raubvö=
gel, sondern läßt sich fast beständig, beson=
ders des Abends und Morgens, nach der Er=
de herab. S. Belon. Hist. Nat. des Oi[s].
p. 103.

Man sollte glauben, daß es auch Abänderungen von dieser Gattung gäbe: denn Belon beschreibt einen zweiten Vogel, „der,
„ wie er sagt 28), eine andere Art von St.
„ Martinsvogel ist, und ebenfalls der Weiß-
„ schwanz genennet wird. Er gehöret zu
„ der Gattung des angeführten weißen Han-
„ sen (Jean-le-blanc), und kömmt so ge-
„ nau mit dem Hünergeier (Milan royal)
„ überein, daß man zwischen beiden gar
„ keinen Unterschied entdecken würde, wenn
„ er nicht kleiner, und sowohl am Bauche,
„ als oben und unten am Bürzel weiß
„ wäre.“

Diese Aehnlichkeiten, denen man eine noch
viel wesentlichere, nämlich die langen Füsse,
beifügen kann, zeigen weiter nichts an, als
daß diese Gattung nahe mit unserm weißen
Hansen verwandt ist; weil sie aber, in Ansehung der Größe und anderer Charaktere,
stark von demselben abweichet, so kann man
sie unmöglich für eine bloße Abänderung ausgeben. Wir haben eingesehen, daß es eben
der Vogel sey, den unsre Methodisten den
grauweißen Geier, oder Würger (Lanier
cen-

28) Ebend. p. 104.

cendré) nennen, deſſen wir in der Folge, unter dem Namen S. Martin, gedenken werden, inſofern er mit den Würgern gar keine Aehnlichkeit hat.

Uibrigens iſt unſer in Frankreich ſo bekannter Lerchengeier anderwärts allenthalben ungemein ſeltſam, weil kein einziger italiäniſcher, engliſcher, deutſcher, oder nordländiſcher Naturkundiger ſeiner, vor dem Belon, gedacht hat. Aus dieſem Grunde ſchien es mir nöthig zu ſeyn, die beſondere Geſchichte dieſes Vogels etwas umſtändlicher zu erzählen. Ich muß auch noch anmerken, daß Hr. Salerne ſich ungemein irret 29), wenn er
be=

29) Jean-le-blanc, Pygargus accipiter ſubluteo Turneri; Raj. Syn. en Anglois The Ringtail c'eſt â dire queue - blanche; & le mäle Henharrow ou Henhärrier, c'eſt â dire, Raviſſeur de poules. Dies ſind die eigentlichen Worte des Herrn Salerne: „Der Vogel, ſagt „er ferner, unterſcheidet ſich von andern Vö„geln dieſes Geſchlechts blos durch den weiſ„ſen Bürzel, wovon er im Griechiſchen den „Namen Pygargus erhalten, imgleichen durch „einen Kragen von Federn, die ſich um die „Ohren herum in die Höhe ſträuben, und „ſeinen Kopf, in Form einer Krone, um„ringen. Hr. von Linné hat von dieſem „Vogel nichts erwähnet; er muß alſo in „Schweden wohl nicht bekannt ſeyn. Hier „(in Frankreich) iſt er deſto gemeiner, beſ„ſen=

behauptet, dieſer Vogel wäre gerade derjenige, welcher bei den Engelländern **Ringtail**, oder Weißſchwanz heißet, und deſſen
Männchen ſie **Henharrow**, oder **Henharrier**, d. i. Hünerdieb, nennen. H. Salerne hat ſich blos durch den weißen Schwanz,
und die natürliche Gewohnheit, Hüner zu
rauben, welche der engliſche Weißſchwanz,
(Ringtail) mit unſerm weißen Hanſen (Jean-
le-blanc gemein hat, hintergehen laſſen,
daß er ſie für einerlei Vogel hielt. Wenn
er aber die Beſchreibungen ſeiner Vorgänger
mit einander verglichen hätte, ſo würde er
                                          leicht

„ ſonders in Sologne, wo er auf der Erde,
„ zwiſchen dem Heidekraut, niſtet. (Entre les
„ Bruyeres - - à balais, que l'on appelle vul-
„ gairement des Brémáilles - - ich muß dieſe
Stelle in der Grundſprache herſetzen, weil ich
nicht fähig bin, das Wort Bremailles in die un-
ſrige überzutragen). S. Orn. de Salerne. p. 23.

Anmerk. Wenn H. Salerne dieſen Vogel ſelbſt
geſehen hätte, ich wette, daß es ihm nicht
eingefallen wäre, ihm eine Federkrone, oder
einen Kragen von Federn, die ſich um den
Kopf herum ſträubten, anzudichten. Dem
weißen Hanſen kann dieſer Charakter auf keine Art beigelegt werden, der eigentlich nur
dem Vogel zukömmt, welchen Turner Sublu-
teo, H. Briſſon aber Faucon à collier, oder
den Ringelfalken genennet hat.
                                  A. d. V.

leicht eingefehen haben, daß es Vögel von
zwo fehr unterfchiedenen Gattungen find.
Andere Naturforfcher hielten den Edwardi-
fchen Bluehawk, oder blauen Falken, für
den Henharrier 30) oder Hünerdieb, ob
fie gleich ebenfalls beide zu ganz unterfchiedenen Gattungen gehören. Wir wollen fe-
hen, ob wir diefen Punkt, welcher noch einer von den dunkelften in der natürlichen Ge-
fchichte der Raubvögel ift, etwas mehr auf-
klären können.

Man weiß, daß die Raubvögel in zwo
Ordnungen eingetheilt werden, deren erfte
die ftreitbaren, edlen und muthigen Vögel,
als Adler, Falken, Geierfalken, Habichte,
Würger, Sperber u. f. w. die andere hingegen lauter niedrige, unedle, gefräßige Vögel, als große und kleine Geier, Weihen u.
f. w. in fich fchließet. Zwifchen diefen beiden,
in Anfehung ihrer natürlichen Eigenfchaften
und Sitten fo merklich unterfchiedenen Ordnungen, finden fich, wie allenthalben in der
Natur, einige Zwifchengefchlechter, die von
beiden Ordnungen etwas an fich haben, und,
in gewiffen Stücken, fowohl etwas vom
Na-

---

30) S. Britifch. Zoology. p. 67.

Naturell der edlen, als uneblen Gattungen
äußern. Diese Zwischengattungen sind 1)
der jetzt beschriebene Lerchengeier, der, wie
schon gesagt worden, etwas vom Adler und
vom Weihen; 2) der Vogel St. Martin,
den die Herren Brisson und Frisch den grauweißen Geier (Lanier cendré) Herr Edwards
hingegen den blauen Falken zu nennen beliebt, welcher aber mehr vom Lerchengeier
und den Weihen, als vom Falken und Würger an sich hat; 3) der sogenannte Ringel-
falk (Soubuse,) welche Gattung die Engelländer nicht genug kannten; weil sie einen
andern Vogel für das Männchen derselben
hielten, und sein Weibchen Ringtail, oder
Weißschwanz (queue annelée de blanc),
das vorgebliche Männchen aber Henharrier,
oder Hünerdieb nennten. Eben diese Vögel
heißen beim Brisson Ringelfalken (Faucons
à collier); sie kommen aber nicht mehr mit
einem Weihen, als mit einem Falken, oder
Adler überein.

Alle drei angeführte Gattungen also hätten das Schicksal, besonders die letzte, nicht
sattsam gekannt, oder mit einander verwech-
selt, oder mit unschicklichen Namen belegt
zu werden. Denn der weiße Hans kann unmöglich in die Liste der Adler mit eingetra-

S 2   gen

gen werden. Der S. Martin ist weder ein
Falke, wie H. Edwards glaubet, noch ein
Würger, wie die Herrn Brisson und Frisch
vorgeben, weil er ein ganz anderes Naturell,
und völlig entgegengesetzte Sitten zeiget.
Eben so verhält sichs mit dem Ringelfalken,
der weder einen Adler, noch einen Falken
vorstellet, weil er eine ganz andere Lebens=
art führet, als diese beiden Geschlechter von
Vögeln. Man wird es in den Artikeln,
wo ich diese beiden Vögel beschreibe, gar
leicht aus den angeführten Umständen er=
kennen.

Mich dünkt aber, daß man dem Lerchen=
geier, den wir sehr gut kennen, auch noch
einen andern Vogel beifügen müsse, der uns
blos aus dem Aldrovandus 31) unter dem
Namen Lanarius, und aus dem Schwenkfeld
32) unter dem Namen Milvus albus be=
kannt ist. Obgleich auch H. Brisson einen
Würger aus diesem Vogel gemacht hat, so
scheint er sich doch noch weiter von der Gat=
tung

31) Lanarius. Aldrov. Av. Tom. I. p. 380.
Icon. p. 381. 382.

32) Milvus albus. Schwenckf. Theriotroph.
Sil. p. 304. Lanier blanc. Briss. Av. Tom. I.
p. 107. Ed. Paris. p. 367.

zung der Würger zu entfernen, als der S.
Martin. Aldrovanus beschreibt zween solche
Vögel, wovon der eine größer ist, und von
der Spitze des Schnabels bis zum Ende des
Schwanzes zween Fuß ausmachet, folglich
dem Lerchengeier, in diesem Stücke, gleich
kömmt. Wenn man außerdem des Aldrovandus Beschreibung, und unsere bisher gegebene mit einander vergleichet, so wird man
gewiß genug ähnliche Merkmale finden, um
diesen aldrovandischen Würger für unsern
weißen Hans zu halten; dieser Schriftsteller
scheint also, wenn gleich seine Vogelgeschichte
übrigens gut, und besonders in Absicht unserer einheimischen Vögel sehr vollständig ist,
unsern weißen Hans, oder Lerchengeier nicht
selbst gesehen zu haben; weil er ihn blos nach
dem Belon 33) anzeigte, und ihm sogar die
Figur dieses Vogels abborgte.

33) Pygargi secundum genus. Aldrov. Av. T.
I. p. 208.

S 3   Aus=

Ausländische Vögel,

die

eine Beziehung auf die Adler

oder Balbusards haben.

VIII.

Der Adler von Pondichery 34).

6. bis 416. illum. Platte und unsere X. Kupfertafel.

Der indianische Vogel, wovon Herr Brisson eine deutliche Beschreibung unter dem Namen des Adlers von Pondichery geliefert, ist auf unserer XI. Kupfertafel abgebil-

---

34) Der malabarische Adler.   Brisson. Aves, Tom. I. p. 129. Aquila Podiceriana.   Ed. Paris. p. 450. Pl. XXXV. Aigle de Pondichery. Ornith. de Salerne. p. 8. L'Aigle malabare. Cours d'Hist. Nat. III. p. 221. n. 4.

gebildet 35). Wir merken hier nur noch an,
daß er um seiner kleinen Statur willen schon
allein verdiente, von der Familie der Adler getrennet zu werden, weil er kaum die
Hälfte so groß, als der kleinste Adler ist.
Durch die kahle bläuliche Haut, welche
die Wurzel des Schnabels deckt, gleicht er
dem Balbusard (No. V.) er hat aber nicht,
wie dieser, blaue, sondern vielmehr gelbe
Füße, wie der Fischadler (No. IV.) Sein
am Ursprung aschfarbiger und an der Spitze
blaßgelber Schnabel, hat in Ansehung der

S 4

Far-

---

35) Er hat, sagt H. Brisson, ungefähr die Statur des Geierfalken, und beträgt einen Fuß
und sieben Zoll in der Länge. Sein Schnabel ist einen Zoll und sieben Linien, der
Schwanz aber sieben Zoll und drei Linien,
die mittlere von den drei Vorderkrallen, mit
dem Fänger, einen Zoll und acht Linien lang.
Die Seitenkrallen sind etwas kürzer; die hintere kömmt an Länge den äußern Vorderkrallen gleich; die allerkürzeste ist eigentlich die
innere Vorderkralle. Die ausgespannte Flügel
haben einen Durchmesser von drei Fuß und
acht Zoll; die zusammengelegten Flügel stehen
ein wenig über die Spitze des Schwanzes hervor. Die Haut, welche die Wurzel der Nase
deckt, fällt ins bläuliche, der Schnabel selbst
ist an seinem Ursprung aschfarbig, und an
der Spitze blaßgelb. Die gelben Füße sind
mit schwarzen Fängern bewaffnet. Brisson l. cit.

M,

Farben mit dem Schnabel der eigentlichen
Adler und der Fischadler etwas gemein und
man sieht aus diesen Abweichungen klar genug, daß dieser Vogel eine besondere Gattung ausmachet. Er ist, nach allem An-
schein, der merkwürdigste Raubvogel dieser
indianischen Gegend, weil ihn die Malaba-
ren zu einem Abgott erwählet, dem sie mit
großer Ehrfurcht huldigen 36) Man erweiset ihm aber diese Huldigung vielmehr um
seiner schönen Federn, als um seiner Größe
oder Stärke willen; denn man hat Ursach,
ihn den schönsten unter dem Geschlecht der
Raubvögel zu nennen.

XI.

36) Der malabarische Adler ist eben so schön,
als seltsam. Sein Kopf-, Hals und ganze
Brust sind mit sehr weißen Federn bedeckt,
die mehr lang, als breit fallen, deren Kiel
und Rücken wie ein schwarzer Achat glänzen.
Der übrige Theil des Schaftes, oder Körpers ist hell kastanienfarbig, unterwärts heller, als oben. Die sechs ersten Federn des
Flügels haben schwarze Spitzen. Die Haut
um den Schnabel ist bläulich; die Spitze des
Schnabels spielt aus dem Gelben ins Grün-
liche. Auch die Füsse sind gelb, und mit
schwarzen Klauen bewaffnet. Dieser Vogel
hat einen durchdringenden Blick, und ungefähr die Größe der Falken. Bei den Mala-
baren stellt er eine angebetete Gottheit vor.
Man findet ihn auch im Reiche Visapur, und
in den Ländern des großen Mogols. S. Ornithol. de Salerne. p. 8.

IX.

Der braſilianiſche Heidukkenadler 37).

S. die XI. Kupferplatte.

Dies iſt ein Vogel aus dem mittäglichen Amerika, den Markgraf unter dem Namen Urutaurana, welchen ihm die Indianer in Braſilien beilegen, Fernandes aber

S 5

un=

37) Der große amerikaniſche Stoßadler. Hall. Vögel. p. 182. n. 121. 122. Kleins Vogelhiſt. p. 81. Der gehäubte Adler. Die Harpye. Linn. Der Adler von Orenoque. Aigle hupé du Breſil. Briſſ. Aves I. p. 122. n. 13. Ed. Pariſ. p. 446. Aigle d'Orénoque. Du Tertre Hiſt. Nat. des Antilles. p. 159. Oiſeau de l'amerique meridionale. Buff. Ed. in 8vo. Tom. I. p. 192. Engl. Orenoko-Eagle Browne Nat. Hiſt. of. Jam. p. 471. Braſil. Urntaurana, Uritavi euquichu Caririri Marcgr. Hiſt. Natur. Braſ. p. 203. Mexikan. Yſquauthli, oder Yzquauthli. Fernandes Hiſt. Nat. novae Hiſt. p. 34. Aquilæ criſtatæ Genus. Raj. Av. p. 161. Aquila Braſil. criſtata. Briſſ. l. c.

unter der Benennung Yzquauthli, wie er
in Mexiko heißt, beschrieben haben. Es ist
eben derjenige, welchen unsre französischen
Reisebeschreiber den Adler von Orenoque 38)
und

e. & Klein. Falco maximus subcinereus cristatus. Browne l. c. Linn. S. N. XII. p.
121. n. 2. Vultur Harpyja.

b. B. n. M.

38 Es kömmt oft eine Art von großen Vögeln
vom festen Lande auf die antillischen Inseln,
die unter den amerikanischen Raubvögeln den
ersten Rang verdienet. Die ersten Einwohner
auf der Insel Tabago nennten ihn den Adler von Orenoko, weil er die Gestalt und Größe
von einem Adler hat, und man in der Meinung steht, daß er, insofern man ihn auf
dieser Insel blos wie einen Gast betrachten
muß, gemeiniglich in diesem südlichen Theil
von Amerika, der von dem großen Fluß Orenoko besuchet wird, sich aufhält. Alle seine
Federn sind hellgrau, mit schwarzen Flecken
getigert, außer die Spitzen der Flügel und
des Schwanzes, die einen gelben Saum haben. Seine Augen sind lebhaft und durchdringend, seine Flügel sehr lang, sein Flug
schnell und hurtig, in Betrachtung der Schwere
seines Körpers. Er nähret sich von andern
Vögeln, auf die er wüthend stößt, und sobald er sie zur Erde geworfen, gleich in Stücke zerreißet, und verschlinget... Die großen
Arrasen und kleinen Papagaien sind vor seinen Anfällen nie gesichert. Man hat gesehen,
daß er zu der Zeit, wenn er sich auf der
Erde, oder auf einem Zweig befindet, seine
Beute nicht anfällt, sondern allemal wartet,
bis

und die Engelländer nach ihrem Beispiel,
Orenoko-Eagle 39) genennet haben. Er
hat nicht völlig die Größe des gemeinen Ab-
lers (No. II.) und gleichet in Ansehung des
bunten Gefieders, ziemlich dem gefleckten oder
kleinen Adler (No. III.) Das Eigenthümliche und Besondere, was an ihm bemerket
wird, ist 1) der weißlichgelbe Saum der
Flügel und des Schwanzes; 2) die zwo
schwarzen, über zween Zoll langen und noch
zwo andere kleinere Federn, die alle vier auf
dem Wirbel des Kopfes stehen und die er,
nach belieben sinken lassen und erheben kann, 4)
der hellgelbe Regenbogen in den Augen; 5)
die Schnabelhaut und Füsse, die so gelb,
als an den Adlern sind; 6) der schwärzere
Schnabel und die minder schwarzen Krallen.
Diese Verschiedenheiten sind wohl hinreichend,
unsern Vogel sowohl von den Adlern, als
von allen andern Vögeln, deren wir in den
vorhergehenden Artikeln gedacht haben, aus-
zuzeichnen. Doch glaube ich, daß man zu
die-

bis er sich wieder in die Höhe geschwungen,
um ihr den Krieg in freier Luft anzukündigen. S. Du Tertre l. cit. Rochefort hat in
seiner Relation de l'Isle de Tabago p. 20.
21. diese Stelle von Wort zu Wort nachge-
schrieben.

39) S. Brown am an. es. Orte.

dieser Gattung noch den Vogel rechnen müsse, den Garcilasso den peruanischen Adler nennet 40), und für kleiner angiebt, als die spanischen Adler.

So verhält sich auch mit dem Vogel der westlichen Küsten von Afrika 41), den Edwards in einer sehr gut ausgemalten Abbildung mit einer vortreflichen Beschreibung unter dem Namen des gekrönten Adlers geliefert hat. Er scheint mir von eben derselben, oder wenigstens einer sehr nahe mit dem vorigen verwandten Gattung zu seyn. Es wird am besten seyn, die ganze Beschreibung des Herrn Edwards herzusetzen, um unsern Lesern Gelegenheit zu geben, selbst über dieselbe zu urtheilen.

Der

40) S. Hist. Nat. des Ineas. Tom. II. p. 274.

41) Der gekrön. (afrikan.) Adler. Aquila coronata sive aurita Guineensis. l'Aigle huppé. Crowned-Eagle. Edw. Gleanures. P. I. p. 81. Tab. 224. Seeligmanns Vögel. VII. Th. Tab. I. Oiseau des cotes occidentales de l'Afrique. Buff. Orn. I. p. 194. Cours d'Hist. Nat. Tom. III. p. 220. Briss. Av. I. p. 128. Aquila africana cristata. Aigle huppé d'Afrique. Ed. Par. p. 448.

M.

Der gekrönte Adler, sagen Herr Edwards
und Seeligmann locc. all. ist um ein Drittel
kleiner, als die europäischen Adler, doch
sieht man ihm eben so viel Stärke und Kühn=
heit an, als die europäischen Adler zu haben
pflegen. Der Schnabel und die Haut, wel=
che den obern Theil desselben bedecket, in
welchem auch die Nasenlöcher liegen, haben
eine dunkelbraune Farbe. Der Spalt im
Schnabel erstreckt sich bis unter die Augen
hin, und sein Rand um die Mundangeln
herum biß an die Nasenlöcher ist gelb. Die
Augen stehen in einem röthlich oranienfarben
Zirkel. Der vordere Theil des Kopfes, die
Theile um die Augen herum und die Kehle
sind weißlich, mit kleinen schwarzen Flecken
bezeichnet. Am hintern Theile des Kopfes
und Halses, auf dem Rücken und an den
Flügeln erblickt man eine dunkelbraune oder
schwärzlichte Farbe. Die Einfassung der Fe=
dern ist hellerbraun, die Schwungfedern aber
sind viel dunkler, als die andern Federn der
Flügel. Der Rand des Flügels oben herum
und einige von den kleinen Deckfedern der
Flügel sind weiß; der Schwanz ist oben braun
und schwarz, weiter unten aber dunkel und
hellaschfarbig, die Brust röthlichbraun, und
an beiden Seiten mit senkrecht unter ein=
ander stehenden breiten schwarzen Flecken
be=

bezeichnet. Der Bauch und die Deckfedern unterm Schwanze sind weiß mit Schwarz vermischet. An den weißen Schenkeln und Füssen wird man viele kleine schwarze Flecken gewahr, die rund herum laufen, und eine wahre Schönheit an diesem Vogel ausmachen. Er hat sehr starke Zehen oder Krallen und Klauen, wovon die ersten mit helloraniengelben Schuppen bedeckt, die letztern aber schwarz erscheinen. Am hintern Theile des Kopfes kann er die Federn wie einen Kamm oder Krone aufrichten, und von diesem Umstande hat er die Benennung des gekrönten Adlers erhalten.

Ich habe diesen Vogel, fährt Herr Edwards fort, zu London im Jahr 1752 lebendig abgezeichnet. Man ließ ihn für Geld sehen, und sein Eigenthümer sagte mir, daß man ihn aus Afrika von der guineischen Küste gebracht habe. Ich wurde hernach von der Wahrheit dieses Vorgebens noch mehr überzeugt, als ich bei Hrn. Peurwald in London 2 andere Vögel von eben dieser Art sahe, die er euch von Guinea bekommen zu haben versiche te.

In Barbots Beschreibung von Guinea, die zu London im Jahr 1746 in Fol. heraus-

auskam, wird S. 218. von einem gekrönten
Adler geredet. Alles aber, was er davon
saget, bestehet in Folgendem: „ Es giebt
„ hier Adler, die von den europäischen gar
„ nicht unterschieden sind ; man findet aber
„ hier auch noch eine andere Art, wel=
„ che stark von den europäischen Adlern
„ abzuweichen scheinet. Ich habe von der
„ letzten Art einen in Kupfer vorgestellt,
„ den man blos in der Provinz Akra fin=
„ det, wo man ihn den gekrönten Adler
„ nennet.‟

Wäre das Kupfer nicht beigefüget, so
wüßte man gar nicht, was Barbot habe sa=
gen wollen: allein im Kupfer sieht man am
Vogel einen eben solchen Kamm oder Krone,
wie er in unserer Vorstellung aussiehet. Uibri=
gens ist Barbots Abbildung weder genau
noch richtig. Er hat keine von seinen Flecken,
und nichts von seiner besondern und eigenen
Zeichnung bemerkt. Astley hat in seiner
Sammlung von Reisen II. B. S. 722. die
Beschreibung und Zeichnung dieses Vogels
aus dem Barbot entlehnet. Da man ihn
aber aus der einen sowohl als aus der an=
dern nur sehr unvollkommen zu erkennen ver=
mag, so halte ich ihn für einen Vogel, der
bis=

bisher weder genau vorgestellet, noch richtig
beschrieben worden ist. . .

Afrika und Brasilien liegt weiter nicht, als
vierhundert Meilen von einander. Dieser Ab-
stand ist so groß nicht, daß er von hochflie-
genden Vögeln nicht leicht sollte durchstrichen
werden können. Es ist also gar wohl möglich, daß unser Heibuckenadler eben sowohl
auf den brasilianischen Küsten als an den
südlichen Küsten von Afrika gefunden weide.
Man darf nur die Merkmale, die jedem besonders zukommen, und welche sie miteinan-
der gemein haben, untereinander vergleichen,
um sich zu überzeugen, daß es Vögel von
einerlei Gattung sind. Man findet sie beide
mit einem Federbusche gezieret, welchen sie
nach Belieben in die Höhe sträuben können;
beide haben fast einerlei Größe, einerlei
bunte und an ebendenselben Stellen gefleckte
Federn, einerlei helloranienfarbigen Regenbogen und schwärzlichen Schnabel. Die
Schenkel sind an beiden auf gleiche Weise bis
an die Füße mit weißen schwarzgefleckten Federn bedecket; beide sind mit gelben Fängern
oder Krallen, und braunen oder schwarzen
Klauen versehen. Ihr ganzer Unterschied
gründet sich blos auf die Farben der Federn,
und auf die Vertheilung derselben. Kann
aber

aber dieser Umstand wohl bei so vielen an=
gegebenen Aehnlichkeiten mit in Betrachtung
gezogen werden? Und habe ich nicht Gründe
genug für mich, den Vogel von den afrika=
nischen Küsten für einerlei Gattung mit dem=
jenigen zu halten, der in Brasilien zu Hause
gehört? Folglich müssen 1) der gekrönte
brasilische, der orenokische, der peruanische
und gekrönte guineische Adler Vögel von ei=
ner und ebenderselben Gattung seyn, die
mit unserm gefleckten oder kleinen europäischen
Adler (No. III.) mehr Aehnlichkeit, als mit
irgend einem andern, haben.

X.

Der braſilianiſche Adler 42).

Der braſilianiſche Vogel, welchen Mark=
graf unter dem Namen Urubitinga beſchreibt,
gehört wahrſcheinlicherweiſe zu einer von der
vorigen unterſchiedenen Gattung, weil er in
eben demſelben Lande mit einem andern Na=
men beleget wird. In der That weicht er
auch von ihm in vielen Stücken ab, als 1)
in der Größe, weil er kaum halb ſo groß
als jener iſt; 2) in der Farbe, denn dieſer
iſt ſchwärzlichbraun, jener angenehm gefär=
bet; 3) darum, daß ihm auf dem Kopf die
auf=

---

42) Urubitinga Braſil. (Johnſt. Will. Raj.)
Marcgr. Hiſt. Braſil. p. 214. Briſſon. Av. I.
p. 128. Aquila Braſilienſis. Aigle du Breſil.
Ed. Par. p. 445. Buffon. Orn. I. p. 197. n.
3. Oiſeau du Breſil.

aufgeſträubten Federn fehlen, und 4) daß
der untere Theil der Schenkel und ſeine
Füſſe kahl ſind, wie bei dem Fiſchadler (Pygargue No. IV.); da hingegen der vorige, gleich den ächten Adlern, an ſeinen
Schenkeln und Füſſen von oben bis unten
mit Federn belleidet iſt.

————————

XI.

XI.

Der kleine
amerikanische Adler 43).

S. die 417te illuminirte und unsere XII. Platte.

Dieser Vogel, dem wir keine bessere Benennung als des kleinen amerikanischen Adlers
zu geben mußten, und der noch von keinem
Naturforscher angezeigt worden, pflegt sich
eigentlich in Guiana und andern Theilen des
mittäglichen Amerika vorzüglich aufzuhalten.
Seine Länge beträgt nicht über 16 bis 18
Zoll, und er macht sich gleich beim ersten
Anblick durch eine breite purpurfarbige Platte merkwürdig, womit er unter der Kehle
und unter dem Halse bezeichnet ist. Weil er
so klein ist, sollte man glauben, daß er unter

43) Le petit aigle de l'amerique. Buff.

ter die Sperber oder Falken gehörte. Die
Form seines Schnabels aber, der bei seinem
Ursprung gerade ist, und wie bei den Adlern sich erst weiter vorwärts zu krümmen
anfängt, hat uns bewogen, ihn lieber der
Familie der Adler als der Sperber einzu-
verleiben. Wir finden es unnöthig, ihn
weitläuftiger zu beschreiben, weil die andern
Charaktere desselben aus der illuminirten Kupferplatte deutlich zu erkennen sind.

XII.

Der Fischweihe 44).

S. unsere XIII. Kupfertafel.

Der antillische Vogel, welchen der Pater Du Tertre den Fischer (Pécheur) nennet, ist unstreitig ebenderselbe, den Catesby durch die

44) Der Fischweihe. Seefalk mit Fischerhosen. Hallens Vögel. p. 215. n. 151. Der Weiß-kopf oder weißköpfige Blaufuß. Kleins Vogel-hist. p. 99. n. XIX. Falco, Piscator, Cya-nopus. Der Fischer der antill. Inseln. Pé-cheur des Antilles. S. Du Tertre Hist. gen. des Antilles. Tom. II. p. 253. Oiseau des Antilles. Buff. Ornith. I. p. 199. n. 5. Ca-tesby. Tom. I. Tab. II. Seeligm. Vögel. I. Tab. IV. Faucon Pécheur. Engl. Fishing-Hawk. Cours d'Hist. Nat. T. III. p. 191. Briff. Av. Tom. I. p. 105. n. 14. Falco Pisca-tor Antillarum. Faucon Pécheur des Antil-les (de Du Tertre) und No. 11. Falco Pisca-tor Carolinensis. Faucon Pécheur de la Ca-roline.

M.

die Benennung des karolinischen Fischerfalken
(Fishing-Hawk) andeutet. Er gleicht an
Größe dem Habicht, und hat einen etwas
längeren Körper. Die zusammengelegten Flü=
gel ragen ein wenig über die Spitze des
Schwanzes hinaus, und haben im Fluge mehr
als fünf Fuß im Durchmesser. Er hat ei=
nen gelben Regenbogen im Auge, eine blaue
Deckhaut an der Wurzel des Schnabels, ei=
nen schwarzen Schnabel, hellblaue Füsse,
und schwarze Klauen beinahe von einer glei=
chen Länge. Die Oberfläche des Körpers,
des Flügels und Schwanzes ist dunkelbraun,
da hingegen alle diese Theile unterwärts
weiß erscheinen. Auch die Schenkelfedern
sind weiß, kurz, dicht an der Haut an=
liegend.

,, Der Fischer, heißt es beim Pater Du
,, Tertre, gleicht dem sogenannten Mansfe=
,, ni vollkommen, außer daß er am Bauch
,, weiße, oben auf dem Kopf aber schwarze
,, Federn, und etwas kleinere Fänger oder
,, Klauen hat. Dieser Fischer ist ein wah=
,, rer Seeräuber, der die Landthiere so we=
,, nig, als die Vögel in der Luft, zu ach=
,, ten scheinet, und nur auf lauter Fische
,, jaget, die er auf einem nahen Zweig oder
,, auf einer Felsenspitze zu belauren sucht,

T 4 ,, und

„ und sobald er sie auf der Fläche des Was-
„ sers erblicket, auf sie losschießet, sie mit
„ seinen Klauen entführet, und auf einem
„ Felsen verzehret 45). Ob er gleich an
„ Vögeln keine Feindseligkeiten ausübet,
„ unterlassen sie doch niemals, ihn zu ver-
„ folgen, sich häufig zu versammlen, und
„ so lange mit ihren Schnäbeln auf ihn los-
„ zuhacken, bis er sich bequemt, seinen Auf-
„ enthalt zu verändern. Die Kinder der
                                     „ Wile

45) Wenn dieser Vogel, sagt Herr Hallen l.
   cit. auf den Fischfang ausgehet, schwebet er
   mit schlauen Augen eine Zeitlang über den
   Gewässern hin und her, wirft sich alsdann
   schnell mitten unter die Fluten, welche sich
   über ihm zertheilen, und bringt, wenn er mit
   seinen rauschenden Flügeln wieder hervorkömmt,
   gemeiniglich einen geschuppten Gefangenen mit
   sich. Oft erscheint in eben dem Augenblicke
   der Meeradler, und bemüht sich, dem Seefal-
   ken die gemachte Beute wieder abzunehmen.
   Er fällt über ihn her, und zwinget den schwächern Freibeuter, den Fisch in der Angst fallen zu lassen. Mit schnellem Schuße stürzt
   sich der Adler über den Ort herab, den der
   fallende Fisch in dem neuen Elemente der Luft
   durchlaufen muß, und schlägt seine Klauen
   schon in denselben ein, ehe dieser noch die
   Fläche des Wassers berühret. Das kleinste
   Geschrei des Meerfalken lockt den Adler her-
   bei, der mit ihm einerlei Gegenden bewohnt,
   und immer bereit ist, von dem Fischzuge desselben unfehlbaren Vortheil zu ziehen.
                                          M.

„ Wilden pflegen ſie jung auszunehmen,
„ und ſie zum Fiſchen zu brauchen, aber
„ blos zur Luſt, weil ihnen dieſe Vögel
„ niemals ihren Raub überbringen.‟

Dieſe Beſchreibung des P. Du Tertre iſt
weder genau noch umſtändlich genug, um ſi-
cher daraus zu ſchließen, ob ſein Fiſcher eben
der Vogel ſey, von welchem Catesby redet.
Wir geben es blos als eine Vermuthung an.
Viel zuverläßiger iſt es, daß eben der amerikaniſche Vogel, den Catesby geſchildert,
mit unſerm europäiſchen Balbuſard (No. V.)
ſo viele Aehnlichkeit hat, daß man mit Grunde glauben ſollte, es müſſe durchaus entweder ebenderſelbe, oder wenigſtens eine bloße
Abänderung dieſer Gattung ſeyn. Er hat
eben die Größe, als jener, eben die Form,
beinahe die nämlichen Farben, zugleich aber
auch die Art, wie der Balbuſard, ſich vom
Raube der Fiſche zu nähren. So viele Charaktere vereinigen ſich, um aus dem Balbuſard und aus dieſem Fiſcher eine und ebendieſelbe Gattung zu machen.

T 5 · XIII.

XIII.

Der Mansfeni
des Du Tertre.

Der Vogel der antillischen Inseln, den unsere Reisebeschreiber Mansfeni nennen, ist von ihnen immer als eine Gattung kleiner Adler (Nisus) betrachtet worden. „ Der „ Mansfeni, sagt Herr Du Tertre 46), „ ist einer von den mächtigen Raubvögeln, „ der sowohl wegen seiner Federn als auch „ seiner Gestalt nach so viel Aehnliches mit „ einem Adler hat, daß blos die Kleinheit „ seines Körpers ihn einigermaßen von dem= „ selben unterscheidet. Er ist nicht größer, „ als ein Falke; seine Klauen aber sind we= „ nig=

46) S. dessen Hist. des Antilles. Tom. II. p. 252.

„ nigſtens zweimal ſo lang und ſtark, als
„ an jenem. Unerachtet ſeiner mächtigen
„ Waffen jagt er doch nur lauter kleine wehr-
„ loſe Vögel, als Droſſeln, Seelerchen,
„ und höchſtens wilde oder Turteltauben.
„ Auch Seeſchlangen und kleine Sorten von
„ Eidechſen gehören unter ſeine gewöhnlichen
„ Speiſen. Er ſitzt gewöhnlich auf den höch-
„ ſten Bäumen, und hat ſo feſte dicht an-
„ einander liegende Federn, daß eine Blei-
„ kugel, wenn man ſich nicht bemühet, ge-
„ gen den Strich derſelben zu ſchießen, ihm
„ gar nichts anhaben kann. Sein Fleiſch iſt
„ etwas ſchwärzer, dem unerachtet aber
„ ungemein ſchmackhaft.‟

Von

Von den großen Geiern.

Man hat unter den Raubvögeln den Adlern den ersten Rang nicht sowohl deswegen eingestanden, weil sie stärker und größer, als weil sie großmüthiger oder nicht auf eine so niederträchtige Art grausam sind, als die Geier. Die erstern beweisen sich in ihren Sitten stolzer, in ihren Unternehmungen verwegener, und bei ihrer Herzhaftigkeit edler, als die Geier, indem sie wenigstens eben so viel Geschmack am Kampfe, als Begierde nach Raub empfinden. Die Geier hingegen sind blos mit einem natürlichen Triebe der unmäßigsten Gefräßigkeit begabet. Sie stoßen ehe nicht auf ein lebendes Geschöpf, als wenn sie an vorräthigem Aase nicht völlige Sättigung finden. Der Adler streitet mit sei=

seinen Feinden oder bekämpft seine zum Raub
erſehene Opfer mit offenbarer Gewalt; er
allein verfolgt, bezwingt und greifet ſie.
Die Geier hingegen, wenn ſie den mindeſten
Widerſtand vermuthen, verſammlen ſich,
gleich niederträchtigen Straſſenräubern, trupp=
weiſe. Sie können alſo nur als Räuber,
aber nicht als Krieger, nur als fleiſchfreſſen=
de, nicht aber als Raubvögel betrachtet wer=
den; denn unter dem ganzen Geſchlechte der
Raubvögel ſind ſie die einzige Gattung, die
zuſammenhalten, damit ihrer viele wider ei=
nen ſtreiten können. Nur ſie allein ſind auf
Luder ſo begierig, daß ſie es bis auf die
Knochen verzehren. Die Verderbniß und
Fäulung, anſtatt ſie zu verſcheuchen, ſind
ihre kräftigſten Lockſpeiſen. Die Sperber,
Falken und ſogar die kleinſten Vögel ſin ih=
nen an Muth überlegen, weil ſie allein ja=
gen, und faſt alle das Aas verachten, und
verdorbenes Fleiſch verabſcheuen. Bei Ver=
gleichung der Vögel mit vierfüßigen Thieren
ſcheinet ein Geier die Stärke und Grauſamkeit
eines Tigers, mit der ſchmutzigen Gefräßigkeit
eines Jackals zu vereinigen, der ebenfalls mit
ſeines Gleichen zuſammenhält, um das Luder
zu verſchlucken, und Leichname wieder aus
der Erde zu ſcharren; da hingegen der Adler,
wie ſchon erinnert worden, in ſeinem Be=

tra=

tragen die Herzhaftigkeit, Edelmuth und Frei=
gebigkeit eines Löwen beweiset.

Man muß also die Geier gleich anfangs
durch diesen Unterschied im Naturel von den
Adlern auszeichnen, und man kann sie beim
ersten Anblick sogleich erkennen, weil ihre
Augen gerade bis an die Fläche der Seiten
des Kopfs hervorstehen, da sie bei den Ad=
lern ein Fleck in die Augenhölen eingesunken
zu seyn scheinen. Außerdem haben die Geier
einen kahlen Kopf und fast eben so kahlen
Hals, der blos mit weichen Federn und eini=
gen zerstreuten Haaren oder zottichten Federn
unordentlich besetzet ist; da hingegen am Ad=
ler alle diese Theile reichlich mit Federn be=
kleidet sind. Wenn man die Klauen betrach=
tet, so findet man sie bei den Adlern, weil
sie nur selten auf der Erde sich aufhalten,
fast halbzirkelförmig, bei den Geiern aber
viel kürzer und nicht so stark gekrümmet.
Ferner kann man die Geier an den feinen
Pflaumfedern unter ihren Flügeln, die an an=
dern Raubvögeln gar nicht wahrgenommen
werden, und am untern Theil der Kehle
leicht erkennen, die mehr haarig als mit Fe=
dern bewachsen zu seyn scheinet 47). Ihre
Stel=

47) Klein sagt l. cit. p. 82. die wollichten Fe=
dern kommen bei den Geiern sogleich, wenn
man

Stellung ist viel unedler und gebeugter, als
die Stellung der Adler, die mit ihren Füssen beinahe eine senkrechte Linie macht, wenn
im Gegentheile der Geier durch seine halb
wagerechte Stellung und Beugung seines
Körpers die Niederträchtigkeit seines Charakters zu verrathen scheinet. Sogar in der
Ferne lassen sich die Geier dadurch von andern Vögeln des räuberischen Geschlechts unterscheiden, weil sie unter den Raubvögeln
die einzigen sind, welche häufiger als paar-
weise zusammen ausfliegen. Sie verrathen
sich auch durch ihren schweren Flug, und
weil sie viel Mühe haben, sich von der Erde
zu heben; denn sie müssen wenigstens drei-
bis viermal ansetzen, und versuchen, bevor
sie sich in vollen Schwung setzen können 48).

Wir

man einige Federn ausrupft, zum Vorschein,
und wer den ganzen Vogel rupfen wollte, der
würde ihn eher für ein geflügeltes Schaf, oder
für einen wunderbaren fremden Vogel, als für
einen Geier halten.

M.

48) Die Herren Ray und Salerne, wovon der
letzte den ersten von Wort zu Wort ausgeschrieben, machen auch noch die Form des
Schnabels, der sich nicht unmittelbar an seinem Ursprunge krümmet, sondern wohl bis
auf zween Zoll vorwärts gerade läuft, zu einem Unterscheidungsmerkmal zwischen Geiern
und

Wir haben im Geſchlechte der Adler dreier=
lei Gattungen, den großen (No. I.), den
mittlern oder gemeinen (No. II.), und den
kleinern Adler (No. III.) angenommen, und
noch die Vögel ihnen an die Seite geſetzt,
welche die größte Aehnlichkeit mit ihnen ha=
ben, als den Fiſchadler (No. IV.), den
Balbuſard (No. V.), den Beinbrecher (No. VI.)
den weißen Hanſen (No. VII.), und noch
ſechs fremde Vögel, die auf die vorigen ei=
nige Beziehung hatten: als den Adler von
Pondichery (No. VIII.), den Heidukkenad=
ler (No. IX.), den braſilianiſchen Adler
(No.

und Adlern. Ich muß aber hier anmerken,
daß dieſes Unterſcheidungszeichen unrecht ange=
bracht iſt. Denn der Adlerſchnabel krümmet
ſich ebenfalls an ſeinem Urſprunge, hernach
läuft er ein Fleckchen gerade fort, und der
Unterſchied beſtehet blos darin, daß dieſer ge=
rade Theil des Schnabels bei den Geiern län=
ger iſt, als bei den Adlern. Andere Natur=
forſcher zählen zu den Unterſcheidungsmerkma=
len auch die Hervorragung des Kropfs, die
bei den Geiern merklicher als bei den Adlern
ſeyn ſoll; allein dieſer Charakter iſt allzu zwei=
deutig, weil er nicht auf alle Gattungen
von Geiern paſſet. Beim graurothen (Grif=
fon), als einem der anſehnlichſten Geier,
findet man, daß ſein Kropf, anſtatt weit her=
vorzuſtehen, ſo tief liegt, daß unter dem Hals,
an der Stelle des Kropfes, vielmehr eine Fauſt
große Vertiefung zu ſehen iſt.

A. d. V.

(No. X.), den kleinen amerikanischen Adler
(No. XI.), den Fischweihen (No. XII.),
und den Mansfeni (No. XIII.), der eine
Gattung des kleinen Adlers zu seyn scheinet.
Uiberhaupt machen diese Vögel zusammen
dreizehn Gattungen aus, worunter der so
von uns genannte kleine amerikanische Adler
noch von keinem Naturforscher beschrieben
worden.

Auf gleiche Art wollen wir nun die Gattungen der Geier mit nöthiger Einschränkung
anzeigen, und gleich Anfangs von einem Vogel reden, den Aristoteles, und nach ihm
die meisten Schriftsteller, unter die Zahl der
Adler gebracht haben, ob er gleich in der
That nur ein Geier und kein Adler ist.

———————————

XIV.

XIV.

Der Geieradler 49).

S. die 426ste illuminirte und unsere XIV. Platte.

Ich habe die aus dem Griechischen entliehene Benennung Percnoptere beibehalten, um diesen Vogel von allen andern unterscheiben

---

49) Hallens Vögel. p. 192. n. 129. Der rothbraune Geieradler, ohne Palatin. Kleins Vogelhist. p. 85. Der Geieradler, Baſtardadler. Bergſtorch. Vulturina aquila. Franz. Le Percnoptere. Buffon. Ornith. I. p. 209. Trencalos en Catalogne. Aigle Vautour Alb. Vautour des Alpes. Vultur alpinus. Briſſ. Av. I. p. 133. n. 3. Ed. Par. p. 464. Hypæetus Ariſt. Gypaetus Geſn. Percnopterus Aldr. Barr. Johnſt. Charl. Willughby, Raj. An corvus moſchatus, roſtro adunco? Barr. vel Fregato ſylvat. moſchata? Ejusd. Oripelargus Aldr. Engl. The Buld. Vulturine Eagle. Cours d'Hiſt. Nat. T. III. p. 225. n. 8. Subaquila Ciconia montana Linn. S. Nat. XII. p. 123. n. 7. Vultur Percnopterus.

M...

den zu können. Er ist nichts weniger, als
ein Adler, sondern zuverläßig ein Geier;
oder wenn man der Meinung der Alten bei=
pflichten will, so macht er den letzten Grad
von Schattirung zwischen beiden Geschlechtern
aus, und nähert sich den Geiern unbeschreib=
lich viel mehr, als den Adlern. Aristote=
les 50), welcher ihm unter den Adlern eine
Stelle gegeben, bekennet selbst, er gehöre
vielmehr zu den Geiern, weil er seiner Aus=
sage nach zwar alle Fehler des Adlers, aber
keine von seinen guten Eigenschaften an sich
hat. Er läßt sich von den Raben hetzen und
schlagen, ist faul auf seiner Jagd, schwer
im Fluge, unter beständigem Schreien und
Klagen, unbeschreiblich heißhungrig und nach
Aase begierig. Er hat auch kürzere Flügel
und einen längern Schwanz, als die Adler,

U 2   ei=

50) Anm. Aristoteles macht ihn zur vierten Gat=
tung der Adler, und nennt ihn Περκνόπτε=
ρος, mit dem Zunamen Ὑπάειος, welchen
Theodorus Gaza durch das Wort Subaquila
sehr gut übersetzt hat. Andere Schriftsteller,
besonders Aldrovandus, haben geglaubt, man
müsse γυπάειος anstatt ὑπάειος, oder Vul=
turina aquila statt Subaquila lesen. Das Ge=
wisseste hierbei ist wohl, daß eine dieser beiden
Benennungen für diesen Vogel eben so paßlich
ist, als die andere.

N. d. B.

einen hellblauen Kopf, einen weißen und kahlen, oder, wie der Kopf selbst, mit blassen
weißen Dunen bewachsenen Hals, nebst einem Halsband unter demselben, welches aus
kleinen, steifen, weißen Federn, gleich einer
Halskrause, gebildet ist. Der Augenring ist
röthlichgelb. Der Schnabel und die glatte
Schnabelhaut sind schwarz, der Haken am
Schnabel weiß. Der untere Theil der Schenkel und der Füsse sind kahl und bleifärbig,
die Klauen schwarz, und weder so lang noch
so krumm, als bei den Adlern. Uibrigens
macht ihn ein brauner herzförmiger Fleck auf
der Brust, gleich unter seiner Halskrause,
desto merkwürdiger, weil dieser Fleck überdieß noch mit einem schmalen weißen Rand
umgeben oder vielmehr gestickt ist.

Im Ganzen betrachtet hat dieser Vogel
eine häßliche sehr übel gestaltete Figur, und
ist ungemein eckel wegen einer beständig aus
den Oefnungen der Nase und noch aus zwo
andern Speicheldrüsen des Schnabels heraus-
tröpfelnden Feuchtigkeit. Sein Kropf raget
weit hervor, und wenn er sich auf der Erde
befindet, hat er beständig die Flügel ausgespannet 51). Kurz: dem Adler scheint er in
kei-

51). Diese Gewohnheit, immer ausgebreitete Flügel auf dem Lande zu haben, ist nicht bloß
die-

keinem Stück, als in der Größe, ähnlich zu
seyn; denn in der Absicht der Größe seines
Körpers übertrifft er noch den gemeinen Adler (No. II.), und kömmt dem großen Adler (No. I.) ziemlich nahe; doch kann er
seine kleinern Flügel nicht so weit, als diese,
ausspannen.

Die Gattung des Geieradlers kömmt sparsamer als die andern Geier vor. Doch wird
er in den pyrenäischen Gebirgen, auf den Alpen und griechischen Gebirgen, aber beständ-
dig in sehr geringer Anzahl, gefunden.

dieser Gattung, sondern fast allen Geiern und
einigen andern Raubvögeln eigen.

A. d. V.

XV.

Der braunrothe Geier. 52).

Der Greif.

S. unsere XV. Kupferplatte.

Die oft angeführten Herren der Akademie
der Wissenschaften haben diesem Vogel den
Namen des Greifen (Griffon) beigelegt, um
ihn

52) Der grau - oder braunrothe Geier mit kurzem
weißen Federbusch und Brustpalatin, wollichten
Schenkeln, zahnichter Zunge, (wobon er den
Namen Vultur dentatus erhalten) und einer
haarigen Höle an der Brust. Vautour Grif-
fon. Halles Vögel. p. 190. n. 128. Fig. 10.
Der Herren Perrault, Charras und Dodards
Abh. zur Naturgesch. der Thiere und Pflanzen.
II. Th. p. 363. Tab. 89. Griffon. Der Greif.
Buff. Ornith. Tom. I. p. 212. Griffon de
Mssrs. de l'Ac. des Science. Vautour rouge
de Rzaczynsky. Vautour janne de Will. &
Ray Briff. Aves. Tom. I. p. 133. n. 7. Id.
Parif.

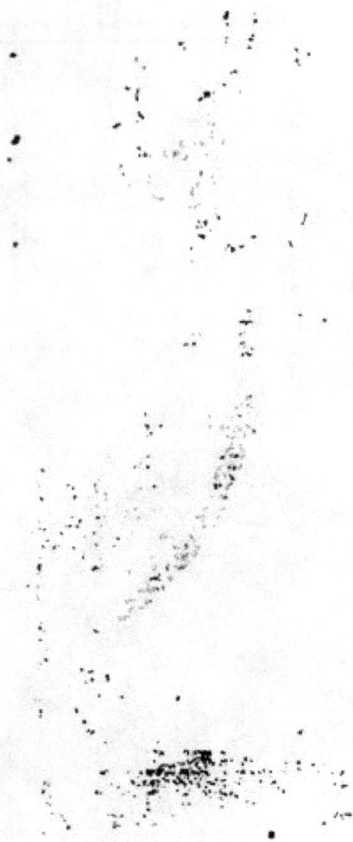

:hn von andern Vögeln zu unterſcheiden 5 3). Andere Naturkündiger, wie Rzaczynſky, haben ihn den rothen oder den gelben, wie Ray und Willughby, noch andere, wie Briſ= ſon, den rothbraunen Geier genennet. Weil aber keine dieſer Benennungen eingültig und beſtimmt genug zu ſeyn ſcheinet, haben wir ihnen den einfachen Namen des Greifen vor= gezogen.

Dieſer Vogel iſt noch größer, als der Geieradler, weil die ausgeſpannten Flügel

U 4 von

Parif. p. 462. Vultur fulvus. Vautour fauve. Willughby Ornith. p. 36. & Ray Syn. Av. p. 10. n. 7. Vultur fulvus noſter Boetico Bellonii congener. Rzacz. Auct. Hiſt. Pol. p. 430. Vultur ruber ſeu lateritii coloris, magnitudinis mediae; interdum comparet in Pruſſia. Cours d'Hiſt. Nat. T. III. p. 225. n. 5.

v. B. u. M.

53) Ich habe die Benennung des braunrothen Geiers angenommen, weil dieſer Vogel nicht allein wirklich zu den Geiern gehöret, und ſich durch ſeine grau = oder braunrothe herrſchende Farbe vor andern Geiern kennbar macht, ſon= dern weil er auch dadurch leichter von dem unten beſchriebenen Kondor unterſchieden wer= den kann, den ich nach dem Beiſpiel der mei= ſten Ornithologen den Greif oder Greifgeier nennen werde.

M.

von einer Spitze zur andern acht Fuß ausmachen, und sein Körper dicker und länger
ist, als am großen Adler (No. I.); besonders wenn man seine mehr als einen Fuß
langen Beine und seinen Hals von sieben Zoll
darzu rechnet. Er ist wie der Geieradler
(No. XIV.) unten am Halse mit einer Halskrause von weißen Federn gezieret, und auf
dem Kopf mit eben solchen Federn bedeckt,
welche sich hinterwärts in einen kleinen Federbusch endigen, an dessen Seiten die offenen
Ohrenlöcher zu sehen sind. Am ganzen Halse
wird man fast gar keine Federn gewahr.
Die Augen stehen mit den Seitenflächen des
Kopfs in gerader Linie, und sind mit einem
Paar großen gleichstark beweglichen und mit
Augenwimpern besetzten Augenliedern versehen. Der Augenzirkel (Iris) ist angenehm
orangenfarbig, der lange Schnabel stark gekrümmt, an der Spitze des Hakens und an
der Wurzel schwarz, in der Mitte bläulich.
Sein tiefliegender Kropf, oder eine tiefe
Hölung über dem Magen, deren ganze Vertiefung mit Haaren besetzt ist, welche vom
Umfange nach dem Mittelpunkte gerichtet sind,
machen ihn besonders merkwürdig. Diese
Hölung nimmt gerade die Stelle des Kropfes
ein, welcher hier weder vorraget, noch ab-
wärts hänget, wie beim Geieradler. Die
Haut,

Haut, welche auf dem Halse, um die Augen, um die Ohren u. s. w. ganz kahl erscheinet, ist gräulichbraun und bläulich. Die größten Schwungfedern haben bis zween Fuß in der Länge, und ihr Kiel mehr als einen Zoll im Umfange. Die Klauen sind schwärzlich, aber weder so groß noch so stark gekrümmt, als an den Adlern.

Ich glaube, wie die Herren der Akademie der Wissenschaften, daß der Greif wirklich des Aristoteles großer Geier sey 54). Weil sie aber in diesem Fall ihre Meinung nicht mit Gründen unterstüzen, und Aristoteles überhaupt nur zwo Gattungen oder Geschlechter von Geiern anführet, nämlich den kleinen weißlichen und den großen, der in Ansehung der Form allerlei Abänderungen leidet 55); so scheinet wohl das Geschlecht

U 5   groß-

---

54) Es kann seyn, heißt es in den oft angeführten Abhandl. zur Naturgesch. II. B. S. 364. daß der Vogel, den wir beschreiben, und welcher der große Geier des Aristoteles ist, insgemein Greif genennet wird, weil er einen sehr großen Vogel vorstellet.

55) Vulturum duo genera sunt, alterum parvum & albicantius, alterum majus, ae multiformius. Aristot. Hist. Animal. Lib. VIII. Cap. 3.

großer Geier aus mehr Gattungen zu beste=
hen, die man alle mit gleichem Rechte dar=
unter zählen darf. Der Geieradler (No. XIV.)
ist nur der einzige, den Aristoteles als eine
besondere Gattung angegeben. Da er nun
keinen einzigen von den andern großen Geiern
beschreibet, so könnte man wohl mit Recht ei=
nigen Zweifel hegen, ob der Greif und sein
großer Geier wirklich einerlei Vogel wären?
Könnte man den gemeinen Geier, der eben
so groß und minder seltsam als der Greif
ist, nicht eben sowohl für den großen ari=
stotelischen Geier halten, und folglich den
Herren der Akademie einen Vorwurf darüber
machen, daß sie eine so zweideutige und un=
gewisse Sache für zuverläßig ausgegeben,
ohne durch irgend einen Grund ein Vorge=
ben zu bestättigen, das doch nur blos zu=
fällig wahr seyn, und sonst durch nichts er=
wiesen werden konnte, als durch Ueberlegun=
gen und Vergleichungen, die sie darüber an=
zustellen unterlassen hatten? Ich habe mir
Mühe gegeben, diesem Fehler abzuhelfen,
und will hier gleich die Gründe anzeigen,
die mich in der Muthmassung bestärken, daß
der Greif wirklich der große Geier der Al=
ten sey.

Die

Die Gattung dieses Vogels scheint mir
aus zwo Abänderungen zu bestehen: als 1)
aus Brissons rothbraunem Geier 56), und
2) aus dem von den Naturforschern soge=
nannten Goldgeier 57). Der Unterschied bei=
der Vögel, wovon der erste den Greifen
vorstellet, ist nicht so beträchtlich, daß man
zwo von einander abgesonderte ganz eigene
Gattungen machen könnte; denn sie haben
beide nicht allein einerlei Größe, sondern
auch fast gleiche Farben. Beide haben in
Vergleichung mit ihren sehr langen Flügeln
einen ziemlich kurzen Schwanz 58), und wer=
den

56) S. Briss. Av. I. cit.

57) Der goldbrüstige Geier, Goldgeier. Hallens
Vögel. p. 186. n. 124. Der Geier mit gold=
gelbem Halse, Brust und Füssen. Goldgeier.
Vultur aureus Alb magni. Gesn. Raj. Will.
Kleins Vogelh. p. 83. n. XXIII. Vultur al-
pinus, s. aureus Gesn. Vultur Boeticus vel
Castaneus Aldr. Johnst. Raj. Will. Charlet.
Moyen Vautour brun ou blanchâtre Bel.
Engl. The Golden Vulture. Briss. Av. I. p.
132. n. 5. Edit. Paris. p. 458. Vultur au-
reus. Vautour doré. Cours d'Hist. Nat. Tom.
III. p. 225. n. 8. Linn. S. Nat. XII. p. 123.
Vultur barbatus.
                                   d. B. u. M.

58) Anm. Herr Brisson hat seinem Goldgeier
einen Schwanz von zween Fuß drei Zoll, und
seiner grössern Schwungfeder nur eine Länge
von

den durch diesen gemeinschaftlichen Charakter
von andern Geiern leicht unterschieden. Diese Aehnlichkeiten haben schon andere Naturkündiger vor mir so deutlich bemerket, daß
einige den rothbraunen Geier zu einem Verwandten des Goldgeiers zu machen für billig erachtet 59).

Ich bin sogar nicht abgeneigt zu glauben,
daß Belons schwarzer Geier 60) ebenfalls
zum braunrothen und Goldgeier gehöre;
denn er hat eben die Größe, und ist auf dem
Rü-

von drei Fuß beigelegt, welches mich zweifelhaft macht, ob es eben der Vogel seyn
möchte, den andere Schriftsteller den Goldgeier
nennen, weil dieser in Vergleichung mit seinen Flügeln einen sehr kurzen Schwanz hat.
A. d. V.

59) Vultur fulvus, boetico congener. Raj. Syn.
Av. p. 10. n. 7. & Willughby Ornith.
p. 36.

60) Der schwarze Geier. Briss. Aves. Tom I.
p. 131. n. 4. Ed. Paris. p. 457. Vultur niger.
Le Vautour noir. Johnst. Will. Raj. Vultur
nigricans. Charlet. An vultur Percnopterus
americanus totus niger? Barr. Vautour noir
de Belon. Cours d'Hist. Nat. Tom. III. p.
224. n. 3. Vautour aux Lievres. Engl.
Swarthy-Vulture. Linn. S. N. Ed. XII. p.
123. Vultur Percnopterus.

M.

Rücken und auf den Flügeln eben so wie der
Goldgeier gefärbet. Wenn wir also diese
drei Abänderungen unter einer einzigen Gattung zusammenbringen, so wird unter den
großen Adlern der Greif am wenigsten seltsam und zugleich derjenige seyn, dessen Aristoteles besonders Erwähnung gethan. Diese
Muthmaßung wird noch wahrscheinlicher dadurch, daß Bellonius versichert, man be-
merke den großen schwarzen Geier häufig in
Egypten, in Arabien und auf den Inseln des
Archipelagus, und daß er folglich in Griechenland sehr bekannt seyn muß. Dem sey
übrigens, wie ihm wolle, so können meines
Erachtens alle große Geier in Europa bis
auf vier Gattungen eingeschränkt werden,
nämlich

1) auf den Geieradler (No. XIV.)

2) auf den hier beschriebenen Greif
oder braunrothen Geier,

3) auf den im folgenden Artikel zu
(No. XVI.) beschreibenden gros-
sen Geier, und

4) auf den geschopften Hasengeier
(No. XVII.), die alle genugsam

von einander unterschieden sind,
um so viele ganz eigene und beson=
dere Gattungen auszumachen.

Die Herren der Akademie der Wissenschaf=
ten, welche zween weibliche Geier zergliedert
haben, merken ganz richtig an, daß der
Schnabel verhältnißmäsig länger, aber nicht
so krumm, als bei den Adlern, auch nur an
feinem Ursprung und an der Spitze schwarz,
in der Mitte hingegen bläulichgrau ist. Der
Oberschnabel, sagen sie ferner, hat oben an
jeder Seite gleichsam eine Kerbe oder einen
holen Streif; diese Kerben enthielten die
schneidenden Ränder des untern Schnabels,
und diese Ränder lagen, wenn der Schna=
bel geschlossen war, zwischen zween andern
schneidenden Ränden, welche die Seiten ei=
ner jeden Kerbe ausmachten. Zwischen die=
sen beiden Kerben gegen den Anfang des
Schnabels war eine runde Erhöhung, an de=
ren Seiten sich zwei kleine Löcher wahrneh=
men ließen, wodurch die Speichelgänge sich
ergossen. In der Grundfläche des Schnabels
befinden sich die Nasenlöcher sechs Linien lang,
zwo Linien breit, und gehen von oben nach
unten, wodurch die äußern Theile der Werk=
zeuge des Geruchs bei diesen Vögeln eine
sehr ansehnliche Weite bekommen. Ihre Zun=
ge

ge ist hart und knorpelartig. Am Ende macht
sie gleichsam einen halben Kanal, ihre beiden
Seiten aber sind nach oben erhöhet. Diese
Seiten sind mit einem noch härtern Rande
versehen, als das Uibrige der Zunge, die
gleichsam eine Säge von lauter Spitzen aus=
machte, die nach der Kehle zu gekehret
waren.

Der Schlund erweitert sich unterwärts,
und bildet einen starken Höcker, der ein we=
nig unter der Verengerung deß Schlundes
hängt, bevor er in den Magen geht. Dieser
Höcker ist vom Kropfe der Hühner nur darin
unterschieden, daß er mit einer großen Men=
ge von Gefässen besät war, die sowohl um
ihrer Stärke und Farbe willen, als auch
deßwegen ungemein deutlich in die Augen
fallen, weil das Häutchen der Tasche sehr
weiß, und ganz durchsichtig erscheinet 61).

Der

61) Aus dem, was hier die Herren der Akademie der Wissenschaften erzählen, sollte man
schließen, der braunrothe Geier oder Greif
müsse wohl einen hervorstehenden Kropf
haben. Ich bin aber als ein Augenzeuge vom
Gegentheile hinlänglich überführet. Aeußerlich
ist allemal eine starke Vertiefung an der Stelle,
wo der Kropf liegen sollte, zu sehen. Daraus
folgt aber nicht, daß inwendig kein Höcker
und

Der Magen iſt weder ſo dick, noch eben
ſo hart, als bei den Hühnern, und ſein fleiſ-
ſchiger Theil nicht ſo roth, als an andern
Vögelmägen, ſondern weiß, wie andere
Mägen. Die Gedärme und beiden Blinddärme ſind klein, wie bei allen andern Raubvögeln. Der Eierſtock iſt bei ihnen, wie
gewöhnlich; der Eiergang hin und wieder
gebogen, wie bei den Hühnern, und nicht
ſo gerade und gleich, als bei vielen andern
Vögeln 62).

Wenn wir dieſe Bemerkungen von den innern Theilen der Geier mit jenen Beobachtungen zuſammenhalten, welche dieſe Zergliederer unſerer Akademie der Wiſſenſchaften
von den Adlern aufgezeichnet haben, ſo werden wir leicht einſehen, daß die Geier, ob
ſie ſich gleich, wie die Adler, vom Fleiſche
näh-

und Erweiterung in dieſem Theile des Schlundes befindlich ſeyn könnte, wodurch die Haut
eben dieſer Schlund, wenn ſich das Thier vollkommen ſatt gefreſſen hat, ſich zu erheben und
auszufüllen vermag.

A. d. V.

62 S. die angef. Abhandl. aus der Naturgeſch.
IIter Theil, p. 268—370. oder Memoires
pour ſervir à l'Hiſt. des animaux, Part. III.
Art. Griffon.

nähren, doch an ihren Verdauungswerkzeu-
gen anders gebildet, und in dieser Absicht
sowohl den Hühnern als andern kornfressen-
den Vögeln viel ähnlicher sind, weil sie einen Kropf und einen Magen haben, den
man um seines dicken Grundes willen für einen halbfesten Magen (Demi-Geßer) halten
könnte. Die Geier scheinen also ihrer Bildung nach so eingerichtet zu seyn, daß sie
nicht allein Fleisch, sondern auch Körner,
und im Nothfall alles, was ihnen vorkömmt,
ressen können.

XVI.

Der große gemeine Geier 63).

S. die 425ste illuminirte Platte und unsere XVI.
Kupfertafel.

Der schlechtweg sogenannte Geier oder
große Geier ist eben der Vogel, den Bellonius

63) Der große oder gemeine Geier. Der graue
Geier. Graue Weihe. Kleins Vögelhist. p.
84. n. IV. Vultur cinereus Auctorum. Ash-
coloured Vultur. Id. Vultur. Gesn. Aldrov.
Schwenkf. Johnst. Will. Charlet. Rzac.
Moehr. Vultur cinereus. Aldrov. Av. Tom.
I. p. 235. und 271. Raj. Syn. Av. p. 9. n. I.
Willughby Orn. p. 35. n. I. Klein Ordo Av.
p. 44. n. 4. Charl. Onomast. p. 64. n. 2.
Rzaczynsky Auct. H. Nat. Pol. p. 430. Le
grand Vautour cendré. Belon. Hist. Nat. des
Ois. p. 83. avec une figure. Brisson. Aves.
Tom. I. p. 130. Ed. Paris. p. 453. Vultur.
Vautour. Buff. Orn. I. p. 221. Le Vautour
ou

nius im uneigentlichen Verstande den großen
aschfarbigen, fast alle Naturforscher aber nach
ihm den aschfarbigen Geier nannten, ob er
gleich mehr schwarz als aschfarbig außsiehet.
Er ist dicker und größer, als der gemeine
Adler (No. II.), aber etwas kleiner, als
der braunrothe Geier (No. XV.), von
welchem er leicht unterschieden werden kann,
1) durch seinen Hals, der mit weit längern
und häufigern Pflaumfedern bedeckt, und
eben so, wie die Federn des Rückens, ge=
färbt ist; 2) durch eine Art eines weißen
Halszieraths, der von beiden Seiten des
Kopfs bis auf den untern Theil des Halses
in zween langen Zweigen herabfällt, und
von jeder Seite zugleich einen schwärzlichen
Raum einfasset, unter welchem ein gerades
weißes Halsband (als eine wahre Zierde des
Vogels) erscheinet; 3) durch die Beine,
welche hier mit braunen Federn bedeckt, am
Greif aber gelblich oder weißlich sind; end=
lich aber 4) an den Krallen, die am ge=
X 2 mei=

ou Grand Vautour. Cours d'Hist. Nat. Tom.
III. p. 221. Engl. Geir. Vulture. Span.
Buyetre. Ital. Avoltorino. Poln. Sep. Griech.
Γύψ. Arab. Racham, Rocham.

h. V. u. M.

meinen Geier eine gelbe 64), am vorigen
aber eine braune oder graue Farbe haben.

64) Anm. Herr von Buffon hat in der kleinen
Ausgabe seiner Vögelgeschichte beim großen
Geier seine fünfte, zugleich aber aus dem
großen Werke die 425ste Platte angeführet.
Die Beschreibung selbst paßt in Ansehung der
Halszierathe blos auf die letzte, da hingegen
die gelbe Farbe der Krallen auf der illuminirten Kupfertafel hellrosenroth, wie der hintere Theil des Schnabels: ausgedruckt, und
von der Beschaffenheit seines Geiers auf der
5ten kleinen Platte gar nichts gesagt ist. Wir
haben uns daher genöthigt gesehen, die 425ste
kopiren zu lassen.

M.

XVII.

XVII.

Der Hasengeier 65).

Dieser Geier ist nicht so groß, als die drei ersten, aber doch groß genug, unter die Zahl der großen Geier gesetzt zu werden. Geßner 66), der unter allen Vogelkennern, die meisten dieser Art gesehen, hat alles auf= geschrieben, was man von diesem Geier Be= merkungswürdiges weiß. „Der Geier, sagt er, welcher bei den Deutschen der Hasen=

X 3 · · · · · · · · · · · · · · · geier

---

65) Der Hasengeier mit dem Federbusche, den er im Affekt aufrichtet. Hallens Vögel p. 189. n 125. Der Hasengeier. Gänseaar. Kleins Vogelhist. p. 83. n. II. Aaßgeier. Geßn. Vultur leporarius. Johnst. Tab. VI. Charlet. Schwenkf. Aldrov. Will. Raj. Rzac. Kleiu. Brisson. Av. Tom. I. p. 132. Edit. Par. p. 460. Vultur cristatus. Vautour hupé. Buff. l. c. p. 223. Vautour à aigrettes ou aux Lievres. Cours d'Hist. Nat. Tom. III. p. 224. n. 4. Engl. Harecatching Vulture.

b. B. u. M.

66) Gesn. Av. p. 782.

geier heißet, hat einen schwarzen, am Ende
gekrümmten Schnabel, häßliche Augen, ei=
nen großen starken Körper, breite Flügel,
einen langen und geraden Schwanz, schwarz=
röthliche Federn, und gelbe Füsse. Wenn
er sich ausruhet, und auf der Erde, oder
auf Höhen sitzet, sträubt er die Federn am
Kopf in die Höhe, die alsdann gleichsam
zwei Hörner bilden, von welchen man aber
im Fluge nichts wahrnehmen kann. Die aus=
gebreiteten Flügel haben beinahe sechs Fuß
im Durchmesser. Er hat einen starken Gang,
und macht Schritte von fü fzehn Zoll in der
Länge. Alle Arten von Vögeln sind seiner
Nachstellung ausgesetzt, und für ihn eine
sichere Beute. Sogar Hasen, Kaninchen,
junge Füchse und kleine Hirschkälber, gehö=
ren unter die Gegenstände seines Raubes.
Vor seiner Freßbegierde können auch die Fi=
sche nicht sicher bleiben. Seine Wildheit ist
auf keine Weise zu bändigen. Er pfleget sei=
nen Raub nicht allein im Fluge zu verfolgen,
indem er vom Gipfel eines Baums, oder
von der Spitze eines erhabenen Felsens her=
abschießet, sondern auch im Laufe. Sein
Flug ist mit großem Geräusche begleitet.
Er horstet in dicken, einsamen Wäldern, auf
den erhabensten Bäumen, und frißt von
Fleisch und Eingeweiden sowohl lebender, als
                                        tod=

todter Thiere. So gefräßig er indeſſen im=
mer ſeyn mag, kann er doch, ohne Lebens=
gefahr, eine vierzehntägige Faſtenzeit aus=
halten.

In Elſaß fieng man im Jäner des Jah=
res 1513 zween ſolcher Vögel, und im fol=
genden Jahre traf man wieder einige in ei=
nem Neſte an, das auf einem dicken, ſehr
hohen Eichbaum, nicht weit von der Stadt
Miſen, erbauet worden.

Alle große Geier, als der Geieradler
(No. XIV.) der rothbraune Geier oder
Greif (No. XV.) der gemeine große Geier
(No. XVI.) und Haſengeier, pflegen blos
einmal des Jahres und nur wenige Junge
hervorzubringen. Ariſtoteles verſichert, ſie
legten gemeiniglich nur ein Ei, und höchſtens
zwei 67). Sie horſten an ſo erhabenen, und
unzugänglichen Oertern, daß man höchſt ſel=
ten einen derſelben antrifft. Man darf ihn
auch nirgends, als auf hohen und wüſten

X 4   Ber=

---

67) Rupibus inacceſſis parit, neque locorum
    plurium incola¹ avis hæc eſt, edit non plus,
    quam unum aut duo complurimum. Ariſt.
    Hiſt. Anim. Lib. IX. Cap. II.

Bergen aufsuchen 68). Die Geier lieben dergleichen Oerter vorzüglich, so lange die schöne Jahrszeit währet. Sobald aber Schnee
und Eis die Gipfel der Berge zu decken anfangen, sieht man sie von ihren Höhen auf
die Ebenen herabkommen, und ihre Wanderschaft im Winter nach der Seite der wärmern Länder antreten. Denn es scheint,
als ob die Geier den Frost mehr, als die
meisten Adler fürchteten. Die nördlichen
Länder, werden sparsam von ihnen besucht.
Man

68) Anmerk. des V. Uiberhaupt pflegt keiner von
den Geiern und Adlern, die auf Inseln, oder
andern an der See gelegenen Ländern sich
aufhalten, auf Bäumen, sondern allemal auf
steilen Felsen und unzugänglichen Oertern zu
horsten; daher man sie auch nur von der See
beobachten kann, wenn man sich eben auf einem Schiffe befindet. S. Observations de
Belon von S. 10 bis 14. Dapper behauptet
eben dieses, und setzt noch hinzu, daß man
die Absicht, ihre Jungen, oder Eier auszunehmen, anders nicht erreichen kann, als wenn
man einen langen Strick an einem dicken Pfahl
befestigt, welcher auf dem Gipfel eines Berges
in der Erde tief und fest eingerammt ist, von
welchem sich hernach ein Mensch am Seil,
bis zum Nest, herablassen, und einen Korb
mitnehmen muß, worein er die Jungen, und
die Eier legen kann. Wenn dieses geschehen
ist, wird er mit seinem Raub wieder in die
Höhe gezogen. S. Description des Isles de
l'Archipel par Dapper. p. 460.

Man sollte sogar glauben, daß nach Schweden und jenseits Schweden, gar keine Geier kämen, weil Herr von Linné in seinem Verzeichniß der schwedischen Vögel 69), ihrer gar nicht gedenket. Indessen werden wir, im folgenden Artikel, einen Geier, der uns aus Norwegen zugeschickt worden, beschreiben; ob es gleich darum nicht weniger ausgemacht ist, daß eben diese Vögel sich häufiger in den warmen Himmelsstrichen, als in Egypten, 70), Arabien, auf den Inseln des Archipelagus, und in vielen andern afrikanischen und asiatischen Provinzen aufhalten. Man macht sogar daselbst häufigen Gebrauch von den Geierhäuten, weil ihr Leder fast eben so dick, als junge Ziegenfelle, zu seyn pfleget. Es ist mit sehr feinen, dichten und warmen Pflaumfedern bedecket, wovon man vorzüglich schönes Pelzwerk machen kann 71).

X 5 Uibri=

69) S. Linn. Faun. Suec. 1761. p. 19. &c.

70) Da wir in Egypten, und in den Ebenen der Wüsten Arabiens uns aufhielten, haben wir bemerkt, daß es daselbst viele und große Geier gebe. S. Belon. Hist. Nat. des Oiseaux. p. 84.

71) Die kretischen, und andre in] Gebirgen wohnenden Bauern verschiedner Länder in Egypten, und im wüsten Arabien, bemühen sich, die Geier auf allerlei Art einzufangen. Sie bringen

Uibrigens scheint mir der schwarze Geier,
(S. No. XV.) den Bellonius in Egypten
so häufig angetroffen, von eben der Gattung,
als

gen sie alsdann um, und verkaufen die Häute
den Kürschnern... Ihr Fell ist fast eben so
dick, als ein junges Ziegenfell... Die Kürsch-
ner wissen die dicksten Federn geschickt aus den
Geierhäuten auszurupfen. Die unter derselben verborgne Pflaumfedern lassen sie daran
sitzen, und bereiten sie ordentlich zu einem Pelzwerk, daß ihnen große Geldsummen einbrin-
get. In Frankreich bedienet man sich desselben besonders, um es über den Magen zu legen, und ihn zu erwärmen. Wer in Kairo
die ausgelegten Kaufmannswaaren in Augen-
schein zu nehmen Gelegenheit hätte, der würde die schönsten seidenen Kleidungsstücken sowohl
mit schwarzen, als weißen Geierhäuten ausgefüt-
tert finden. Id. Ebend. p. 83. 84... Auf der
Insel Cypern giebt es eine große Menge Geier.
An Größe pflegen sie den Schwanen gleich zu
kommen, und einem Adler sehr ähnlich zu
seyn, weil ihre Flügel und Rücken mit eben
solchen Federn bedeckt sind. Ihr Hals ist vol-
ler Pflaumfedern, die sich eben so weich, als
das feinste Pelzwerk, anfühlen lassen. Die
ganze Haut ist so dicht mit solchen Dunen
besetzt, daß die Einwohner der Insel sie auf
die Brust, und vor den Magen legen, um die
Verdauung zu befördern. Außerdem haben
diese Vögel einen Federbusch unter dem Hals,
und sehr dicke, starke Beine... Sie nähren
sich blos von Aas, und füllen sich dermaßen
mit Luder an, daß sie oft auf einmal so viel
verschlucken, als zu einer vierzehntägigen Sättigung nöthig ist... Wenn sie eben so mit
ihrer Aezung ausgestopfet sind, können sie nicht
leicht

als der gemeine große, oder aschgraue Geier
zu seyn, und beide können wohl nicht, wie
einige Naturforscher, als Brisson l. c. gethan, von einander getrennet werden, da
Bellonius, welcher sie doch nur allein beschrieben, selbst beide zusammen läßt, und
von den aschfarbigen und schwarzen Geiern
so schreibt, als ob sie beide die Gattung des
großen, oder schlechtweg sogenannten Geiers
ausmachten. Es ist also wahrscheinlich, daß
es wirklich schwarze, wie der auf der XVII.
Kupferplatte, und auch aschfarbige Vögel
dieser Art, geben kann, von welchen letztern wir aber noch keinen gesehen.

Es verhält sich mit dem schwarzen Geier,
wie mit dem schwarzen Adler (No. II.)
Beide sind von der gemeinen Art der Geier
und Adler. Aristoteles hatte recht, als er
sagte, das ganze Geschlecht großer Geier hätte mancherlei Abänderungen; denn es in der
That

leicht von der Erde sich empor schwingen.
Das ist also der beste Zeitpunkt, in welchem
sie am bequemsten geschossen, oder getödtet
werden können. Zu solcher Zeit sind sie bisweilen so schwer, daß man sie mit Hunden
hetzen, und mit Steinen, oder Stöcken todt
werfen, oder schlagen kann. S. Descriptio
de l'Archipel. par Dapper p. 50.
A. d. V.

That aus drei Gattungen, dem braunröthen
Geier, oder Greif (No. XV.) dem gros=
sen (No. XVI.) und dem Hasengeier zusam=
mengesetzt, ohne den Geieradler (No. XIV.)
mit in den Anschlag zu bringen, von wel=
chem Aristoteles glaubte, daß er von den
Geiern abgesondert, und den Adlern beige=
sellet werden müßte. Mit dem kleinen Geier,
den wir gleich beschreiben wollen, hat es
eben die Beschaffenheit. Er scheint mir die
einzige in Europa bekannte Gattung auszu=
machen. Der benannte Weltweise hat al=
so nicht ohne Grund behauptet, das Ge=
schlecht des großen Geiers erscheine unter
allerlei Gestalten, oder es enthielt mehr Gat=
tungen, als das Geschlecht des kleinen Geiers.

———

VXIII.

XVIII.

Der kleine und norweg. Geier 72).

Man sehe die 409. illumin. Platte und unsere
XVII. Kupfertafel.

Es ist uns nichts mehr übrig, als noch et=
was von den kleinen Geiern zu sagen, die
mir von den großen, die bißher beschrieben
wor=

72) Der kleine Geier. Der norwegische Geier,
weil ihn Herr v. Buffon aus Norwegen erhal=
ten. Der kleine weißköpfige Geier. Der weis=
se Geier. Hünerweihe. Der weiße Hüneraar.
Vultur. albicans. Kleins Vogelh. p. 84. V.
Schlesisch. Der Grimmer. Vultur. albicans.
Johnst. Charl. Will. Raj. Vultur leucocephalus. Schwenkf. Av. Silef. p. 375. Vultur
albo capite. Rzac. Briff. Av. T. I. p. 134.
n. 9. Ed. Par. p. 466. Vultur leucocephalus. Vautor à tête blanche. Engl. Whitish-
Vulture. Buffon Ornith. 800. Tom. I. p. 230.
Le petit Vautour. Vautour de Norwege.
Cours d'Hist. Nat. T. III. p. 225. n. 6. Linn.
Syst. Nat. XII. p. 123. n. 7. Vultur Percno-
pterus.

M.

worden, als vom Geieradler (No. XIV.)
vom braunrothen Geier (XV) vom großen
(XVI.) und vom Hasengeier (XVII.) nicht
allein in der Größe, sondern auch durch andere besondere Merkmale unterschieden zu
seyn scheinen. Aristoteles hat, wie schon erinnert worden, mehr nicht, als eine Gattung; unsere neuen Methodisten aber drei
Gattungen daraus gemacht, nämlich 1) den
braunen, 2) den egyptischen, und 3) den
weißtöpfigen Geier. Dieser letzte ist einer
der kleinsten, und scheinet wirklich eine von
den beiden ersten unterschiedene Gattung zu
seyn; denn er ist unten an den Beinen und
an den Füssen ganz von Federn entblößt,
die beiden andern hingegen haben stark mit
Federn bedeckte Beine und Füsse. Wahrscheinlicherweise stellet eben dieser weißtö-
pfige Geier, den kleinen weißen Geier der
Alten vor, der sich am häufigsten in Arabien,
Aegypten, Griechenland, in Deutschland,
und sogar in Norwegen aufhält, woher wir
den unsrigen erhalten. Man hat hierbei zu
merken, daß er am Kopf, und unten am
Hals keine Federn hat, und an diesen Theilen röthlich aussiehet, übrigens aber fast allenthalben weiß ist, bis auf die schwarzen
Schwungfedern der Flügel. An diesen Un-
terschei-

terſcheidungsmerkmalen iſt er mehr als zu
deutlich erkennen. 74)

Von den andern Gattungen kleiner Geier,
die Herr Briſſon unter den Benennungen des
braunen 75) und egyptiſchen Geiers 76)
angezeigt hat, muß, meines Erachtens,
der zweite, ganz abgeſondert werden, weil
der egyptiſche Geier, nach der Beſchreibung,
die

<hr/>

74) Dieſer Vogel, ſagt Schwenkfeld, welcher in
Schleſien Grimmer heißt, iſt mit einer ſehr
breiten Zunge, mit einem dicken, faltigen Magen, und einer ſehr großen Gallenblaſe verſehen. S. deſſen Av. Sileſ. p. 376.

      A. d. V.

75) Der braune, oder Maltheſergeier. Briſſ. Av.
I. p. 130. n. 2. Ed. Pariſ. p. 455. Vultur
fuſcus, Vautour brun. Aquila heteropus.
Gesn. Aldrov. Av. Tom. I. p. 232. Johnſt.
Charl. Exerc. p. 71. Percnopterus cuculla-
tus, fuſcus, punctis nigris. Barr. Falco capite nudo fuſcus. Linn. S. N. Ed. VI. Gen.
36. ſp. 2. Cours d'Hiſt. Nat. Tom. III. p.
224. n. 2. S. unten XIX. Artikel.

      M.

76) S. unten XX. Artikel vom egyptiſchen Erb-
geier.

die Bellonius 77) allein von ihm geliefert, kein Geier ist, sondern zu einem andern Vogelgeschlecht gehöret, welchem er die Benennung des egyptischen geheiligten Vogels (Sacre egyptien), oder des egyptischen Erdgeiers ertheilet. Folglich bleibt uns nur noch der braune Geier übrig, von welchem ich offenherzig bekennen muß, daß ich den Grund nicht einsehen kann, warum ihn Hr. Brisson zu Gesners Aquila heteropede, oder zum Adler mit zweierlei Füssen hat rechnen können. Mir scheint es vielmehr nöthig zu seyn, diesen Vogel anstatt einen Geier aus ihm zu machen, lieber gar aus der Liste der Vögel zu vertilgen, weil sein wirkliches Daseyn, gar noch nicht erwiesen ist. Kein einziger Naturforscher hat ihn gesehen. Selbst Gesner 78), der seiner allein gedenket, und welchen die andern Naturforscher (als Albrov. Johnston, Charleton rc.) blos ausgeschrieben, hatte blos eine Zeichnung davon, die er stechen ließ, und deren Figur er unter

77) Sacre egyptien. Hierax im Griech. Accipiter ægyptius im Lat. rc. Belon. Hist. Nat. des Oiseaux p. 110 und 111.

V. B.

78) Aquila heteropode. Gesn. Av. p. 207.

ter die Adler, aber nicht unter die Geier
setzte. Die Benennung des Adlers mit zweier=
lei Füssen, die er ihm beileget, ist ebenfalls
nur von der Zeichnung hergenommen, in wel=
cher das eine Bein dieses Vogels blau, das
andere hingegen weißlich braun gemalet war.
Er gestehet sogar selbst, er habe von dieser
Gattung keine sicheren Nachrichten einziehen
können, und sich in allem, was er davon
gesagt, auch in der Benennung, blos auf
die Zuverlässigkeit seiner Abbildung verlassen
müssen. Soll man also wohl einen Geier,
oder einen Adler aus einem Vogel machen,
der von einem ganz unbekannten Menschen ge=
malet, und nach diesem unvollkommenen Ge=
mälde benennet worden; den schon die Ver=
schiedenheit in der Farbe seiner Beine selbst,
als ein unterschobnes Gemälde zu verrathen
scheinet, den endlich niemand von allen den=
jenigen gesehen, die von ihm schreiben?
Darf man wohl in seine Wirklichkeit einiges
Zutrauen setzen? Nichts kann willkührlicher
seyn als der Einfall, ihn, mit dem braunen
Geier, unter einerlei Gattung zu bringen.

Uibrigens haben wir den wirklich vorhan=
denen Vogel, welcher dem erdichteten Ad=
ler mit zweierlei Füssen gar nichts angehet,

338

auf der 427. unsrer illuminirten Kupferplatten vorgestellet, und selbigen, da wir ihn
sowohl aus Afrika, als aus der Insel Maltha zugeschickt bekommen, für den folgenden
Artikel der fremden, den Geiern ähnlichen
Vögeln, aufbehalten.

Frem-

Fremde Vögel,

welche

mit den Geiern einige Verwandschaft haben.

XIX.

Der braune

oder

Malthesergeier.

S. die 427. illum. und unsre XVIII. Kupfertafel.

Dieser Vogel, den wir aus Afrika, und von der Insel Maltha, unter dem Namen des braunen Geiers erhalten, und wovon wir schon im vorigen Artikel geredet haben 79)

Y 2 macht

79) S. die Anm. N°. 75. p. 835.

macht eine besondere Abänderung, oder Gat=
tung im Geschlechte der Geier aus, und muß,
da er in Europa nirgends anzutreffen ist,
als ein eigenthümlicher Vogel des afrikani=
schen Himmelsstriches 80), besonders der Län=
der betrachtet werden, die nahe am mittel=
ländischen Meere liegen.

XX.

80) In Ansehung der Dicke seines Körpers; sagt
Hr. Brisson l. c. hält der braune Geier das
Mittel zwischen einem Phasan und einem Pfau.
Seine ganze Länge beträgt etwa zween Fuß,
und sechs Linien, die Länge des Schnabels
zwei Zoll, und sechs Linien, des Schwan=
zes aber neun Zoll. Die mittlere Vorderkralle
hat, mit ihrem Fänger gerechnet, zwei Zoll,
und zehn Linien. Die inwendige Vorderkralle
ist etwas kürzer, die auswendige noch kürzer,
die hintere so lang, als die äußere Vorder=
kralle. Die zusammengelegten Flügel bedecken
ungefähr drei Viertel von der Länge des Schwan=
zes. Der Schnabel ist vorn schwarz, die Klauen
ebenfalls, die Füsse gelblich. Die Muthmas=
sung des Herrn Brisson, daß er in Europa
zu Hause gehöre, hat Hr. von Buffon hin=
länglich widerlegt, aus dessen illumin. Ab=
bildung wir noch hinzufügen, daß der Schna=
bel in der Mitte, und am Rande des Unter=
schnabels gelb, der Augenring orangenfarbig,
die Schwanzfedern aber unten weiß gezeichnet
sind.   M.

XX.

Der egyptische Erdgeier 81).

Der egyptische geheiligte Vogel des Bellonius, welchen der D. Shaw Achbobba
nennet, ist auf den sandigen Wüsten, bei
den egyptischen Pyramiden, heerdenweise zu
sehen. Er bringt seine meiste Zeit auf der
Erde zu. Alle Arten verdorbnes Fleisch sind

Y 3 für

81) Der geheiligte Vogel der Egyptier. Egyp-
tischer Erdgeyer. Der egyptische Bergfalke.
Hallens Vögel, p. 186. n. 125. Chapon de
Pharaon, ou de Mohamed. Haßelquist. Auf
türkisch: Safran Bacha, von seinem gelben nak-
ten Kopf. Belon Hist. Nat. des Ois. p. 110.
und 111. avec Fig. Saere d'Egypte. Hierax,
Accipiter egyptius. Briff. Av. Tom. I. p.
131. n. 3. Vultur ægyptius. Le Vautour
d'Egypte Sacer ægyptius Bell. Johnst. Achbobba. Shaw. Arab. Rachaeme, oder Ros-
thome, welches ungefähr so viel bedeutet, als
weiß, wie Marmor. Vultur Percnopterus capite nudo, gulâ plumulosâ. Haßelqu. Reise.
p. m. 286—289. Abhand. d. schwed. Akad.
der Wissensch. XIII. B. p. 203. Falco monta-
nus ægyptiacus. Cours d'Hist. Nat. T. III.
p. 225. n. 1. Linn. S. N. XII. p. 123. n. 7.
Vultur Percnopterus. M.

für ihn, wie für die meisten Geier, ein
schmackhaftes Gericht. „Er ist, wie Bello=
„nius erzählet, ein schmuziger, unbelebter
„Vogel. Wer sich in Gedanken einen Vo=
„gel vorstellet, der so gut, als ein Hüner=
„geier, bei Leibe ist, und ein am Ende
„fein gekrümmtes Mittelding von Schnabel,
„zwischen dem Schnabel eines Raben, und
„eines Raubvogels, Beine, Füsse und ei=
„nen Gang, nach Art eines Raben, hat,
„dessen Vorstellung kömmt am besten mit
„unserm Vogel überein, der in Egypten
„sehr gemein, anderwärts aber seltsam ist,
„ob es gleich auch in Syrien einige giebt,
„und mir auch in Karamanien einige zu
„Gesichte gekommen sind.“ Uibrigens ent=
deckt man allerlei Abwechslungen der Farben
an diesem Vogel, der nach Bellonius Muth=
maßung, der Hierax, oder accipiter ægyptius des Herodotus ist, und bei den alten
Egyptiern so sehr, als der Ibis, verehret
wurde, weil sie beide die Schlangen, und
andre unreine Thiere vertilgen, die Egyp=
ten verunreinigen 82). „Bei Kairo, heißt
„es

---

82) S. Belon. Hist. Nat. des Oiſéaux p. 110.
   III. mit einer Figur, woraus man sehen kann,
   daß der Schnabel einem Adler = oder Sperber=
   schnabel viel ähnlicher siehet, als einem Geier=
   schnabel. Indessen kann man wohl vermu=
   then,

„ es beim D. Shaw 83), fanden wir gan=
„ ze Heerden von Achbobbas, die sich,
„ wie unsre Raben, von Aase nähreten...
„ Vielleicht ist es der egyptische Sperber,
„ von welchem Strabo saget, er sey, wi=
„ der die gewöhnliche Art solcher Vögel,
„ nicht sonderlich wird; denn der Achbobba
„ gehört unter die Vögel, die niemanden et=
„ was zuwider thun, und bei den Moha=
„ metanern heilig, und sehr in Ehren gehal=
„ ten werden. Der Bacha giebt aus diesem
„ Grunde täglich zween Ochsen zu ihrer
„ Fütterung her, welches noch ein Uiber=
„ bleibsel des alten egyptischen Aberglaubens
„ zu seyn scheint.‘‘ Eben diesen Vogel mei=
net Paul Lukas 84) wenn er sagt: „ Man
„ findet noch jetzt in Egypten solche Sper=
„ ber, die man ehtmals, wie den Ibis,
„ göttlich verehret hat. Es ist ein Raub=
Y 4   „ vogel,

then, daß in der Figur dieser Theil schlecht
vorgestellt ist, weil der Verfasser in seiner
Beschreibung saget, der Schnabel halte das
Mittel zwischen dem Schnabel eines Raben,
und eines Raubvogels, und wäre am Ende
gekrümmet, wodurch die Form eines Geier=
schnabels deutlich angezeiget wird.
A. d. V.

83) Voyage de Shaw. Tom. II. p. 9. und 92.

84) Voyage de Paul. Lucas. Tom. III. p. 204.

„ vogel, so groß, wie ein Rabe, deſſen
„ Kopf einem Geierkopf, die Federn aber
„ den Falkenfedern gleich ſehen. Die Pre-
„ diger des Landes wußten durch das Sinn-
„ bild eines dergleichen Vogels große ge-
„ heimniſſe vorzuſtellen. Sie ließen ihn auf
„ ihren Spitzſäulen, und auf den Mauern
„ ihrer Tempel aushauen, um die Sonne
„ dadurch anzudeuten. Die Lebhaftigkeit ſei-
„ ner Augen, die er beſtändig nach dieſem
„ Geſtirne richtet, ſein ſchneller Flug, ſeine
„ lange Dauer des Lebens, alles ſchien ih-
„ nen geſchickt, ein Sinnbild der Sonne
„ vorzuſtellen. u. ſ. w. “ Uibrigens mag
dieſer noch nicht genug beſchriebene Vogel
wohl eben der braſilianiſche Geier ſeyn, den
wir im **XXII.** Artikel beſchrieben haben.

Anhang.

Wenn Herr von Buffon glaubt, dieser Vogel sey noch nicht so deutlich, als man wünschen könnte, beschrieben; so hat ihm vielleicht eine Abneigung, die er hin und wieder in seinen Schriften gegen die Schüler des nordischen Plinius, und besonders gegen Herrn Haßelquist äußert, nicht erlaubt, in den Abhandl. der schwed. Akad. der Wissenschaften l. cit. die haßelquistische Beschreibung desselben ausführlich nachzulesen, der unter seinem egyptischen Bergfalken unstreitig keinen andern, als unsern geheiligten Vogel der Egyptier andeuten wollen. Da ich mit Recht voraussetzen darf, daß kaum der dritte Theil unserer Leser die Abhandl. der schwed. Akad. besitzen möchte, will ich das Vorzüglichste der

haß=

haßelquiſtiſchen Beſchreibung in Ermangelung einer genauen Abbildung hier mit beifügen.

Der Kopf des egyptiſchen Bergfalken, ſagt Herr Haßelquiſt, hänget niederwärts, und hat beinahe die Geſtalt eines Dreiecks. Oben bis über den Scheitel iſt er platt, an den Seiten, hinten um die Augen et= was rund, vorne, vor und unter den Au= gen zeiget ſich eine länglichte, tiefe und brei= te Grube. Uibrigens iſt er völlig kahl und runzlicht; nur längs über die Scheitel geht eine ungleiche Reihe weniger haarförmiger Federn, die am Kinne häuffger vorkommen. Am Ende des Schnabels zeigen ſich vor den Augen längshin einige ſteife Haare. Die Augen befinden ſich näher am Schnabel, als am Ende des Kopfs, und ſtehen ziemlich weit aus dem Kopf heraus. Die Augäpfel ſind groß und ſchwarz; der Augenring, der faſt gar nicht erſcheinet, weil er von den Augen= liedern bedeckt wird, iſt weiß, die Augen= lieder ſelbſt ſind beweglich, und können auf= und niedergezogen werden. Auf den Augen= braunen ſitzen tiefe, am innern Ende dicke, am äußern ſpitzige Haare. Die Ohren ſind an den Seiten des Kopfes bei deſſen Ende mit großen Oefnungen und einer freien dop= pelt liegenden Haut umgeben, und ganz kahl,

bis

bis auf den äußersten Rand, der mit weichen Haaren besetzt ist. Er hat einen großen, starken länglichten, oder cylindrischen, an der Spitze zusammengebogenen, sehr krummen Schnabel. Seine Krümmung wird vom obern Schnabel gebildet, welcher ungleich länger ist, als der untere. Die zitrongelbe Schnabelhaut (Cera) erstrecket sich vom hintersten Theile des Schnabels über die Nasenlöcher hervor, und pfleget also mehr, als die Hälfte des Schnabels zu bedecken. Uibrigens ist sie dick, fest, gleich, und von gelber Farbe. Die Nasenlöcher befinden sich näher am Ende, als an der Spitze des Schnabels, und näher am untersten Rande, als am Rücken des Kinnbackens. Die länglichte gleiche Zunge hat aufwärts gebogene Ränder, zwischen denselben eine lange Vertiefung, und etwas stumpfe Spitze.

Der Hals ist kurz, cylindrisch, und gleich oben mit aufrecht stehenden Federn bedeckt, untenhin mehrentheils kahl, nur mit einigen dünnen Federn bestreuet, am Ende wieder mit Federn bewachsen. Rücken und Bauch sind platt und eingebogen; die Schultern etwas erhöhet und runzlicht, die Seiten etwas platt. Die Flügel haben eine senkrechte seitwärts gekehrte Richtung, ohne einen Theil

des

des Rückens zu bedecken. Der Schwungfedern sind 28 von unterschiedener Länge. Der
Schwanz ist spitzig, und mit 14 Schwung=
federn (Rectrices) versehen, welche von der
äußersten bis zur mittelsten allmählig zu=
nehmen.

Die Füsse haben, in Betrachtung des Kör=
pers, ihre gehörige Länge; die dicken Beine
sind länglichtrund, am Knie schmäler, und
überall mit Federn bedeckt; die untern Füsse
cylindrisch, kahl, und überall mit häufigen
Erhöhungen versehen. Die Krallen sind, wie
an den meisten Geiern, beschaffen; die Fän=
ger oder Klauen groß, und über die Maßen
stark. Die mittelste ist obenzu rundlicht, und
nicht so stark gekrümmet, als die Seiten=
fänger.

An den Männchen und Weibchen wird man
einen merklichen Unterschied in den Farben ge=
wahr. Das Weibchen ist überall weiß, und
hat schwarze Schwungfedern. Der Hahn ist
über den ganzen Körper grau, am Hals
aber und an den Schultern schwärzlicht, mit
einigen weißen Flecken bestreut. Am Hahn
ist der Kopf ganz zitronfarbig, am Weib=
chen aber blaßgelb; die Klauen sind schwarz,
die Füsse grau.

Die

Die Länge vom Scheitel bis zum Aeußersten des Schwanzes beträgt zween Fuß, des Schnabels zwei Zoll, der Klauen ½ Zoll, des Schwanzes ½ Fuß. Die Breite queer über den Rücken 1¼ Spanne.

Eigenschaften

des egyptischen Erdgeiers.

Das Ansehen dieses Vogels ist so widerwärtig, und man könnte wohl sagen, so furchtbar, als man sich einen Vogel vorstellen kann. Wer ihn mit seinem kahlen runzlichten Kopfe, großen kohlschwarzen Augen, schwarzem gekrümmten und räuberischen Schnabel, mit seinen grausamen, stäts zum Raube bereit stehenden Fängern, mit aufgerichteten Federn am Halse lebendig, und seinen ganzen Körper mit Unreinigkeit und stinkenden Aäsern beschmutzt sehen sollte, der würde gern eingestehen, daß er unter den abscheulichen Vögeln eben das ist, was der Honigvogel, der Pfäu und gemalte Vogel (Oiseau peint) unter den schönen vorstellen.

Sein Geschrei ist anfänglich zischend, und endigt sich mit einem unangenehmen Gekreische.

sche. Der Flug gehet nicht hoch, und er
entfernt sich nie weit von dem Orte seines
Aufenthaltes. Er läßt sich durch nichts, auch
nicht einmal durchs Schießen schrecken. Zwar
verläßt er nach einem Schuß einen Augenblick
seine Stelle, kömmt aber gleich wieder zu=
rück, und wenn man einen von diesen Vö=
geln getödtet hat, so kommen sie zu hunder=
ten um den Todten zusammen, eben so, wie
es unsere gemeine Krähen (Cornix cinerea
Linn.) zu machen pflegen. So viel man
weiß, ist es der einzige Raubvogel, der mit
Hunden in Gesellschaft lebt, und sich verträ=
get 85). Seine Nahrung ist Fleisch von
weggeworfenen Aese:n und Eingeweiden,

nebst

85) In Kairo sind alle Gassen mit Hunden an=
gefüllt, weil sie nach Mohameds Gesetzen für
unrein gehalten werden. Diejenigen aber,
welche keine Herberge in der Stadt fanden,
suchten dergleichen außerhalb den Thoren, und
nahmen daselbst mit unsern Vögeln einerlei
Wohnplatz ein. Beiderlei Thiere halten sich
friedfertig beisammen auf, leben von einerlei
Nahrung, bauen ihre Wohnplätze, und näh=
ren ihre Jungen beisammen, ohne daß man
eines dem andern Schaden zufügen sähe. Has=
selquist. l. c. Man lese hierbei nach, was im
IIten Jahrgange der hiesigen Mannigfaltigkei=
ten von S. 627 ꝛc. von den Begegnungen ge=
sagt ist, welche den Hunden in Egypten und
bei den Türken widerfahren.

nebſt dem Abgange von geſchlachtetem Vieh.
Er hält ſich um Kairo in unſäglich großen
Erdhügeln auf, die von dem Abgange und
Unrathe, welcher aus der Stadt an einge=
fallene Häuſer geführet wird, entſtanden
ſind, und täglich ſtärker anwachſen. Auch
in Syrien wird er angetroffen.

Auf dem großen Platze Romeli, welcher
unten vor dem Schloſſe von Kairo iſt, und
zum Richtplatze dienet, kommen ſie des Mor=
gens und Abends in großer Menge mit den
Geiern zuſammen. Sie thun dieſes nicht um=
ſonſt, weil ſich in der muſelmänniſchen Reli=
gion die Ausübung der Barmherzigkeit auch
bis auf die unvernünftigen Thiere verbreitet.
Es wird aus dieſem Grunde den Geiern je=
den Tag, beim Auf = und Untergang der
Sonne, auf erwähntem Platz eine gewiſſe
Menge friſches Fleiſch ausgetheilet, und zwar
nach Veranlaſſung der Teſtamente frommer
Leute, welche zu dieſer Abſicht Mittel hin=
terlaſſen haben.

Wenn die Karavane von Mekka jährlich
ihre Reiſe nach Kairo antritt, folgt ihr je=
desmal eine anſehnliche Menge dieſer Vögel,
weil ſie da, wo die Karavane ihr Lager auf=
ſchlägt,

schlägt, und viel zum nöthigen Genuß ein-
schlachtet, ihren reichlichen Unterhalt finden.

Nußen
dieses Erdgeiers.

Kaum hat irgend ein lebendiges Geschöpfe
von der Vorsicht eine wichtigere Beschäftigung in der Haushaltung der Natur bekommen, als dieser Vogel bei Kairo, und es
wird schwerlich ein wildes Thier an einem
Orte mehr wesentlichen Vortheil stiften, als
dieser Vogel dieser Stadt gewähret. Wo so
viele tausend Pferde, Esel, Maulesel und
Kameele Tag für Tag gebraucht werden, als
in Kairo, da ist es natürlich, daß jährlich
viele hundert sterben. Die Türken sind, ihren Gedanken vom Schicksale gemäß, das
allersorgloseste Volk von der Welt, in Absicht auf die Reinlichkeit ihrer Wohnplätze.
Kaum nehmen sie sich die Mühe, todte Aäser aus der Stadt zu bringen. In unterschiedenen kleinen Städten läßt man sie auf
den Gassen vermodern, und nirgends werden sie eingegraben, oder auf abgesonderte
Plä-

Pläße geführet. Sie laffen felbige vielmehr
an den großen Fahrwegen liegen, wo man
allenthalben auf Reifen den abscheulichsten
Anblick findet.

Man kann sich vorstellen, was eine solche
Menge von modernden Aefern für Wirkun=
gen an den egyptischen Landstrichen haben
müßten, wofern die weise Natur hier nicht
Vormünderin der forglofen Einwohner wäre.
Der Vogel aber, von dem hier die Rede ist,
kömmt ihrem Unglücke zuvor, und erhält un=
fehlbar das Leben vieler taufend Menschen,
die ohne ihn sich tödtliche Krankheiten von
dem giftigen Gestanke zuziehen würden. So=
bald ein Aas um Kairo herausgeworfen ist,
sieht man es, wie es von hunderten dieser
Vögel umgeben wird, welche demselben, in
Gesellschaft ihrer Vertrauten, der Hunde,
bald ein Ende machen, ehe seine giftigen
Ausdünstungen die Luft anstecken können.
Diese Thiere finden demnach ihre gewünschte
Nahrung, die Stadt aber den unbeschreiblich=
sten Vortheil, welcher von denenjenigen, de=
nen er am meisten zu gute kömmt, am we=
nigsten bemerket wird.

Daß eben dieser Vogel auch bestimmt sey,
Egypten von dem nach Abfluß des Wassers

übrig bleibenden Ungeziefer, als Fröschen, Eidechsen ꝛc. zu reinigen, leugnet Herr Hasselquist im Ganzen, weil dieses Geschäfte von der Natur meistens gewissen schnepfenartigen und Schwimmvögeln, die bisher niemand hinlänglich beschrieben, anvertrauet worden.

M. . .

XXI.

XXI.

Der Geierkönig 86).

S. die 428ste illuminirte Platte und unsere XIX.
Kupfertafel.

Der Vogel aus dem südlichen Amerika,
welchen die europäischen Einwohner dasiger
Kolonien den Geierkönig nennen, ist wirk-
Z 2 lich

86) Der Geierkönig mit dem Ritterbande. Der
Mönchsgeier. Der Geierritter. Rex War-
wöuvenum orient. Hallens Vögel. p. 184.
n. 123. Fig. 9. Der König der Geier, der
Mönch. Küttengeier. Vultur Monachus. Rex
Warwouwarum in Ostindien. The King of
the Vultures. Edw. The Warwauer or In-
dian Vulture. Engl. Alb. S. Kleins Vögelhist. p. 88. und Ordo Avium p. 46. Ceel-
ligmanns Vögel. I. Band. Tab. 3. Edw. Av.
Tom. I. Tab. 2. Le Roi des Vautours.
Rex Vulturum. Warwouwen. Alb. Tom. II.
p. 2. 4te illuminirte Tafel. Vautour des Indes. Buffon, Planch. enluminées, No. 428.
Or-

lich der schönste Vogel dieses Geschlechts 87).
Herr Brisson hat ihn sehr gut und ausführ=
lich nach dem Urbilde beschrieben, das im
königlichen Kabinet aufbehalten wird. Auch
Herr Edwards, der in London viele der=
gleichen Vögel gesehen, hat von denselben
so=

Ornithol. in 8vo. T. I. p. 238. Pl. VI - - -
Roi des Vautours. Roi des Zopilotles. Le
Moine. Holl. Monck. Cours d'Hist. Nat.
Tom. III. p. 226. n. 3. Pl. V. Brisson. Av.
Tom. I. p. 135. Ed. Paris. p. 470. Planch.
36. Rex Vulturum. Cosquauthli Mex. sive
Aura. De Laët Hist. novae orbis, p. 232.
Coscaquauthli. Regina aurarum. Fernandes
Hist Mexic. p. 319. it. Hist. Nov. Hisp.
p. 20. Eusebii Nierenb. &c. p. 254. Linn.
S. N. Ed. XII. p. 122. n. 3. Vultur Papa.
Berlin. Sammlungen. IV. Band, p. 173—
179. mit einem Kupfer.

M.

87) Wie man den Adler um seiner vorzüglichen
Größe, Heldenmuth und Stärke willen den
König der Vögel zu nennen pflegt, so hat man
diesen Vogel um seiner vorzüglichen Schönheit
willen zum Könige der Geier gemacht. Es giebt
außerdem unter den kleinen Vögeln auch noch
allerlei Könige, die sich durch allerlei Vorzüge
des äußern Ansehens diesen Titel erworben
haben, als der König der Paradies-
vögel, Zaunkönig, Wachtelkönig, Schneekö-
nig, Blumenkönig u. s. w. von welchen allen
in der Folge hinlängliche Nachrichten ertheilt
werden sollen.

M...

sowohl eine richtige Beschreibung als zuver=
läffige Abbildung geliefert. Wir wollen hier
die Bemerkungen beider Schriftsteller und
ihrer Vorgänger mit denenjenigen vereini=
gen, die wir selbst über die Gestalt und
natürlichen Eigenschaften dieses Vogels zu
machen Gelegenheit gefunden. Daß er ein
wirklicher Geyer sey, beweisen sein kahler
Kopf und Hals, worin das unterscheidenste
Mierkmal dieses Geschlechts bestehet. Indes=
sen gehört er nicht unter die größten Gat=
tungen, weil sein Leib, von der Spitze des
Schnabels bis ans Ende des Schwanzes
gerechnet, nicht über zween Fuß, und zween
bis drei Zoll beträget. An Größe pflegt er
e nem kalekutischen Hahn oder einer Pute zu
gleichen, weil er verhältnißmäßig nicht so
große Flügel, als andere Geier hat, ob sie
gleich, wenn er sie anleget, bis an die
Spitze des Schwanzes reichen, der in der
Länge kaum acht Zoll ausmacht. Der star=
ke dicke Schnabel ist oben ganz gerade, und
blos an seiner Spitze gekrümmt. Bei eini=
gen ist er überall, bei andern blos am vor=
dern Ende roth gefärbt, in der Mitte hin=
gegen mit einem schwarzen Flecke bezeichnet.
Um die Wurzel des Schnabels schlägt sich
eine orangenfarbige breite Haut herum, die
von beiden Seiten bis hinten auf den Kopf

Z 3   rei=

reichet, und die länglichten Nasenlöcher in sich
enthält. Zwischen denselben erhebt sich diese
Haut, wie ein gezakter beweglicher Kamm,
der nach den unterschiedenen Bewegungen
des Kopfes bald auf die eine, bald auf die
andere Seite fällt. Die Augen werden von
einer scharlach=rothen Haut eingefasset. Im
Regenbogen oder Augenringe glänzet eine
liebliche Perlenfarbe. Kopf und Hals er=
scheinen ganz von Federn entblößt, und mit
einer Haut bedeckt, welche oben auf dem
Kopfe fleischfarbig, hinterwärts lebhaft roth,
vorwärts aber etwas verbleicht aussiehet.
Unter dem Hintertheile des Kopfes erhebt
sich ein Büschel schwarzer Pflaumfedern, von
welchen sich auf beiden Seiten unter der Kehle
eine runzlichte Haut von bräunlicher, hinter=
wärts mit braun=und rothgemischten Farbe
verbreitet. Außerdem ist sie mit kleinen Strei=
fen schwarzer Pflaumfedern bezeichnet. Auch
die Backen oder Seitentheile des Kopfes
sind mit schwarzen Dunen bedeckt. Zwischen
dem Schnabel und den Augen, hinter den
beiden Winkeln des Schnabels, erblickt man
an beiden Seiten einen bräunlich purpurfar=
benen Flecken. Vom obern Theile des Hal=
ses steigt auf beiden Seiten ein Strich schwar=
zer Dunen herab. Den Raum zwischen die=
sen beiden Strichen füllet ein verschlossenes
Gelb.

Gelb. Die Seiten des Oberhalses fallen aus
dem Rothen ins Gelbe. Unter dem kahlen
Theile des Halses findet sich eine Art von
Halskrause, die aus langen, weichen, dun-
kelaschgrauen Federn bestehet. Sie geht um
den ganzen Hals herum, hängt vörn an der
Brust herab 88), und ist so weit, daß der
Geier, wenn er sich zusammenziehet, seinen
ganzen Hals und einen Theil des Kopfs in
derselben, wie in einer Mönchskappe, verbergen kann. Deswegen hat auch wohl dieser Geier von einigen Naturforschern die Benennung eines Mönchs oder Kuttengeiers erhalten 89).

Z 4   An

88) Der Halszierrath eines Geierkönigs hat fast
eben die Form und Lage, wie die Federpala-
tinen, welche das schöne Geschlecht ehemals
um den Hals zu tragen, und über die Brust
herabhängen zu lassen pflegte. Man könnte
die letztern beinahe für eine künstliche und
vortheilhafte Nachahmung dieses natürlichen
Halsschmuckes halten.

R.

89) Vultur Monachus. Monck. Avem Moritz-
burgi vidi, cujus figura in aviario picto Ba-
reithano. Calvitium quasi rasum habet, col-
lum nudum in vaginâ cutaneâ, cinereis la-
natis fimbri atâ, recondere potest. Klein,
Ord. Av. p. 46.

An der Brust, am Bauch, an den Dick=
beinen unter dem Schwanze hat er weiße,
ins auro farbige spielende Federn, da sie
hingegen am Bürzel und oben auf dem Schwan=
ze bei einigen solcher Vögel schwarz, bei an=
dern weiß zu seyn pflegen. Die übrigen
Schwanzfedern sowohl, als die großen
Schwungfedern sind allemal schwarz, die letz=
tern aber gemeiniglich noch mit einem grauen
Saum eingefasset. In der Farbe der Füsse
und Klauen herrscht unter den Geierkönigen
einige Verschiedenheit. Manche haben schmu=
tziggweiße oder gelbliche Füsse und schwärzliche
Klauen, bei andern pflegen jene sowohl, als
diese, ins Röthlichte zu fallen. Ihre Klauen
sind übrigens kurz, und mit kleinen starken
Haken versehen.

Eigentlich kommen diese Vögel nicht so=
wohl aus Ostindien, wie einige Schriftsteller
melden 90), sondern vielmehr aus dem süd=
lichen

90) Albin behauptet im III. Th. seiner Vögel=
gesch p. 2. n. 4. er habe seinen beschriebenen
Geierkönig durch das holländsche Schiff Pal=
lamvart aus Ostindien erhalten. Auch Ed=
wards versichert, wie die Leute, welche dergleia=
chen Vögel auf dem Londner Markte zur Schau
ausstellten, alle darin übereinkämen, daß Ost=
indien

lichen Theile von Amerika. Im königlichen französischen Kabinete wird einer aufbehalten, der aus Kayenne (in Guiana) dahin versendet worden. Navarette 91) sagt von diesem Vogel: „Zu Akapulko habe ich den „König der Zopiloten, oder den Geierkö„nig, einen der schönsten Vögel auf dem „Erdboden, gesehen u. s. w‟ Herr Perry, der zu London einen ordentlichen Handel mit fremden Thieren treibt, versicherte dem Herrn Edwards, dieser Vogel werde nur allein aus Amerika nach Europa gebracht. Hernandes beschreibt ihn in seiner Geschichte Neuspaniens auf eine solche Art, daß man sich in Absicht seines Vaterlandes gar nicht irren kann. Fernandes, Nieremberg und de Laët 92), welche sämtlich den Hernandes

Z 5 aus=

indien ihr Vaterland wäre. Dennoch glaubet er selbst, sie gehörten in Amerika zu Hause.
A. d. W.

91) Recueil des Voyages par Purchas p. 753.

92) In Neuspanien giebt es unglaublich viele und mancherlei schöne Vögel, unter welchen der Cosquauthli oder Aura, wie die Merikaner ihn zu nennen pflegen, vorzüglich berühmt ist. Er hat ungefähr die Größe des egyptischen Huhns, und ist am ganzen Leibe mit schwar-

ausgeschrieben , stimmen damit einmüthig
überein , daß dieser Vogel in den mexikani=
schen Gegenden und Neuspanien sehr gemein
sey. Da ich nun überdies bei Durchsuchung
aller nur möglichen Reisebeschreibungen von
Afrika und Asien gar keine Sylbe von diesem
Vogel antreffen können; so muß er wohl
den südlichen Theilen des neuen festen Lan=
des eigenthümlich angehören , in den alten
Welttheilen aber gar nicht gefunden werden.

Max

schwarzen Federn bedeckt, außer am Hals und
um die Brust, wo sie aus dem Schwarzen ins
Röthliche fallen. Die Flügel sind schwarz,
mit Aschfarbe vermischt; der übrige Theil pur=
purfarbig und rothbraun. Sie haben krumme
Klauen und einen papageienartigen, vorne
rothen Schnabel, offne Nasenlöcher, schwarze
Augen, rothbraune Augäpfel, rothe Augen=
braunen, eine blutrothe sehr faltige Stirne,
deren Falten er einziehen und ausbreiten kann,
wie ein Puter. Man wird auf derselben auch
etwas von einem krausen Haare, wie es die
Neger haben, gewahr. Der Schwanz ist,
wie an dem Adler, oben schwarz, unten grau...
Es giebt auch noch einen andern Vogel, eben
dieser Gattung, welchen die Mexikaner Tzo=
pilotl nennen. S. De Laët Hist. du nou=
veau monde Lib. V. Chap. IV. p. 143. und
144.

Anm.

Man könnte mir zwar einwenden, da sich nach meiner eigenen Angabe der brasilianische Adler Ouroutaran, ohne Unterschied, in Afrika sowohl als in Amerika zeiget, so dürfte man wohl die Möglichkeit nicht so zuversichtlich ableugnen, daß auch wohl der Geierkönig in Afrika sich aufhalten könne. Der eine von beiden Vögeln hat freilich nicht weiter als der andere zu fliegen, um von einem festen Lande zum andern zu gelangen: sie können aber doch gleichwohl ihre Luftreisen mit sehr ungleichen Kräften anstellen 93). Die Adler können überhaupt viel besser, als die Geier fliegen, und gegenwärtiger scheint, man sage, was man wolle, sich nicht weit von seinem Vaterlande zu entfernen, welches von Brasilien bis nach Neuspanien reicht.

In

Anm. Der zweite Vogel, oder Tzopilotl der Mexikaner ist ein Geier; denn der Geierkönig führt auch den Namen eines Königs der Zopiloten.

U. d. V.

93) Hernandes versichert indessen, daß dieser Vogel sehr hoch fliege, und seine Flügel ungemein ausbreite. In seinem starken Fluge widersteht er den größten Stürmen des Windes. Man sollte denken, daß Nieremberg ihn deswegen reginam aurarum, oder Königin der Lüfte genennet habe, weil er in seinem Fluge der

In küßlern Gegenden wird er gar nicht an=
getroffen. Er pflegt sich ungemein für der
Kälte zu scheuen. Da er also nicht über das
Meer, zwischen Brasilien und Guinea, flie=
gen, und keine nördlichen Länder bestreichen
kann; so gehört auch der Geierkönig, als ein
ganz eigenthümlicher Bewohner der neuen
Welt, auf die Liste derjenigen Vögel, wel=
che der alten Welt gar nichts angehen.

Uibrigens muß man von diesem schönen
Vogel sagen, daß er eben so wenig reinlich,
als edel und großmüthig ist. Er vergreift
sich nur an den allerschwächsten Thieren,
und nährt sich blos von Ratten, Eidechsen,
Schlangen, und sogar vom Unflat sowohl
der Menschen als einiger Thiere. Darzu
kömmt noch ein so häßlicher Geruch, daß
auch die Wilden selbst sich nicht überwinden
können, von seinem Fleische zu essen 94).

der ganzen Macht eines Sturmes und allen
Winden trotzet; allein das Wort Aura stammt
nicht aus dem Lateinischen, sondern von dem
abgekürzten Worte Ouroua her, welches der
indianische Name von einem Geier ist, den
wir im folgenden Artikel beschreiben wollen.

                       A. d. B.

94) Herr Klein l. c. sagt, The Vultur des Al=
bins Tom. III. n. I. mit nackendem Hals
                       und

und Kopf, und einem Lichtkreis von der Art
umgeben, wie man die Heiligen zu malen
pflegt, wird auch der Sonnengeier genennet,
und scheinet, wofern er gut gemalt worden,
das Weibchen des Geierkönigs zu seyn. Er
hat einen schwarzen Schnabel und himmelblaue
Füsse. Der Körper ist gelb, bis auf die Hälfte
der Flügel und des Schwanzes, die etwas gezeichnet sind. Von dem aus langen wollichten
Federn gebildeten Ring um den Hals hat er
die Benennung des Sonnengeiers erhalten.

M...

XXII

XXII.

Der braſilianiſche Geier.

Urubu 95).

S. die 187ſte illuminirte und unſere XX. Platte.

Der Vogel, welchen die Indianer in Guiana Ourúa oder Aura, in Braſilien aber
Urubu, in Mexiko Zopilotl nennen, dem
aber

95) Der braſiliſche Geier. Urubu. Holl. Men-
ſchen-Eeter, Tropitotl. Aura. Hollens Vögel. p. 192. n. 130. Suguntur der Peruaner.
Ebend. p. 193. Der Kahlkopf. S. Kleins Vö-
gelhiſt. p. 85. n. VII. Bankrofts Naturg.
von Guiana. p. 91. Kolbens Vorgeb. der guten Hoffnung. 4to. p. 384. Der Adler. Aigle
Oiſeau à fiente. Der Miſtgeier oder Miſtvo-
gel. Urubu der Indianer in Braſilien. Marcgr.
Hiſt. Nat. Braſ. p. 208. Ouroua der Indianer zu Kayenne. Meleagris Guianenſis tor-
qua-

aber unſere Franzoſen in St. Domingo, und
unſere Reiſebeſchreiber den Beinamen des
Kauf=

quatus, duplici ingluvie foras propendente,
Ouroua. Barrere Ornith. p. 76. Corvus cal-
vus, torquatus, duplici ingluvie foras propendente, Cormoran der Amazonen. Hiſt. de
la France equinoxiale p. 129. — Aura. Gal-
linaca aut Gallinaco aliis Euſeb. Nieremb:
p. 224. Zopilotl. ſive Aara. Hernandes p.
331. Huexolotl Fernandes p. 37. — Zamuro
auf den Küſten des ſüdlichen Amerika. Suymco
der Peruaner. Niéremb. Ibid. p. 224. Gu nar.
der Neger. Adanſ. Voy. du Senegal. p. 173. —
Gallinache ou Marchand. Voy. de Deſmar-
chais. Tom. III. p. 329. Marchand. Hiſt.
no des Avanturiers, par Oexmelin. Tom. II.
p. 13. Die Engelländer in Jamaica nennen
ihn Cavion Crow, die europäiſchen Engelländer aber Turkey Buzard-Buſe à fig. de Paon.
Catesby T. I. Tab. VI. Nota. Turkey Bu-
zard bedeutet im Engliſchen keinen pfauenför-
migen Weihen, ſondern ſoviel, als Dindon
Buſe, oder einen weihenartigen Puter. Es
iſt alſo hier nicht richtig überſetzt. — Cf. Seeligm. Vögel. I. Th. Tab. II. Buteo ſpecie
Gallo-pavonis. Sloan. Jam. Tom. II. p.
294. f. 254. Vultur Gallinae africanae facie.
Brown Jam. p. 471. Vultur pullus, capite
implumi, cute craſſa, rugoſa ultra aperturas
naſales laxata, tecto. Vultur braſ. Willughby. Raj. Klein. & Briſſ. Aves. Tom. I. p.
135. n. 10. Ed. Par p. 468. Vautour du Breſil. Holl. Stront-Vogel. Span. Poul azes.
Acoſta Hiſt. des Indes. p. 196. Cours d'H iſt.
Nat. Tom. III. p. 226. + Piailleur des Fran-
cois de la Guiane, Carancro de la Louiſi-
ne. Vallm. de Bom. Dict. d'Hiſt. Nat. Tom.
I. p.

Kaufmanns (Marchand) gegeben, ist noch
eine besondere zu den Geiern gehörige Gattung, weil er eben die natürlichen Eigenschaften und einen krummen Schnabel, wie die
Geier, auch einen kahlen Kopf und Hals, wie
diese, hat; ob man gleich auch mit den Putern
eine gewisse Aehnlichkeit an ihm entdecket 96),
wodurch er von den Spaniern und Portugiesen
den Namen Gallinaça oder Gallinaço erhalten. Er ist nicht größer, als eine wilde
Gans, und scheint einen kleinen Kopf zu haben, weil dieser, so wie der Hals, blos von
einer kahlen, mit einzelnen schwarzen Haaren besetzten Haut bedeckt ist. Auf dieser hö-
ckerichten Haut erblickt man ein Gemische von
weißer, blauer und röthlicher Farbe. Wenn
die Flügel zusammengelegt sind, ragen sie
ein wenig über den Schwanz hervor, der
an sich schon eine ziemliche Länge hat. Der
Schnabel ist gelblichweiß, und nur vorne gekrümmet. Die Schnabelhaut bedecket beinahe
die Hälfte des Schnabels, und ist röthlich,
der

I. p. 479. Cosquauth in Neuspanien. Tro-
pillot oder Tzopilotl in Indien. Linn. S. Nat.
Ed. XII. p. 122. n. 5. Vultur aura.

d. B. u. M.

96) Daher ihn Sloane l. c. Vultur Gallinae
africanae facie nennet.

der Augenring aber orangenfärbig, die Au=
genlieder weiß, die Federn des ganzen Kör=
pers braun oder schwärzlich, mit einem ver=
änderlichen grünen und dunkel purpurfärbi=
gen Wiederschein, die Füsse bleiartig, die
Klauen schwarz, die Nasenlöcher in Verglei=
chung länger, als an andern Geiern 97).
Er ist auch eben so niederträchtig, aber noch
unreinlicher und gefräßiger, als irgend ein
anderer Geier, indem er sich vielmehr von
todtem Aas und Luder, als von lebendigem
Fleische nähret. Er fliegt indessen ziemlich
hoch und schnell genug, um einen Raub ver=
folgen zu können, wenn es ihm nicht an
Herzhaftigkeit fehlte. Allein er begnüget sich
mit lauter Aas, und wenn er irgend einen
Anfall wagt, so geschieht es nicht anders,
als in großer Gesellschaft, um zahlreich und
stark

97) Ich habe geglaubt, eine kurze Beschreibung
dieses Vogels geben zu müssen, weil ich be=
merkte, daß die Beschreibungen der Schrift=
steller mit demjenigen, was ich selbst gesehen,
unvollkommen übereinstimmeten. Da indessen
der Unterschied nicht beträchtlich ist, so läßt
sich vermuthen, daß er bloß einzelne oder
individuelle Abänderungen betrifft, folglich
können die andern Beschreibungen in ihrer
Art eben so vollkommen, als die meinige,
seyn.
A. d. B.

stark genug zu seyn, auf ein schlafendes oder
verwundetes Thier zu jagen.

Der Kaufmann des Desmarchais ist eben
der Vogel, den Kolbe am angeführten Orte
unter dem Namen des Adlers vom Vorge=
birge beschreibet. Er befindet sich auf dem
festen Lande von Afrika sowohl, als vom
südlichen Amerika. Weil man ihn aber sel=
ten oder gar nicht in mitternächtlichen Län=
dern siehet, so scheint er seinen Flug über
das Meer, zwischen Brasilien und Guinea,
genommen zu haben. Hans Sloane, der
viele dieser Vögel in Amerika gesehen und
beobachtet hat, versichert, sie flögen, wie
die Hühnergeier (Milans), und pflegten
immer sehr mager zu seyn. Da sie also ei=
nen hohen Flug und leichten Körper haben,
können sie gar wohl den Raum des Meeres,
welcher das feste Land sowohl der alten als
der neuen Welt von einander trennet, durch=
zogen haben. Hernandes behauptet, sie frä=
sen sonst nichts, als Aas und Koth von Thie=
ren und Menschen, versammleten sich auf
großen Bäumen, und schössen heerdenweise
von selbigen herab, um das vorräthige Lu=
der zu verzehren. Er setzet noch hinzu, daß
ihr Fleisch von einem noch üblern Geruch,
als das Fleisch von Raben sey. Auch Nie=
rem=

remberg saget, sie flögen sehr hoch und in ganzen Völkerschaften, brächten die Nacht auf Bäumen oder sehr erhabenen Felsen zu, welche sie des Morgens verließen, um sich bewohnten Oertern zu nähern; ihr Gesicht wäre sehr durchdringend, und sie könnten von einer ansehnlichen Höhe, auch von einer beträchtlichen Weite, die zur Aetzung dien- lichen Aäser entdecken. Ferner sagt er, sie hielten sich ungemein stille, ließen weder ein Geschrei, noch jemals einen Gesang von sich hören. Ein seltenes Gemurmel wäre alles, wodurch man ihre Gegenwart bisweilen hö- ren könnte. In den südlichen Ländern von Amerika wären sie sehr gemein. Ihre Jun- gen wären anfänglich im ersten Alter ganz weiß, und bekämen erst im zunehmenden eine braune oder schwärzliche Farbe.

Markgraf erzählet in seiner Beschreibung dieses Vogels, daß er weißliche Füsse, schö- ne und gleichsam rubinfärbige Augen, eine rinnenförmige und an den Seiten sägenför- mig ausgezakte Zunge habe. Vom Ximenes wird versichert, diese Vögel flögen beständig sehr hoch, und in großer Anzahl, sie schössen gemeiniglich über einerlei Beute herab, und verzehrten sie bei größter Eintracht bis auf die Knochen, überladeten sich aber dermaßen,

daß

daß es ihnen unmöglich wäre, sich wieder empor zu schwingen. Eben dieser Vögel gedenkt auch Akosta unter dem Namen Poullazes. „Sie haben, sagt er, eine ganz ungemeine Leichtigkeit, ein sehr scharfes Gesicht, und sind zu Reinigung der Städte besonders geschickt, weil sie um dieselben nichts von Aas und Luder übrig lassen. Die Nächte bringen sie auf Bäumen und Felsen zu, des Tages fliegen sie nach den Städten, lassen sich auf dem Gipfel der höchsten Bäume nieder, und spüren von da die erwarteten Beuten aus. Ihre Jungen haben weiße Federn, die hernach mit zunehmendem Alter schwarz werden.‟

„Ich glaube, sagt Herr Desmarchais, daß diese Vögel, welche bei den Portugiesen Gallinaches, und bei den Franzosen zu St. Domingo Marchans heißen, eine Art von Truthähnen sind 98), welche, statt von Körnern, Früchten und Pflanzen, wie die

Al=

98) Anm. d. V. Obgleich dieser Vogel am Kopf, am Hals und an Größe des Körpers den Putern gleichet, gehört er doch nicht unter dieses Geschlecht, sondern vielmehr unter die Geier, deren Sitten und natürliche Eigenschaften er nicht allein, sondern auch einen krummen Schnabel und Geierkrallen hat.

andern Puter, zu leben, sich an eine Nah=
rung von todten Körpern und Aas gewöh=
net haben. Sie folgen gern den Jägern auf
ihrer Spur, besonders solchen, die blos um
des Felles willen Thiere jagen, und ihnen
das Fleisch zurücklassen, das endlich faulen,
und, ohne die Freßbegierde dieser Vögel, der
Luft höchst schädliche ansteckende Dünste mit=
theilen würde. Diese Vögel sind also das
kräftigste Vorbauungsmittel wider die Epide=
mien bösartiger Krankheiten. Denn sobald
sie ein Aas oder einen todten Körper ansich=
tig werden, locken sie sich einander zusam=
men, stoßen, wie die Geier, auf denselben,
verzehren in einem Augenblicke das Fleisch,
und lassen die Knochen so rein und sauber
zurück, als ob sie mit einem Messer aufs
mühsamste abgeschabet wären. Die Spanier
auf den großen Inseln und Terra = Firma,
imgleichen die Portugiesen, welche sich an
den Orten aufhalten, wo man Leder berei=
tet, sind außerordentlich für diese Vögel
eingenommen, weil diese zu ihrem größten
Vortheil alle todte Körper verzehren, und
folglich die Ansteckung der Luft verhindern.
Sie verurtheilen die Jäger, welche sich an
ihnen vergreifen, zu großen Geldstrafen.
Der Schutz, welchen sie dieser Art von
Truthähnen widerfahren lassen, hat ihre

Zahl

Zahl außerordentlich vermehret 99). Man
findet sie an vielen Orten in Guiana, Bra=
silien, Neuspanien, und auf den großen In=
seln.

99) Adanson in seiner Voyage du Senegal p.
173. erzählt, er habe zu Senegal gewisse
schwarze Vögel wahrgenommen, welche sowohl
in Ansehung der Größe als der Federn so
viele Aehnlichkeit mit indianischen Hähnen
oder Putern gehabt, daß man sie leicht für
solche halten können. Er hatte deren mit einem
Schuß zween getödtet, einen Hahn und eine
Sie. Beide trugen auf ihrem Kopf einen
schwarzen holen Helm, an Gestalt und Größe
wie der Kopfhelm des Kasuar. Am Halse
hatten sie eine lange Watte, wie ein glänzen=
des Kalbspergament. Am Hahn sahe sie roth
aus, am Weibchen blau. Dieser Vogel mag
wohl der Callinache der Portugiesen, oder
Marchans der Franzosen auf den amerikanischen
Inseln seyn. Die Neger heißen ihn Guinar.
Die Einwohner dieser Gegend betrachten ihn
als einen Marabou, d. i. als ein geheiligtes
Thier, vielleicht weil er größtentheils von den
kleinen Schlangen lebt, welche hier so häufig
sind, und von den Negern so abergläubisch
verehret werden. Sie konnten es nicht ausste=
hen, daß ich ihre geheiligten Vögel meinem
Vergnügen so leichtsinnig aufopferte, und
hielten mich für einen Zauberer, daß ich ih=
rer zween mit einem Schuße tödten können,
weil diese Vögel ihrer Meinung nach vollkom=
men schußfrei, und keiner Wunde fähig wären.
Ihr Aberglaube gieng so weit, daß sie mir
noch an selbigem Tage den Tod wegen meines
großen Verbrechens prophezeiheten.

M.

feln. Sie haben einen aaßhaften Geruch,
der sich durch nichts vertreiben läßt. Wenn
man sie auch gleich, sobald sie getödtet wor=
den, ausnimmt, so ist doch alle Mühe, die=
sen Geruch zu erstiken, vergeblich. Ihr
hartes lederartiges, faserichtes Fleisch behält
unter allen Umständen seinen unerträglichen
Gestank."

„ Die Adler auf den Vorgebirgen, sagt
Kolbe 100), nähren sich unstreitig von ver=
reckten Thieren. Ich habe selbst oft Gerip=
pe von Kühen, Ochsen und andern Thieren
gesehen, wovon sie das Fleisch abgenaget
hatten. Ich rede nicht ohne Ursache von
Gerippen. Denn diese Vögel pflegen das
Fleisch so künstlich von den Knochen und von
der Haut abzulösen, daß nichts übrig bleibt,
als ein vollkommenes Knochengebäude, das
aber noch mit seiner unbeschädigten Haut
überzogen ist. Ja es ist nicht einmal zu
merken, daß das Fleisch abgezehret worden,
bis man ganz nahe dazu kömmt. Sie be=
werkstelligen dieses nach folgender Methode:

A a 4

, Zu=

100) S. dessen Beschreibung des Vorgebirges
der guten Hoffnung. Frankf, 1745. 4to, p.
384. 385. oder Description du Cap de bonne
Espérance par Kolbe Tom. III. p. 158. 159.

Zuerſt öfnen ſie das Thier am Bauche, reiſ-
ſen das Gedärme heraus, und freſſen es.
Hernach ſtellen ſie ſich in dieſe Hölung, und
löſen das Fleiſch ab. Die Holländer nennen
auf dem Vorgebirge dieſe Adler gar oft
Stront - Vogels, oder Stront - Jagers 1),
d. i. Miſtjäger oder Miſtvögel."

„ Oftmals trägt ſichs zu, daß ein Ochs,
den man aus dem Pfluge ſpannet, und allein nach Hauſe wandern läßt, ſich unterwe-
ges niederleget, und ausruhen will. Wenn
dieſe Adler ihn wahrnehmen, fallen ſie ganz
gewiß über ihn her, und zerreißen ihn.
Wollen ſie eine Kuh oder einen Ochſen an-
fallen, ſo verſammlen ſie ſich in zahlreicher
Menge, und ſtoßen alsdann zu Hunderten
und mehreren zugleich auf ihre Beute herab.
Ihr Auge iſt ſo ſcharf, daß ſie ihren Raub
von einer gewaltigen Höhe, von welcher ſie
das beſte Geſicht kaum zu entdecken vermag,
deutlich wahrnehmen können. Sobald ſie nun
ihre Zeit erſehen, fallen ſie allemal in gerader Linie darauf herunter.

„ Dies

---

1) Dieſer Adler wird vom Catesby in Nat. Hiſt.
of Carol. Tab. VI. ingl. vom Herrn Sloane
Nat. Hiſt. of Jam. &c. Turkey Buzzard oder
türkiſcher Raubvogel genennet.
Anmerk. des Herausgebers vom Kolbe.

,, Diese Adler sind etwas größer, als
die wilden Gänse. Ihr Gefieder ist theils
schwarz, theils hellgrau, meistentheils aber
schwarz, ihr Schnabel groß, gebogen, und
sehr spitzig, ihre Klauen groß und scharf.''

Herr Katesby erzählet Folgendes von diesem Vogel: ,, Er wieget vier und ein halbes
Pfund. Der Kopf und ein Theil seines Halses ist roth, kahl und fleischicht, wie beim
Puter, mit ganz einzelnen schwarzen Härchen
besetzt, der Schnabel zween und einen halben Zoll lang, halb mit Fleisch bedeckt, an
der Spitze weiß, und wie ein Falkenschna-
bel gekrümmet. An den Seiten des Ober-
schnabels aber bemerkt man keine Haken. Die
Nasenlöcher sind ungemein groß, weit offen,
und stehen ungewöhnlich weit von den Augen
vorwärts. Die Federn des ganzen Körpers
haben eine dunkel purpurfärbige und grüne
Mischung. Die Beine sind kurz und fleisch-
färbig, die Krallen oder Zehen so lang,
als an den Haushähnen, die schwarzen Klauen
aber nicht so krumm, als an den Falken.
Sie leben von lauter Aas, und fliegen unaufhörlich nach dieser Aezung herum. Sie
können sich lange im Flug erhalten, und mit
vieler Leichtigkeit emporschwingen und nieder-
lassen, ohne daß man eine besondere Bewe-

gung

gung ihrer Flügel bemerkte. Um ein einzi=
ges Aas versammlen sich eine große Menge
solcher Vögel, und es ist ein Vergnügen,
die kleinen Streitigkeiten gegenwärtig mit an=
zusehen, die bei Verzehrung einer solchen
Mahlzeit vorfallen 2). Zuweilen hat ein Ad=
ler bei einem solchen Feste den Vorsitz, und
weiß durch sein Ansehen diese Vögel so lange
voll Ehrfurcht entfernt zu halten, als ihm
die Mahlzeit schmecket. Der Sinn des Ge=
ruchs ist bei ihnen bewundernswürdig. So=
bald nur ein Aas vorräthig ist, sieht man
sie von allen Seiten herbeikommen. Sie dre=
hen sich bei dieser Gelegenheit beständig in
der Luft herum, lassen sich allmählig herab,
und fallen endlich mit Ungestümm über ihre
Beute her. Man glaubt gemeiniglich, sie
fräßen gar nichts Lebendiges; allein ich weiß,
daß einige derselben Lämmer getödtet haben,
und daß die Schlangen ihre gewöhnlichste
Nahrung sind. Sie haben die Gewohnheit,
daß ihrer viele sich zusammen auf alte Fichten
oder Cypressen setzen, und des Morgens viele
Stun=

2) Dieser Umstand stimmt nicht wohl mit dem
überein, was Nieremberg, Markgraf und Des=
marchais von der Stille und Eintracht dieser
Vögel beim Fraß erzählen.

A. d. B.

Stunden lang mit ausgebreiteten Flügeln da=
selbst verweilen 3). Sie fürchten keine Ge=
fahr, und man kann, besonders wenn sie
fressen, ihnen sehr nahe kommen, ohne sie
zu stören."

Wir glaubten alles umständlich anführen
zu müssen, was man von der Geschichte die=
ser Vögel weiß; denn gemeiniglich muß man
die natürlichen Sitten in den fremdesten und
weitesten Gegenden aufsuchen. Unsere Thie=
re, sogar unsere Vögel, die uns allenthal=
ben auszuweichen suchen, haben von ihrer
eigenthümlichen oder natürlichen Lebensart
nur wenig beibehalten können. Wir mußten
also nothwendig diesen Geier der amerikani=
schen Wüsteneien zum Beispiel nehmen, wenn
uns daran gelegen war, zu wissen, wie un=
sere Geier sich betragen würden, wenn sie
bei uns nicht beständigen Unruhen in solchen
Gegenden ausgesetzt wären, die viel zu stark
bewohnet sind, um ihre großen Versammlun=
gen, ihre Vervielfältigung und gesellige Mal=
zeiten,

---

3) Anm. d. V. Durch diese Gewohnheit, mit
   ausgebreiteten Flügeln zu sitzen, wird es noch
   zuverlässiger, daß diese Vögel zum Geschlechte
   der Geier gehören, die alle, wenn sie ruhen,
   ihre Flügel ausgebreitet behalten.

zeiten verstatten zu können. Wir haben bis=
her ihre ursprünglichen Sitten gesehen. Ui=
berhaupt aber und allenthalben sind sie ge=
fräßig, niederträchtig, eckel, häßlich, und,
gleich den Wölfen, eben so schädlich in ihrem
Leben, als unbrauchbar nach ihrem Tode.

XXIII.

XXIII.

Der Greifgeier 4).

Wenn das Vermögen, zu fliegen, eine wesentliche Eigenschaft eines Vogels ausmachet, so ist allerdings der Greifgeier für den größten unter allen zu halten. Mit dem Strauß,

4) Der Greif, mit einem Helmgewächse. Hall. Vögel. p. 194. n. 131. Der Greifgeier. Kleins Vögelhist. p. 86. Berl. Samml. IV. B. p. 291. Vultur Cryps. Klein. Ord. Av. p. 45. Der Lämmergeier der Alpen, Buffon. Orn. Tom. I. p. 273. Der Kondor. S. Tesdorpfs Beschr. des Kolibrit ꝛc. in 4to, p. 20. Nota 22. Condor. Cuntur in Chilo und Peru. Ouyrad-Ovasson (Ouyra-Ouassou) bei den Maragnonen, wo es eben so viel heißt, als Aura major, oder ein großer Raubvogel; denn von Lery merket an, das Wort Ouara, Ouyra, Aura wäre zu Topinampu eine Geschlechtsbenennung der Raubvögel. Cuntur der Peruaner, Condor der Spanier. S. Hist. du nouveau monde par de Laët. p. 330. Ouyrad-Ouassou. Ebend. p. 553. Oiseau de proie nom-

Strauß, dem Kasuar, und Bastartstrauß, deren Flügel und Federn gar nicht zum Flug eingerichtet sind, und welche sich auch deswegen gar nicht vom Erdboden in die Höhe schwingen können, darf er auch gar nicht in Vergleichung gebracht werden. Sie stellen, so zu sagen, unvollkommne Vögel, oder Gattungen von zweibeinigen Landthieren vor, die eine Mittelart zwischen der Klasse der Vögel und vierfüßigen Thiere, wie die Roussetten, Rougetten und Fledermäuse zwischen den vierfüßigen Thieren und Vögeln, ausmachen.

Der

---

nommé Condor. S. Journ. des Voyages du P. Feuillée. Tom. II. p. 640. Condor. Voyage de la Mer du Sud, par M. Fresier. p. 111. — La Condamine. Vogage de la Riviere des Amazones. p. 175. oder dessen Reisen ꝛc. Erf. 1763 n. 261. Oiseau d'une grandeur prodigieuse,. appellé Contour ou Condur. Voy. de Desmarchais. Tom. III. p. 320. Ornith. de Salerne. p. 10. Guyons Ostind. Frf. 1749. 8vo. p. 137. Avis ingens Euseb. Nierembergii & Raj. Aves. p. 11. Gryphus. Le Condor. Brisson. Av. Tom. I. p. 137. n. 12. Edit. Parif. p. 473. Cours d'Hist. Nat. Tom. III. p. 228, &c. Cf. p. 217. Vallm. de Bomare Dict. d'Hist. Nat. Tom. I. p. 168—176. Vautour des Agneaux. Roc. Ruch. bei den oriental. Völkern. Buffon. Vultur Gryphus. Linn. S. Nat. Ed. XII. p. m. 121, n. I. v. B. u. M.

Der Greifgeier besitzet sogar in einem hö=
hern Grad, als der Adler, alle die Eigen=
schaften, und alles Vermögen, welches die
Natur den allervollkommensten Gattungen die=
ser Klasse von Wesen mitgetheilt hat. Er
ist, von der Spitze des einen ausgespann=
ten Flügels, bis zur Spitze des andern,
wohl achtzehn Fuß breit, und hat, nach die=
sem Verhältniß, einen eben so großen und
starken Körper, eben so großen Schnabel und
Klauen, und nicht weniger Muth, als Stär=
ke u. s. w. Wir können wohl nicht besser
thun, als wenn wir, um von der Form und
den Verhältnissen seines Körpers einen rich=
tigen Begriff zu geben, die Beschreibung des
Paters Feuillée 5) wörtlich anführen,
weil er unter allen Reisebescheibern und Na=
turforschern der einzige ist, welcher von ihm
die ausführlichste Nachricht hinterlassen hat.

„ Der Greifgeier, sagt er, ist ein Vo=
„ gel des Thales Ylo in Peru... Ich ward
„ einen derselben gewahr, der auf einem ho=
„ hen Felsen saß. Ich näherte mich ihm
„ auf einen Flintenschuß, und brennte mein
„ Gewehr los; weil aber meine Flinte nur
„ mit

5) v. Journ. des Voyages du P. Feuillée. p. 640.

„ mit grobem Schrot geladen war, so konn=
„ te der Schuß nicht völlig seine starke Fe=
„ berdecke durchdringen. An seinem Flug
„ aber konnte ich ihn wohl sehen, daß er
„ verwundet war. Er schwang sich sehr nach=
„ lässig in die Luft, und es schien ihm un=
„ gemein sauer zu werden, einen andern,
„ fünf hundert Schritt entfernten Felsen am
„ Ufer des Meeres zu erreichen. Ich lud
„ daher meine Flinte noch einmal mit
„ einer Kugel, und jagte sie dem Vogel un=
„ ter der Kehle hinein. Jetzt sah ich ihn
„ für überwunden an, und lief auf ihn los,
„ um ihn zu holen. Er kämpfte noch mit
„ dem Tode, warf sich aber, bei meiner
„ Annäherung, gleich auf den Rücken, und
„ vertheidigte sich mit seinen offnen Klauen
„ so standhaft gegen mich, daß ich nicht wuß=
„ te; von welcher Seite ich ihn packen soll=
„ te. Ich glaube sogar, wenn er keine tödt=
„ liche Wunde von mir bekommen hätte,
„ daß es mir viele Mühe gekostet haben würde
„ meinen Zweck zu erreichen. Endlich schlepp=
„ te ich ihn von der Höhe des Felsens her=
„ ab, und brachte ihn, mit Beihilfe eines
„ Bootsknechts, in mein Zelt, um ihn ab=
„ zuzeichnen, und mit natürlichen Farben
„ auszumalen.

„ Die

„ Die genau von mir ausgemessenen Flü-
„ gel, hatten von einer Spitze zur andern, eilf
„ Fuß, und vier Zoll. Die großen Schwung-
„ federn, die glänzend schwarz aussahen,
„ waren zween Fuß, und zween Zoll lang.
„ Die Stärke, oder Dicke seines Schnabels
„ hatte mit dem Körper selbst ein genaues
„ Verhältniß. Er betrug in der Länge drei
„ Zoll, und sieben Linien. Der Oberschna-
„ bel war zugespitzt, gekrümmt, und vorn
„ am Hacken weiß, übrigens durchgängig
„ schwarz. Der ganze Kopf war mit klei-
„ nen, kurzen, dunkelbraunen Pflaumfedern
„ bedeckt, die Augen schwarz; mit einem
„ braunrothen Augenring, sein ganzes Ge-
„ fieder, auch unter dem Bauche, bis an
„ die Spitze des Schwanzes, hellbraun,
„ der Mantel aber etwas dunkler, die Schen-
„ kel, bis auf die Kniee, mit eben solchen
„ braunen Federn bedeckt, wie der übrige
„ Körper. Das Hüftbein betrug in der
„ Länge zehn Zoll, und eine Linie, das
„ Schienbein fünf Zoll, zwo Linien. Der
„ Fuß bestand aus drei Vorderkrallen, und
„ einer Hinterkralle. Die letzte hatte $1\frac{1}{4}$
„ Zoll, und nur ein Gelenke; sie endigte
„ sich in eine schwarze Klaue, von ungefähr
„ neun Linien. Die größte, oder mittelste
„ Vorderklaue hatte fünf Zoll, acht Linien,

Buff. Naturg. der Vögel. 1. B. B b „ drei

„ drei Gelenke, deren letztes mit einer eben
„ so schwarzen Klaue von 9 Zoll, und neun
„ Linien bewaffnet war; an der innern,
„ drei Zoll, und zwo Linien langen Kralle,
„ zählte man zwei Gelenke, und bemerkte
„ daran einen eben so langen Fänger, als
„ an der größten Kralle. Die äußere hatte
„ drei Zoll, vier Gelenke, und eine Klaue
„ von einem Zoll. Das Bein und die Krallen
„ fand ich mit schwarzen, die letztern aber
„ mit größern Schuppen, als das erste,
„ besetzet.

„ Diese Thiere lassen sich mehrentheils
„ auf den Gebirgen nieder, wo sie genug-
„ same Nahrung antreffen. Sie besuchen
„ die Ufer nicht eher, bis Regenwetter ein-
„ fällt. Weil sie gegen die Kälte sehr em-
„ pfindlich sind, suchen sie an den Küsten sich
„ zu erwärmen. Ob indessen gleich diese
„ Berge unter dem heißen Erdgürtel sich be-
„ finden, so läßt sich dennoch die Kälte da-
„ selbst sehr merklich spüren. Man sieht sie
„ fast das ganze Jahr hindurch unter dem
„ Schnee versteckt, vorzüglich aber im Win-
„ ter, in welcher Jahrszeit, wir den 21ten
„ dieses Monats. (Juni nämlich) eingelaufen
„ waren.

„ Die

,, Die wenige Nahrung, welche diese Vö-
,, gel an den Ufern des Meeres finden, wenn
,, die Ungewitter nicht eben große Fische
,, dahin geführet haben, zwinget sie, nie-
,, mals lange daselbst zu verweilen. Ge-
,, meiniglich kommen sie des Abends dahin,
,, bringen die ganze Nacht an denselben zu,
,, des Morgens aber kehren sie wieder nach ih-
,, rem ordentlichen Aufenthalte zurück. ''

Hr. Freßier 6) redet von diesem Vogel
mit folgenden Wörtern: ,, Wir tödteten eines
,, Tages einen Raubvogel, Kondor genannt,
,, dessen ausgespannte Flügel neun Fuß breit
,, waren. Auf seinem Kopf saß ein brau-
,, ner Kamm, den wir aber nicht, wie bei
,, den Hähnen, eingeschnitten und gekerbet
,, fanden. Er hatte vorn an der Kehle,
,, wie der Puter, eine rothe, kahle Haut,
,, und gemeiniglich so dick und stark, daß
,, er ein Lamm bequem entführen kann. Gar-
,, cilaßo versichert, man fände in Peru Vö-
,, gel dieser Art, welche, bei ausg. spann-
Bb 2   ,, ten

6) S. dessen Voyage de la mar du Sud. p. 111.

„ ten Flügeln, sechszehn Fuß im Durch-
„ meſſer hätten.

In der That ſcheinen die beiden durch den
Pater Feuille und Freſier beſchriebenen Greifgeier von der kleinſten Art und noch ganz
jung geweſen zu ſeyn. Denn andre Reiſende
legen ihm insgeſammt eine viel beträchtlichere
Größe bei. 7). Der Pater Abbeville und
Laet verſichern, der Greifgeier ſey zweimal
größer, als der Adler und habe ſo viel
Stärke, daß er ein ganzes Schaf entführen
und verzehren könne. Selbſt eines Hirſches
pflegt er nicht gern zu ſchonen, und iſt fähig, einen Menſchen ganz bequem umzureiſ-
ſen 8). Man hat Vögel dieſer Art geſehen,
wie

---

7) Ad Oram. (inquit D. Strong) maritimam
Chilenſem, non procul à mochâ inſula, ali-
tem hanc (Cuntur) offendimus, clivo mari-
timo excelſo, prope litus, inſidentem. Glan-
de plumbeâ trajectæ & occiſæ ſpatium &
magnitudinem ſocii navales attoniti mira-
bantur : quippè ab extrêmo ad extrêmum alarum extenſarum commenſurata tredecim pe-
des latitudine aequabat. Hiſpani regionis
iſtius incolae interrogati affirmabant, ſe ab
illis valdè timere, ne liberos ſuos raperent
& dilaniarent. Raji Syn. Avium. p. 11.

8) S. Hiſt. du nouv. Monde, par de Laet.
P. 553.

wie Akosta 9) und Garcilasso 10) verstchern,
daß der Durchmesser von der Spitze des ei=
nen bis zur Spitze des andern ausgebreite=
ten Flügels fünfzehn bis sechszehn Fuß be=
trage. Sie haben einen so starken Schnabel,
daß es ihnen leicht fällt, eine Kuhhaut auf=

Bb 3

zureiß=

9) Die Vögel, welche die Peruaner Kondors
nennen, sind außerordentlich groß, und so stark,
daß sie nicht allein einen Hammel, sondern wohl
ein ganzes Kalb aufreißen und verzehren. S.
Hilt. des Indes, par Jean Acosta. p. 197.
A. d. V.

10) Diejenigen, welche die Größe des Konturs,
welchen die Spanier Condor nennen, ausge=
messen haben, fanden, daß er seine Flügel sechs=
zehn Fuß breit ausspannen konnte... Sie
haben einen so starken und harten Schnabel,
daß es ihnen gar nicht schwer fällt, eine Och=
senhaut mit selbigem zu durchbohren. Zween
solcher Vögel wagen es schon, eine Kuhe, oder
einen Stier anzufallen, und sind gar wohl
fähig, einen von beiden zu zwingen. Sie ha=
ben es schon versucht, junge Knaben, von
zehn bis zwölf Jahren, zu ihrer Beute zu
machen. Ihr Gefieder gleichet einigermaßen
den Elsterfedern. Auf der Stirne haben sie
einen Kamm, der sich von den Hanenkäm=
men dadurch unterscheidet, daß er nicht ein=
gekerbet ist. Ihr Flug ist übrigens zum Ent=
setzen. Wenn sie sich auf die Erde herab las=
sen, betäuben sie die Menschen durch den erschreck=
lichen Lärm und Geräusch ihrer Flügel. S.
Hilt. des Incas. Tom. II. p. 201.
A. d. V.

zureißen. Zween solcher Vögel können eine
Kuh tödten und aufzehren. Sie enthalten sich
nicht einmal der Menschen. Glücklicherwei=
se giebt es nur wenige Greifgeier. Eine
Menge derselben würde bald alles nutzbare
Vieh aufzehren 11).

Herr Desmarchais sagt ausdrücklich 12):
„ Diese Vögel haben über achtzehn Fuß im
„ Durchmesser der ausgespannten Flügel,
„ dicke, starke, hakenförmige Krallen und
„ bei diesen Waffen so viel Verwegenheit,
„ nach dem Zeugnisse der amerikanischen In=
„ dianer, eine Hirschkuh oder andere junge
„ Kuh so herzhaft, als ein Kaninchen, an=
„ zufallen und mit sich fortzunehmen. Sie
„ haben ungefähr die Größe, wie ein Ham=
„ mel. Ihr Fleisch ist lederartig und schme=
„ cket nach Aas. Sie haben außer einem
„ scharfen Gesicht, einen gesetzten oft grau=
„ samen Blick. Die Wälder besuchen sie
„ gar nicht; weil sie zur Bewegung ihrer
„ großen Flügel allzuviel Raum nöthig ha=
„ ben. Desto öfter aber trifft man sie an
„ „ den

11) S. Hist. du nouv. Monde, par de Laët.
p. 330.

12) S. dessen Reise Tom. III. p. 321. 322.

„ ben Ufern des Meeres, großer Flüsse, und
„ auf natürlichen Wiesen 13). “

Herr Gray 14) und fast alle Naturalisten,
welche nach ihm geschrieben haben, als Klein,
Bb 4 Halle,

13) Auf eben diesen Greifgeier laßen sich auch fol-
genbe Stellen anwenden: „Auf der Insel Lou-
bet, sagt S Spilberg, an ben peruanischen Küsten, fiengen die Bootsknechte zween außeror-
bentlich große Vögel, die eben solche Schnäbel, Flügel und Krallen, wie die Adler, aber
einen Hals, wie ein Schaf, und einen Kopf,
wie ein kalekutischer Hahn, ober Puter, hatten. Ihre Figur war demnach eben so be-
frembend, als ihre Größe. S. Recueil des
Voy. de la Compagnie des Indes de Hol-
lande. Tom. IV. p. 528... In den Vögelbe-
hältnissen des Kaisers in Mexiko, sagt An-
ton des Solis, fanden sich Vögel von so auf-
ferordentlicher Größe und Verwegenheit, daß
man sie für Ungeheuer anzusehen pflegte. Sie
hatten eine ganz erstaunenswürdige Leibesgestalt, und eine dermaßen unbändige Freßbegierde, daß ein gewisser Schriftsteller von ihnen behauptet, sie brauchten zu jeder Mahlzeit einen ganzen Hammel. S. Hist. de la
Conquête du Mexique. Tom. I. p. 5.

14) Hujus generis. (Vulturini) esse videtur avis
illa ingens Chilensis, Cuntur dicta; Avis ista
ex descriptione rudi, qualem extorquere po-
tui, quin Vultur fuerit ex Aurarum dictarum
genere minimè dubito. A nautis ob caput
calvum seu implume pro Gallopavone per
errorem initio habita est, ut & aura à pri-
mis

Halle, Briſſon ꝛc. rechnen den Kondor zum
Geſchlechte der Geier; weil ſein Kopf und
Hals ganz von Federn entblößet iſt. Man
könnte doch aber die Richtigkeit dieſer Anordnung noch in Zweifel ziehen; weil er
mehr von dem Naturell der Adler, als der
Geier an ſich hat. Er iſt wie die Reiſebeſchreiber ſagen, beherzt und ungemein verwegen. Er ſtößt, ohne weitere Beihilfe,
ganz allein auf einen Menſchen, und kann
leicht ein Kind von zehn bis zwölf Jahren
umbringen 15). Er macht ſeine ganze Heerde von
Scha-

mis noſtræ gentis (Anglicæ) Americæ colo-
nis. Ray. Syn. Avium. p. 11. 12.

15) Es hat ſich oftmals zugetragen, daß ein einziger dieſer Vögel, Kinder von zehn bis zwölf
Jahren getödtet und gefreſſen hat. S. Transact.
Philoſ. n. 208. Sloan. — — Der berühmte
Vogel, der in Peru Cuntur, oder mit einem
veränderten Worte Condor genennet wird,
und welchen ich an unterſchiedenen Orten auf
den Gebirgen der Provinz Quito angetroffen,
befindet ſich auch, wenn man mir die Wahrheit berichtet hat, in den niedrigen Gegenden
der Ufer des Maragnon. Ich habe von dieſen Räubern einige über einer Heerde Schafe
ſchweben geſehen, und es iſt wahrſcheinlich,
daß blos der Anblick des Schäfers ſie abhielt,
etwas ernſtliches zu wagen. Die Meinung
iſt beinahe durchgängig angenommen, daß dieſer Vogel einen Rehbock, zuweilen auch wohl
gar ein Kind, mit ſich durch die Lüfte führet, und zu ſeiner Beute macht. Von den
Indi-

Schafen stutzig und wählt unter denselben seinem Raub nach eignem Belieben 16). Rehböcke, Hirschkühe, zahme Kühe und große Fische tödtet und entführet er ohne Bedenken. Folglich lebt er, wie die Adler, von

Bb 5   den

Indianern wird ihm auf unterschiedene Art nachgestellet. Die witzigste darunter ist, wie man vorgiebt, folgende: Man stellt ihm zur Lokspeise das Bild eines Kindes, von einem sehr klebrichen Thone, vor Augen, worauf er mit einem so schnellen Fluge schießet, und seine Krallen so fest hineinschläget, daß es ihm nicht möglich ist, sie wieder herauszubringen. S. Voyage de la Riv. des Amazones, par Mr. Condam. p. 172. Der Hr. Kondamine macht sich kein Bedenken daraus, diesen Greifgeier für den größten Vogel, nicht allein in Amerika, sondern auch unter allen denen zu halten, die sich in die Luft erheben. Die nähere Bestimmung scheint eine Ausnahme des Straußes in sich zu schließen. S. Hrn. de la Kondaminens Reise ꝛc. p. 262.

b. B. u. M.

16) „Wenn sie ein Lamm von der Heerde wegnehmen wollen, sagt Hr. Fresier, so stellen sie sich in die Rundung um sie herum, und gehen mit ausgebreiteten Flügeln auf sie los, damit, wenn sie solche zusammen in die Enge getrieben haben, sich diese nicht wehren können." Dieses Vorgeben würde mehr Wahrscheinlichkeit haben, wenn die Greifgeier den Schäfer nicht fürchten müßten, und nicht vielmehr allein, als in Gesellschaft, zu jagen pflegten.   M.

den Früchten seiner Jagd, von lauter lebendigem Raube, mit gänzlicher Ausschlies-
sung des Aases. Diese Gewohnheiten sind
alle mehr den Adlern, als den Geiern eigen. Indessen scheint mir dieser noch ziemlich unbekannte Vogel, welcher durchgängig
überaus sparsam angetroffen wird, doch nicht
blos an die südlichen Länder von Amerika
gewöhnet zu seyn. Ich bin vielmehr überzeugt, daß er in Afrika eben so wohl, als
in Asien und vielleicht wohl gar in Europa,
gefunden wird. Garcilasso 17) hatte Recht,
als er behauptete, der Kondor von Peru,
oder von Chili wäre der Vogel, welchen die
orientalischen Völker Ruch oder auch Roc
zu nennen pflegten, der in den arabischen
Geschichten eine große Rolle spielt und von
Markus Paul beschrieben worden. Es war
auch nicht ohne Grund, daß er den Markus Paul mit den arabischen Märchen zugleich anführte; weil in seinen Erzählungen
das Fabelhafte allenthalben hervorsticht. „Auf
„ der Insel Madagaskar, sagt er, findet
„ sich eine wunderbare Gattung von Vögeln,
„ die man Roc nennet. Sie haben viel
„ Aehnlichkeit mit einem Adler, sind aber
„ un-

17) Hist. des Incas Tom I. p. 27.

„ ungleich größer, als diese —— denn ihre
„ Schwungfedern sind wohl sechs Ruthen
„ (Toises) lang und ihr Körper von einer
„ verhältnißmäßigen Größe 18). Sie haben
„ viel Gewalt und Stärke, daß ein einzi-
„ ger solcher Vögel, ohne weitere Beihilfe,
„ sogleich einen Elephanten anhält, mit sich
„ in die Höhe nimmt und wieder auf die
„ Erde fallen läßt, um ihn zu tödten, und
„ sich hernach an seinem Fleisch zu sätti-
„ gen 19).

Uiber diese Nachricht ist es gar nicht nöthig, erst kritische Betrachtungen anzustellen.
Genug, wenn man ihr eine Menge zuverläs-
sigerer Umstände und Begebenheiten entgegen
setzet, wie die vorhergehenden waren, und
wie alle, die noch folgen sollen, beschaffen
sind.

Mir

---

18) Nach dem Ray hält eine der größten Schwungfedern 1 1/2 Schuh im Umfange, und ist an
der einen Seite flach, an der andern bau-
chig, von Farbe schwarzbraun, 3 Quentchen,
17 1/2 Gran schwer —Sollte dieses Maß und
Gewicht nicht etwas übertrieben seyn?
M.

19) Description geographique &c. par Marc.
Paul. Lib. III. Chap. 40.

Mir scheint der Vogel, welcher beinahe so groß, als ein Strauß beschrieben war, und von welchem in der Geschichte der Schifffahrten, nach den östlichen Ländern 20) geredet wird, in einem Werk also, das der Herr Präsident von Broßes mit so viel Einsicht und Mühe in Ordnung gebracht, eben der amerikanische Kondor oder der afrikanische Roc' gewesen zu seyn. Ich halte sogar den Raubvogel der Gegenden Tarnasar 21), einer

ner

·

20) An den Zweigen des Kalapaßenbaums, waren gewiße Nester aufgehängt, welche großen eirunden Körben ähnlich sahen, die unterwärts offen standen, und aus ziemlich starken Baumzweigen unordentlich zusammengeflochten zu seyn schienen. Ich war nicht so glücklich, auch die Vögel, welche sie erbaut haben möchten, wahrzunehmen; die benachbarten Einwohner versicherten mir aber, sie kämen ziemlich mit der Figur derjenigen Adlergattung überein, welche bei ihnen Ntann genennt würde. Wenn man die Größe dieser Vögel nach der Größe ihrer Nester beurtheilen darf, so könnten sie nicht viel kleiner seyn, als ein Strauß. E. Hist. des Navigations aux terres australes. Tom. III. p. 104.

21) In regione circa Tarnasar, urbem Indiæ, complura avium genera sunt, raptu præsertim viventia, longe aquilis proceriora : nam ex superiore roftri parte ensium capuli fabricantur. Id roftri fulvum, cœruleo colore diftinctum... Aliti vero color eft niger & item purpureus, intercurfantibus pennis nonnullis. Lud. Patritius apud Gesnerum. Av. p. 206.

ner oſtindiſchen Stadt , der viel größer iſt,
als ein Adler, und deſſen Schnabel zu Grif=
fen an Degen gebraucht wird , eben ſo
wohl, als den ſenegalliſchen Geier 22), wel=
cher Kinder entführet, für unſern beſchrieb=
nen Greifgeier, und zweifle keinesweges, daß
der wilde lappländiſche Vogel 23) ſo dick
und groß als ein Hammel, wovon Regnard
und Martiniere Meldung gethan und deſſen
Horſt oder Neſt Olaus Magnus in Kupfer
ſtechen

22) In Senegal giebt es Geier, ſo groß als die
Adler, welche die kleinen Kinder verzehren,
wenn ſie eines, außer Geſellſchaft, antreffen
können. S. Voyage de la Maire. p. 106.

23) In dem moskowitiſchen Lapplande bemerkt
man einen wilden perlfarbigen Vogel, ſo dick
und ſo groß, als ein Schaf, mit einem Ra=
tzenkopf, blitzenden, rothen Augen, einem Ad=
lerſchnabel , und eben ſolchen Füſſen und Fän=
gern, als die Adler haben. S. Voy. des pays
ſeptentrionaux, par la Martiniere. p. 76.
avec. une fig.. In Lappland giebt es nicht
weniger Vögel, als vierfüßige Thiere. Ad=
ler findet man daſelbſt im Uiberfluß, und un=
ter denſelben außerordentlich große, daß einer
von ihnen, wie ich ſchon andermärts erin=
nert habe, junge Rennthiere zu entführen im
Stande iſt, um ſeiner Horſt mit ſolcher Beu=
te auszuſpicken, welchen dieſe Vögel auf die
höchſten Bäume zu bauen pflegen. Daher
dieſe jungen Rennthiere beſtändig von jeman=
den gebütet werden müſſen. S. Regnard Voy.
de Lapponie, p. 181.

398

stechen laffen, eben diefer Vogel gewefen.
Wir dürfen indeffen unfre Vergleichungen fo
weit nicht zufammen fuchen, fondern blos
fragen, zu welcher andern Gattung man
wohl den deutfchen Lämmergeier zählen folle?
Diefer in Deutfchland und in der Schweiz
zu verfchiednen Zeiten fo oft erfchienene, den
Adler an Gröfe fo weit übertreffende Geier,
kann unmöglich ein anderer Vogel, als der
Kondor, feyn. Geßner hat aus einem fehr
glaubwürdigen Schriftfteller (dem Georg Fa=
bricius) folgende Nachrichten ertheilet:

Die Bauern zwifchen den beiden Städten,
Nifen und Brezan in Deutfchland, verloren
täglich einige Stücke ihres Zuchtviehes. Als
in den Wäldern lange vergeblich darnach ge=
fuchet worden, erblickten fie endlich ein fehr
großes auf drei Eichbäumen, aus Ruthen
oder aus Reifern und Baumzweigen erbau=
tes Neft, welches einen fo großen Raum ein=
nahm, daß ein Wagen bequem darunter fte=
hen konnte. In diefem Nefte fanden fie drei
junge Vögel die fchon fo groß waren, daß
der Durchmeffer ihrer ausgefpannten Flügel
an fieben Ellen ausmachte. Sie hatten ftär=
kere Beine, als ein Löwe, und fchon fo große
ftarke Klauen, als die Finger eines Men=
fchen. Es lagen in diefem Neft unterfchiedene
Kalbs=

Kalbs = und Schaffelle. Die Herrn Vall-
mont von Bomare 24) und Salerne sind
mit mir gleicher Meinung, daß der Lämmergeier der Alpen 25) eigentlich der peruanische

24) S. Vallm. de Bomare Diction. d'Hist. Nat.
Tom. I. Art. Aigle.

25) Der große Raubvogel, welcher gemeiniglich
der Lämmergeier genennet wird, horstet auf
den höchsten Felsen. Es ist ein Adler von
der allergrößten Art, dessen ausgespannte Flügel zwölf, bis vierzehn Fuß im Durchmesser
haben. Dieser Tyrann der Lüfte verfolgt aufs
grausamste die Heerden der Ziegen und Schafe, die Gemsen, Hasen und Murmelthiere rc.
S. Geogr. exacte & complete de la Suisse
&c. par M. Faesi. I. Part. à Zurch. 1765.
& Gaz. litt. de l'Eur. 65. Mars. p 46 Wenn
er an einem steilen Felsen ein Thier wahrnimmt, welches ihm zum bequemen Raube zu
stark vorkömmt, so richtet er seinen Schwung
so ein, daß er das Thier in einen Abgrund
stürzet, um seine Beute mit Bequemlichkeit
verzehren zu können. Wenn man den Unterschied in den Farben ausnimmt, so passet alles, was man vom Greifgeier saget, auf den
sogenannten Lämmergeier der Alpen. Einer
von der größten Art, wagte sich in der Schweiz
noch vor wenigen Jahren an ein dreijähriges Kind
und würde selbiges zuverläßig mit genommen haben, wenn der Vater, auf das Geschrei seines Kindes, nicht mit einem tüchtigen Prügel zu Hilfe geeilt wäre. Weil nun dieser Vogel sich
von der platten Ebene nicht leicht in die Höhe schwingen konnte, so fiel der Vater den
Räuber an, der seine Beute fahren ließ, um
sich

sche Kondor sey. Er kann, sagt Herr Bomare, seine Flügel vierzehn Fuß weit ausbreiten und führet einen beständigen Krieg
mit Ziegen, Schafen, Gemsen, Hasen und
Murmelthieren.

Herr Salerne giebt uns auch noch von
einem besondern und ganz zuverlässigen Vor-
falle Nachricht, welcher allerdings verdienet,
in seinem ganzen Umfange noch erzählet zu
werden. „Im Jahr 1719 tödtete Herr De-
„ rabin, der Schwiegervater des Herrn Du
„ Lak, auf seinem Schlosse zu Mylourbin,
„ im Kirchspiel St. Martin d'Abat, einen
„ Vogel, der achtzehn Pfund wog und sei-
„ ne Flügel achtzehn Fuß breit ausspannen
„ konnte. Er schwebte seit einigen Tagen
„ um

sich zu vertheidigen, nach einem hartnäckigen
Streit aber, unter wiederholten Schlägen,
todt auf der Stelle niedersank. Die Gouver-
neurs in der Schweiz theilten oft ansehnliche
Belohnungen unter diejenigen aus, welche dergleichen schädliche Thiere zu tödten wagen.
v. Cours d'Hist. Nat. Tom. III. p. 217. ꝛc.
Auf der Insel Zetland in Schottland ist ebenfalls ein Gesetz gemacht, daß jeder Hausva-
ter selbigen Distriks, demjenigen eine Henne
geben soll, der einen dieser grausamen Ham-
meldiebe getödtet hat. S. Thomas Preston in
den Philos. Transact. No. 473. S. 62.

M.

„ um einen Teich herum, und wurde mit
„ zwo Kugeln unter dem Flügel verwundet.
„ Sein Körper war oberwärts schwarz;
„ grau und weiß geschäckt; am Bauch aber
„ scharlach roth; und hatte krause Federn.
„ Man speisete davon sowohl auf dem Schlos-
„ se zu Myloutbin; als auf Chateau neuf-
„ sur - Loire. Sein Fleisch wurde sehr hart
„ und an Geschmack ziemlich muldrig befun-
„ den. Ich habe nur eine der kleinsten Flü-
„ gelfedern dieses Vogels gesehen und unter-
„ suchet. Sie war dicker, als die stärkste
„ Schwanenfeder. Dieser seltsame Vogel
„ scheint wohl der sogenannte Kuntur oder
„ Kondor zu seyn 26). „

In der That kann die Eigenschaft seiner
außerordentlichen Größe als ein entscheiden-
der Charakter betrachtet werden. Und obgleich der Lämmergeier der Alpen vom peruanischen Kondor in Ansehung der Farben des
Gefieders unterschieden ist, so kann man doch
nicht umhin, sie zum wenigsten so lang für
Vögel von einerlei Gattung zu halten, bis
man

26) S. Ornithol. de Salerne. p. 10.

man von einem und dem andern eine ge=
nauere Beschreibung erhält.

Die Nachrichten der Reisebeschreiber mel=
den einstimmig, daß der peruanische Kondor
so schäckicht, als eine Elster, oder schwarz
und weiß gemischt sey. Der große Vogel,
den man in Frankreich auf dem Schlosse zu
Mylourdin geschossen hatte, war ihm folglich nicht allein in der Größe, weil er seine
Flügel achtzehn Schuhe breit ausspannen konnte, und achtzehn Pfunde wog; sondern auch
in Ansehung der schwarz und weiß gemischten
Farben, vollkommen ähnlich. Daher läßt
sich aus höchst wahrscheinlichen Gründen schlies-
sen, daß diese vorzügliche Hauptgattung von
Vögeln, zwar nicht sonderlich zahlreich, aber
doch auf dem alten und neuen festen Lande
hin und wieder vertheilet sey. Da sie auch
ihren Unterhalt in allerlei Arten von Beute
finden und kein anderes Geschöpf, als die
Menschen zu fürchten haben, so enthalten
sie sich der bewohnten Oerter und werden
bloß in großen Wüsteneien oder auf hohen
Gebirgen angetroffen 27).

Von

27) Die Wüsteneien der peruanischen Provinz
Pachakamak sind vermögend, einen geheimen
Ab-

Abscheu einzuflößen, weil man darin keinen einzigen Vogel singen höret. In dieser ganzen Kette von Gebirgen ist mir weiter kein Vogel zu Gesichte gekommen, als der sogenannte Kondur, welcher so groß ist, als ein Schaf, auf den ödesten Bergen sich aufhält, und sich von Würmern erhält, welche häufig im Sande sich erzeugen. S. Noveau Voy. autour du Monde, par le Gentil. Tom. I. p. 129. Im Herbste, und des Nachts sollen sie, wie Halle l. c. sagt an den Küsten auch Austern und Fische fangen.

v. B. u. M.

Von

Von den

Hühnergeiern und Weihen.

———————

Die Hühnergeier und Weihen, als unedle, schmutzige und niederträchtige Vögel, müssen billig auf die Geier folgen, weil sie diesen, in Ansehung der natürlichen Eigenschaften und Sitten, am ähnlichsten sind. Obgleich den Geiern wenig Großmuth eigen ist, so muß man ihnen doch wegen ihrer Größe und Stärke schon einen sehr ansehnlichen Rang unter den Vögeln einräumen. Die Hühnergeier und Weihen, die sich dieses Vorzuges nicht rühmen dürfen, und viel kleiner als jene sind, ersetzen, was ihnen von dieser Seite fehlt, und übertragen diesen Vortheil noch

noch durch ihre zahlreichere Menge. Allent=
halben sind sie viel gemeiner und beschwerli=
cher, als die Geier. Sie wagen sich öfter
und näher an bewohnte Oerter, als diese,
bauen auch ihre Nester an viel zugänglichern
Oertern. Es ist etwas ungemein Seltenes,
einige dieser Vögel in wüsten Gegenden zu
erblicken. Sie pflegen durchgängig fruchtba=
re Hügel und Ebenen unfruchtbaren Bergen
vorzuziehen, weil ihnen jede Beute gleich
angenehm ist, und alles, was ihnen vor=
kömmt, für sie eine dienliche Nahrung aus=
machet; weil auch überdies jedes Erdreich
destomehr von Insekten, kriechenden Thieren,
Vögeln und kleinen vierfüßigen Thieren be=
völkert ist, je mehr es Pflanzen und Ge=
wächse hervorbringet. Ihr gewöhnlicher Auf=
enthalt ist an den Füssen der Berge, und
in solchen Gegenden, wo das häufigste Wild=
pret, Federvieh und Fische zu finden sind.
Man kann sie weder beherzt noch zaghaft
nennen. Sie besitzen eine gewisse dummdreu=
ste Frechheit, welche ihnen das Ansehen ei=
ner gelassenen Verwegenheit ertheilet, und
sie von aller Kenntniß drohender Gefahren
zu entfernen scheint. Man kann sich ihnen
weit leichter nähern, und sie viel bequemer
umbringen, als die Adler und Geier. Wenn
sie eingekerkert werden, sind sie weniger,

als

als irgend ein anderer Raubvogel, einiger
Abrichtung fähig; daher man sie von jeher
aus der Liste der edeln Vögel ausgestrichen,
und aus den Falkenierschulen verbannet hat.
Von alten Zeiten her ist ein im höchsten
Grad unverschämter Mensch mit einem Hüh-
ne:geier, und eine auf eine traurige Art
viehische Weibsperson mit einer Weihe verglichen worden 28).

Obgleich diese beiden Vögelarten, der Hühnergeier und Weihe sich in Ansehung des
Naturels, der Größe und des Körpers 29),
der Form des Schnabels und vieler anderer
Eigenschaften ziemlich gleichen; so läßt sich
doch der Hühnergeier sehr leicht, sowohl von
den Weihen als von allen andern Raubvögeln, durch einen einzigen Charakter unter-
scheis

28) So sehr ich mich auch bemühet, von diesem
Gleichniß einen deutlichen Begriff zu bekommen, so ist es mir doch eben so unmöglich
gewesen, das eigentliche tertium comparatio-
nis, als in andern Schriften die Erklärung,
besonders des letzten Vergleichs, zu finden.
M.

29) Milvus regalis magnitudine & habitu Bu-
teoni conformis est... Crura illi sunt crocea,
humiliora, buteonis ultra poplites propen-
dentibus plumis, similiter ferrugineis dilatis,
ohteguutur. Schwenkf. Aves Siles. p. 303.

ſcheiden, den man gar nicht mühſam entdecken darf. Sie haben einen gabelförmigen
Schwanz, deſſen mittlere Federn weit kürzer ſind, als an den Seiten, und folglich
Mitten einen in der Ferne ſchon deutlich wahr-
zunehmenden Zwiſchenraum laſſen, welcher
zu dem uneigentlichen Zunamen des Adlers
mit dem gabelförmigen Schwanz 30) An-
laß gegeben. Er iſt auch verhältnißmäſſig
mit weit längeren Flügeln als die Weihen
verſehen, und kann viel hurtiger, als dieſe,
im Fluge fortkommen. Uiberdies bringt ein
Hühnergeier ſein ganzes Leben in den Lüften
zu, faſt niemals pflegt er ſich zu ſetzen, und
jeden Tag unermeßliche Räume zu durchſtrei-
chen. Dieſe beſtändige Bewegung hat nicht
etwa eine Uibung in der Jagd, eine Ver-
folgung des Raubes, oder gewiſſe Entde-
ckungen zur Abſicht, weil die Hühnergeier
gar nichts von der Jagd wiſſen; ſondern es
ſcheint, als ob ſie natürlicherweiſe beſtändig
herumfliegen müßten, und im Flug ihre lieb-
ſte Stellung fänden. Man kann ſich bei der
Art ihres Fluges unmöglich der Verwunderung enthalten. Ihre langen ſchmalen Flügel ſcheinen ganz unbeweglich zu ſeyn; der
Schwanz hingegen iſt unaufhörlich in Bewe-

Cc 4 guns,

30) Aigle à queue fourchue.

gung, und scheint alle ihre Wendungen und Schwingungen zu regieren. Es wird ihnen gar nicht schwer, sich in die Luft zu erheben, und sie können sich mit einer Leichtigkeit aus den Höhen herablassen, als ob sie von einer schregen Ebene heruntergelitschten. Sie scheinen in der Luft vielmehr zu schwimmen, als zu fliegen. Bald schießen sie hurtig fort, bald lassen sie nach, und schweben ganze Stunden lang über einer Stelle, ohne daß man auch nur die geringste Bewegung ihrer Flügel wahrnehmen könnte.

XXIV.

XXIV.

Der Hühnergeier 31).

(Man sehe die 422ste illuminirte große und unsere XXI. Kupferplatte.)

In unserm Himmelsstriche giebt es nicht mehr als eine Gattung von Hühnergeiern, welche von unsern Franzosen Milan royal

Ce 5   oder

31) Der Hühnergeier. M. Der Weihe mit gäb-lichtem Schwanze und Fischerhosen. Hallens Vögel. p. 211. n. 146. Der Scheerschwänzel. Kleins Vögelhist. p. 96. n. XIII. Der Weihe, Weiher; Hühnerdieb. Eberhards Thiergesch. p. 67. Stoßer, Weihe. Glente, S. Pontopp. Dän. p. 165. Franz. Milan royal, Altfranzös. Ecouffe, Ecouffle. Huau. Milion. Lat. Mil-vus. Von den Kreisen, welche dieser Vogel in der Luft beschreibet, wird er auch Circumfo-raneus, Circus, Κιρκος. Ital. Milvio, Nib-bio, Poyana. Span. Milano. Holl. Wowe. Wou. Engl. Kite oder Glead. Poln. Kania. Schwed.

oder der königliche Geier genennt wird, weil
er zum Vergnüzen der Prinzen diente, wel=
che mit Falken oder Sperbern aufihn jagten,
und ihren Kampf begierig mit ansahen. In
der That ist es kein gemeines Vergnügen, zu
se=

Schweb. Glada. Griech. Ἰκτίς genannt. Diese
Benennung bedeutet soviel, als Iltis (Putois),
und ist wahrscheinlicherweise diesem Vogel von
den Griechen beigeleget worden, weil er den
Hühnern und anderm Federvieh eben so gefährlich und tödtlich ist, als der Iltis. Die
Lateiner nennen ihn Milous, quasi mollis
avis, wegen seiner bekannten Feigheit. Die
altfranzös. Namen Huau, oder Huo, und das
holländ. Wowe scheinen von dem Tone seines
Geschreies Hu-o ihren Ursprung herzuleiten.
Der engl. Name Glead, und das schwedische
Glada kommen vielleicht daher, weil der Hühnergeier beständig durch die Luft zu glitschen
scheinet. Milion ist eine Verstümmelung des
Wortes Milan. Cf. Belon. Hist Nat. des Oiseaux p. 129. Albini Aves. Tom. I. p. 4.
(illumin. Kupferpl.) Milan royal. British Zoology. Pl. A. 2. mit illum. Fig. Milvus regalis The Kite. Brisson. Ornith. Tom. I. p.
118. n. 35. Id. nom. Milvus Gesn. p. 610.
Aldr. p. 392. Johnst. Sibb. Raji. p. 17. Milvus vulgaris. caudâ forcipatâ. Willughb. Ornith. 41. Tab. 6. Accipiter ignavus f. Lanarius rubeus. Alb. Schwenkf. Falco caudâ forcipatâ. Klein l. c. Falco albicans. Barr. Falco
Milvus. Linn. Syst. Nat. XII. p. 126. n. 12.
Fauna Suec. §. 57. * Cours d'Hist. Nat.
Tom. III. p. 208.

v. B. u. M.

sehen, wie dieser feige Vogel, dem es weder an Waffen und Stärke, noch an Flüchtigkeit fehlet, um sich muthig beweisen zu
können, dennoch dem Kampf bestürzt auszuweichen, und dem viel kleineren Sperber zu
entfliehen sucht, indem er in einem beständigen Wirbel sich in eine Höhe schwinget, wo
er sich in den Wolken verbergen kann, bis
der Sperber ihn erreichet, ihn unablässlich
mit seinen Flügeln, Fängern und Schnabel
bekämpfet, und endlich mit sich, als eine
nicht sowohl verwundete als zerschlagene, und
mehr aus Furcht als durch Stärke über-
wundene Beute, zur Erde herabstürzet.

Der Hühnergeier, dessen ganzer Körper
nicht über zwei und ein halbes Pfund wieget, und dessen Länge von der Spitze des
Schnabels bis an die Fußsohlen nicht über
16 bis 17 Zoll beträgt 32), kann doch seine
beiden Flügel beinahe fünf Fuß weit ausspannen. Die kahle Haut, welche die Wurzel des Schnabels bedecket, ist von gelber
Farbe, wie der Augenring und seine Füsse,
der

32) Herr Halle setzt seine Länge von der Schna-
belspitze bis zum Schwanz auf 28 Zoll, die
Ausspannung seiner Flügel auf 64 Zoll.

M . . .

der Schnabel hornfärbig und gegen die Spitze schwärzlich, die Fänger aber sind ganz schwarz. Er hat ein eben so durchdringendes Gesicht, als einen raschen Flug, und schwebet oft in einer Höhe, die unser Blick nicht zu erreichen vermag. Von dieser Höhe spüret er mit seinen Augen dennoch seine Beute und seine Nahrung aus, und stößet auf alles, was er ohne Widerstand fortschleppen und verschlingen kann. Er wagt sich nur an die kleinsten Thiere und an die schwächsten Vögel, besonders haben die jungen Küchelchen alles von ihm zu fürchten. Allein der bloße Zorn und Eifer ihrer Mutter ist schon hinlänglich, einen so feigen Räuber abzuschrecken und zu verjagen 33).

„ Die Hühnergeier, schreibt einer von meinen Freunden 34), sind unter allen die feigesten Vögel. Ich habe gesehen, daß ihrer zween einen Raubvogel mehr in der Absicht

33) Vor Entzückung, wenn er eben eine Beute zu erhaschen Gelegenheit gehabt, soll er ein helles Geschrei hören lassen.

M...

34) Herr Herbert, den ich schon als einen großen Beobachter der Vögel angeführet.

ficht verfolgten, ihm seinen Raub abzujagen,
als auf ihn zu stoßen, und sie waren doch
nicht einmal fähig, ihre Absicht zu erreich n.
Die Raben bieten ihnen Trotz, und jagen
auf diese zaghaften Räuber, die eben so ge=
fräßig und unersättlich, als feigherzig sind.
Ich bin ein Augenzeuge, daß sie von der
Fläche des Wassers kleine todte halbverfaulte
Fische geholt und geschmauset haben. Einen
andern Hühnergeier traf ich, als er in sei=
nen Krallen eine lange Schlangenart mit sich
fortnahm. Bei noch andern sah ich, wie sie
auf den Aesern verreckter Pferde und Ochsen
sich etwas zu gute thaten. Von einigen ha=
be ich wahrgenommen, daß sie auf das Ge=
schling oder Eingeweide, das einige Weiber
an einem kleinen Flusse waschen und reinigen
wollten, plötzlich herabschoßen, und es ihnen
beinahe von der Seite hinwegrissen. Ich ließ
mit einmal einfallen, einem jungen Hühner=
geier, welchen die Kinder in dem Hause, wo
ich wohnte, aufzogen, eine ziemlich große
junge Taube vorzuhalten, die er sogleich
ganz und mit allen Federn verschluckte."

Diese Gattung von Geiern ist in Frank=
reich, besonders in den Provinzen Franche=
Comté, Dauphiné, Bugey, Auvergne und
allen andern sehr gemein, bis sich in der
Nähe

Nähe von Gebirgen befinden. Sie gehören
eigentlich nicht unter die Zugvögel, denn sie
bauen hier zu Lande ihre Nester in die Fel-
senklüfte. Der Verfasser der brittischen Zoologie, Herr Pennant, saget 35) ebenfalls,
daß sie auch in England horsten, und sich
das ganze Jahr hindurch daselbst aufhalten 36). Das Weibchen leget zwei bis drei
Eier, die, nach Art aller Eier der fleischfressenden Vögel, runder sind, als die Eier
der Hühner. Die Eier des Hühnergeiers
haben eine weißliche mit blaßgelben Flecken
vermischte Farbe. Gewisse Schriftsteller haben behauptet, er baue sein Nest in den
Wäldern auf alte hohe Fichten oder Eichen.
Wir können aber, ohne dieses Vorgeben völlig abzuleugnen, versichern, daß man sie gemeiniglich nur in Felsenlöchern entdecket.

Die

35) Some have supposed these tho the Birds
of passage but in England they certainly con-
tinue the whole Year. British Zoology. Spec.
VI. The Kite.

36) Privilegio munitus Londini. Bellonii Iter.
p. 108. Vorat quisquilias; pullos gallinaceos;
tempestates praesagit; supra nubes volitans
serenitatem aëris, clamore pluvias. Linn.
M.

Die Gattung scheint im ganzen alten festen
Lande von Schweden biß nach Senegal ver=
theilet zu seyn 37.) Ich weiß aber nicht ge=
wiß,

37) Es ist wohl kein Zweifel, daß der Hühnergeier sich in den nördlichen Ländern ebenfalls
aufhält, weil der Archiater von Linné denselben in seinem Verzeichniß schwedischer Vögel
unter der Benennung: Falco cerâ slavâ, caudâ forcipatâ, corpore ferrugineo, capite al-
bidiore (Faun. Suec. n. 59.) ebenfalls anführet. Die Zeugnisse reisender Gelehrten beweisen
zugleich, daß er sich auch in den wärmsten
afrikanischen Provinzen aufhält. In Guinea,
sagt Herr Boßmann, findet man auch noch
eine Gattung von Raubvögeln, welches die eigentlichen Hühnergeier sind. Sie nehmen, auf-
ser den Küchelchen oder jungen Hühnern, von
deren Raube sie den Beinamen erhalten, alles
mit, was sie nur entdecken und erhaschen können, es mag Fleisch oder es mögen Fische
seyn. Dabei sind sie dermaßen dreuste, daß
sie oftmals den Weibern der Neger die Fische,
welche sie auf den Markt zum Verkauf bringen, und auf den Straßen ausrufen, unter
den Händen wegstehlen. S. Voyage de Gui-
née. p. 278. Nicht weit von der senegalischen
Wüste, sagt ein anderer Reisender, findet man
einen Raubvogel von der Gattung der Hühnergeier, welchen die Franzosen Ecouffe zu
nennen pflegen ... Seinem Heißhunger ist jede
Art von Speisen willkommen. Vor Schießge-
wehr ist er nicht sonderlich schüchtern. Sowohl
gekochtes als rohes Fleisch reizet seine Freßbegierde so heftig, daß er den Bootsleuten zuweilen den Bissen vor dem Munde wegnimmt.
S. Hist.

wiß, ob sie sich auch im neuen festen Lande
befindet, weil die amerikanischen Berichte der=
selben gar nicht Erwähnung thun. Es giebt
aber einen gewissen Vogel, der in Peru zu
Hause gehören soll, und in Karolina bloß
zur Sommerszeit wahrgenommen wird. Er
hat einen eben so gabelförmigen Schwanz,
als der Hühnergeier. Herr Katesby hat ihn
unter dem Namen des Habichts mit dem
Schwalbenschwanze 38), und Brisson unter
der Benennung des karolinischen Geiers 39)
beschrieben. Ich bin sehr geneigt zu glau=
ben, daß es eine mit unserm Hühnergeier
verwandte Gattung sey, welche dessen Stelle
im neuen festen Lande vertreten mag.

El

S. Hist. générale des Voyages, par M.
l'Abbé Prevost. Tom. III. p. 306.

38) Hist. Nat. de la Caroline, par Catesby,
Tom. I. p. 4. Pl. 4. mit einer illuminirten
Kupferplatte. Seeligmanns Vögel. I. Th. Tab.
VIII. Accipiter caudâ furcatâ. Epervier à
queue d'Hirondelle. N. Die Beschreibung
dieses Vogels hat man im folgenden Bande
unter den fremden Vögeln zu suchen.

h. B. u. M.

Es giebt aber auch eine andere noch näher verwandte Gattung, die sich in unserm Himmelsstrich als ein Zugvogel sehen läßt, und gemeiniglich der schwarze Hühnergeier genennet wird.

39) Briff. Av. Tom. I. p. 112. n. 26. Ed. Parif. p. 418. Milvus Carolinenfis. Milan de la Caroline.

XXV.

Der schwarze Hühnergeier 40).

S. die 472ste illuminirte Kupferplatte.

———————

Aristoteles unterscheidet diesen Vogel vom vorhergehenden, den er schlechtweg Milvus oder Hühnergeier nennet, da er hingegen diesen mit dem Beinamen des ätolischen Hühnergeiers

40) Der ätolische schwarze Hühnergeier. Der Mäuseadler oder Aar. Brisson. Aves. Tom. I. p. 117. n. 34. Milvus niger. Le Milan noir. Belon. Hist. Nat. des Ois. p. 131. Id. nomen. Milvus. Charlet. Milvus aetolius. Aristot. & Aldrov. Milvus niger. Schwenkf. Sibb. Rzac. Milvus. Primum genus Johnst. Holl. Kuken-Dieff. Engl. Black-Gled. Buff. Ornith. Tom. I. p. 286 Milan noir ou Eteien d'Aristote. Cours d'Hist. Nat. Tom. III. . 207.

M.

geiers beleget 41), weil er zu seiner Zeit in
Aetolien wahrscheinlicherweise viel gemeiner
war, als anderwärts. Bellonius gedenkt
ebenfalls dieser beiden Hühnergeier 42); er
irret aber darin, wenn er den ersten (Milan royal) für schwärzer als den zweiten
ausgiebt, den er dem unerachtet den schwarzen genennet hat. Vielleicht ist es ein blos-
ser Druckfehler; denn es ist ausgemacht, daß
der gewöhnliche Hühnergeier vom andern an
Schwärze weit übertroffen wird. Indessen
hat keiner von den alten oder auch neuern
Naturforschern den sichtbarsten Unterschied unter diesen beiden Vögeln angedeutet, welcher
darin bestehet, daß der eigentliche Hühnergeier einen gabelförmigen, der schwarze hingegen einen in seiner ganzen Breite beinahe
völlig gleichen Schwanz hat. Beide Vögel
können aber deswegen gar wohl sehr verwandte Gattungen seyn, weil sie bis auf
die Form des Schwanzes in allen andern
Charakteren mit einander übereinkommen. Der

Dd 2   ge-

41) Pariunt Milvi ova bina magnâ ex parte,
   interdum tamen & terna, totidemque exclu-
   dunt pullos; sed qui Aetolius nuncupatur,
   vel quaternos aliquando excludit. Aristot.
   Hist. Animal. Lib. VI. Cap. 6.

42) loco allegato.

gegenwärtige ist zwar etwas kleiner und
schwärzer, als der vorhergehende, doch sind
an seinen Farben die Federn eben so verthei=
let, die Flügel eben so schmal und lang,
der Schnabel eben so gestaltet, die Federn
eben so schmal und länglich, und alle seine
natürlichen Gewohnheiten mit der Lebensart
eines eigentlichen Hühnergeiers vollkommen
übereinstimmend.

Aldrovandus versichert, die Holländer
nennten diesen schwarzen Hühnergeier Kuiken-
Dief oder den Räuber junger Hühner, und
er wäre, wenn ihn gleich der schwalben=
schwänzige an Größe überträfe, dennoch stär=
ker und geschwinder, als dieser; Schwenk=
feld giebt ihn dagegen für schwächer und fei=
ger aus, und sagt, er jage blos auf kleine
Feldmäuse, Heuschrecken und kleine Vögel,
die zum erstenmal ihr Nest verlassen. Er
füget noch hinzu, daß diese Gattung in
Deutschland sehr gemein sey. Ohne dieses
zu leugnen, wissen wir doch zuverlässig, daß
der schwarze Hühnergeier in Frankreich und
Engelland viel seltner, als der schwalben=
schwänzige ist. Dieser gehöret unter die Vö=
gel des Landes, welche sich das ganze Jahr
hindurch bei uns aufhalten. Der schwarze
hingegen ist ein Zugvogel, der im Herbst
un=

unfern Himmelsstrich verläßt, um in wärme-
re Länder zu ziehen. Bellonius war ein An-
genzeuge von ihrem Zug aus Europa nach
Egypten. Sie versammlen sich heerdenweise,
und ziehen zur Herbstzeit in zahlreichen langen Reihen über den Pontus Euxinus 43);
im Anfange des Aprils kommen sie wieder
in eben der Ordnung zu uns nach Europa
zurück. Den ganzen Winter hindurch ist
Egypten ihr Aufenthalt. In diesem Lande
sind sie so zahm, daß sie die Städte besuchen, und sich in die Fenster bewohnter Häu-
ser setzen. Sie haben einen so sichern Blick
und Flug, daß es ihnen gar nicht schwer
fällt, Stücke Fleisch, die man ihnen vor-
wirft, in der Luft aufzufangen.

43) Migrat trans Pontum Euxinum in Asiam;
ultimo Aprilis tot Pontum Euxinum praeter-
volantes vidit per 14 dies, ut numerum ho-
minum superaret, Bellonius. Linn. Syst. Nat.
l. cit.

M.

Ende des ersten Bandes.

In-

Inhalt

des

erften Bandes der Vögelhistorie.

Aus=

Ausländische Vögel, die eine Beziehung auf die Adler oder Balbusards haben.

XXIII

Nach

Nachricht.

Um einigen unserer Leser die Einrichtung dieser buffonschen Naturgeschichte der Vögel deutlich, die Vorzüge der deutschen Uibersezung aber vor dem Originale desto begreiflicher zu machen; hat es uns nothwendig zu seyn geschienen, folgende Punkte nicht unerinnert zu lassen, daß nämlich

1) Die Nummern der bei jedem Vogel unter seiner Benennung angeführten illuminirten Platten sich auf das große Vögelwerk des Herrn von Buffon beziehen, wovon der Herr Uibersetzer im Entwurfe des ganzen Werks S. 21. in der 8ten Anm. einige Nachricht gegeben.

2) Daß alle im vorstehenden Inhalte dieses Bandes mit einem * bezeichneten Platten im Originale der kleinen buffonschen Vögesgeschichte nicht enthalten, sondern als
Ver=

Vermehrungen zu betrachten sind , welche
man zur mehreren Vollständigkeit unserer
deutschen Uibersezung aus dem großen illuminirten Werke des Herrn von Buffon,
aus den prächtigen Werken des Katesby,
Edwards und Frischs getreulich nachzeich-
nen und stechen lassen.

3) Daß die an unterschiedenen Orten vor-
kommenden lateinischen Noten aus diesem
Grunde nicht übersetzet worden , weil der
Hauptinhalt allemal schon im Text enthalten ist , und Herr von Buffon mit Fleiß
die eigenen Worte des Aristoteles, Schwenkfeld , Albinus zc. unverändert beifügen
wollen ; damit man sehen möge, aus welchen Quellen er geschöpfet , und wie er
seine Vorgänger bei seiner mühsamen Arbeit benuzet habe.

www.ingramcontent.com/pod-product-compliance
Lightning Source LLC
Chambersburg PA
CBHW020904210326
41598CB00018B/1765